《生物多样性的宝库——保护区》丛书

广东连南大鲵省级自然保护区及周边生物多样性及保育

余杰华　林思亮　林泽花　黄畅生　苏媛媛　等著

中国林业出版社
China Forestry Publishing House

图书在版编目(CIP)数据

广东连南大鲵省级自然保护区及周边生物多样性及保育／余杰华等著. —北京：中国林业出版社，2022.12

ISBN 978-7-5219-2100-7

Ⅰ.①广…　Ⅱ.①余…　Ⅲ.①自然保护区-生物多样性-生物资源保护-研究-连南瑶族自治县

Ⅳ.①S759.992.654②Q16

中国国家版本馆 CIP 数据核字(2023)第 010526 号

策划编辑：肖　静
责任编辑：肖　静
封面设计：时代澄宇

出版发行：中国林业出版社
　　　　　（100009，北京市西城区刘海胡同 7 号，电话 83223120）
电子邮箱：cfphzbs@163.com
网址：www.forestry.gov.cn/lycb.html
印刷：河北京平诚乾印刷有限公司
版次：2022 年 12 月第 1 版
印次：2022 年 12 月第 1 次
开本：787mm×1092mm　1/16
印张：14.5
彩插：4
字数：335 千字
定价：68.00 元

著者名单

主要著者　余杰华　林思亮　林泽花　黄畅生　苏媛媛

参写人员(按姓氏笔画排列)：

王炜强　邓海峰　邓福友　刘杰霓　江海声　麦剑芳

李　彤　李家建　何杰坤　陈年雄　郑寿松　房六斤

房为荣　房志忠　高泽芳　唐豆五　唐春荣　唐剑华

唐洪峰　唐慧城　潘　云

序　言

众所周知，自然保护区是保护自然资源与环境以及生物多样性的重要手段，它是各种生态系统以及生物物种的天然贮存库、自然博物馆和开放实验室，具有非常高的生态价值，为人们提供了各种生态系统服务功能，对于维持区域生态系统的健康、保存当地的生物种质资源、协调人与自然及保护与发展的关系、建立和谐社会具有重要意义。

华南地区是我国生物多样性保护的热点区域，是具有国际意义的生物多样性中心之一。由华南师范大学生命科学学院江海声教授带领的研究团队多年来长期坚持野外调查，行踪遍及华南主要的自然保护区，致力于华南地区生物多样性的保护工作，为华南地区生物多样性的研究和保护事业作出了不懈努力。今天，他们将多年的野外调查所得到的大量第一手详实资料进行整理分析，形成了有关自然保护区生物多样性现状和保育管理工作的系列著作，结集出版《生物多样性的宝库——保护区》丛书，系统地介绍我国华南地区几类极为典型且具有代表性的自然生态系统和珍稀濒危野生动植物的自然保护区，既有有关自然保护区生物多样性的最新调查资料和评价，也有自然保护区生物多样性的保育管理内容，阐述了华南地区生物多样性现状、面临的威胁、保育管理需求等。

这套丛书的出版，为我国特别是华南地区的保护生物学、生物地理学等研究提供了重要的基础资料，相信对我国华南地区自然保护区建设和生物多样性保护具有积极促进作用。

孙儒泳
2006 年夏于广州

前　言

连南大鲵省级自然保护区(以下简称保护区)位于广东省清远市连南县的西南角，地理坐标为北纬 24°23′15.5″~24°25′22.9″，东经 112°08′26.8″~112°11′36.2″。保护区总面积 1493.4hm²，其中，核心区面积为 585hm²，占保护区总面积的 39.2%；缓冲区面积 672.6hm²，占保护区的 45.0%；实验区面积为 235.8hm²，占保护区的 15.8%。

2000 年，连南县发现国家重点保护野生动物、我国特有的珍稀物种——大鲵(*Andrias davidianus*)，连南县农业局高度重视，并组织开展科学考察，报县政府同意，建立连南大鲵县级自然保护区。2003 年，保护区被确定为清远市市级保护区，2007 年 1 月经广东省人民政府批准升格为广东省省级自然保护区。保护区是广东目前唯一能确认的野生大鲵种群的野外分布点，生物多样性较为丰富，是粤北地区生物多样性的重要组成。根据前人和笔者长期的调查监测，这里至今已记录有野生维管束植物 141 科 416 属 860 种，其中，中国特有种 40 种；脊椎动物 20 目 37 科 186 种，其中，22 种为国家重点保护野生动物。这充分说明保护区在维持大鲵的生存和繁衍的同时亦保存了较为丰富的生物多样性和完整的生态系统，为广东省居民的生态安全提供了重要保障，加强这里的大鲵及其栖息环境保护对于广东生物多样性保护具有重要意义。

自晋升为省级自然保护区之后，保护区开展了一系列的建设和保护管理、资源监测、走访社区等工作。从晋升省级自然保护区伊始，华南师范大学生命科学学院就与保护区紧密合作，开展了大鲵种群的持续长期监测工作，此外分别在 2004 年、2010 年和 2014 年对保护区及周边的生态环境、自然资源、社会环境等开展了综合科学考察。通过这些监测和调查工作，笔者有机会更加全面、准确地了解大鲵种群，更加清楚连南大鲵省级自然保护区在全省生态环境保护中的地位，更加明确了广东大鲵种群保护的方向。为了更好地评估保护区及周边的大鲵种群、潜在栖息地、生态环境等，为了进一步加强保护区的大鲵种群及生态环境保护，提出科学有效的保护对策，笔者对相关调查和研究材料进行了整理和总结，期间得到了有关单位和专家的积极支持，完成了《广东连南大鲵省级自然保护区及周边生物多样性及保育》，终于将其付梓出版。

在开展野外调查和撰写书稿期间，得到了广东省林业厅、连南县政府、连南大鲵省级自然保护区管理处、华南师范大学生命科学学院等单位及其领导的大力支持；在开展长期监测和调查的过程中，房志忠等保护区工作人员和华南师范大学苏媛媛等研究生、刘杰霆等本科生积极参与工作，付出了辛勤的汗水和努力；江海声教授从调查方案设计、数据分析等给予了殷切指导，并认真审阅书稿，提供了中肯的修改意见；时任连南大鲵省级自然保护区管理处王炜强主任(连南瑶族自治县人大常委会党组副书记、副主任)对本调查和书稿撰写、出版等给予了大力支持。对此，我们谨致以衷心谢意，没有这些支持和指导，完成这些调查和书稿的撰写是难以想象的。

书中涉及的各项工作十分复杂，涉及学科范围较广，囿于我们水平有限、时间仓促，书中难免存在不足，敬请批评指正。

著者

2022 年 10 月

目　录

第一部分

总 论

第一章　大鲵研究概述

中国大鲵(*Andrias davidamus*)简称大鲵,俗称娃娃鱼,隶属于两栖纲有尾目隐鳃鲵科大鲵属,为我国特有的大型珍稀两栖动物。该科共有 2 属 3 种,其中,大鲵属包括日本大鲵(*Andrias japonicus*)和中国大鲵;隐鳃鲵属仅有美洲大鲵(*Cryptobranchus alleganiensis*)1 种。

由于对大鲵资源的不合理利用,以及其栖息地的退化和丧失,野生大鲵种群的状况令人担忧(章克家等,2002)。目前,大鲵为我国国家二级重点保护野生动物(国家林业和草原局和农业农村部,2021),属于《濒危野生动植物种国际贸易公约》(CITES)附录 I 物种;《中国脊椎动物红色名录》中大鲵濒危等级为极危(蒋志刚等,2016),同样在世界自然保护联盟(IUCN)的红色名录中大鲵濒危等级亦为极危(IUCN,2020)。

我国对大鲵的记载历史悠久,如《山海经》《史记》《水经注》《本草纲目》《康熙字典》等古籍中都有大鲵相关信息的记载,描述内容主要有大鲵的形态特征、生活习性、地理分布和用途等(熊天寿等,1982;王海文,2002)。

大鲵的现代研究过程大致可以分为 3 个阶段。

第一阶段,20 世纪 70 年代以前,相关的研究报道较少,研究主要关注大鲵的生物资源统计和生态分布方面。

第二阶段,在 20 世纪 70 年代至今,有关大鲵的生态学、人工繁育养殖、解剖组织学及生理生化研究的文章不断涌现。在生态学方面,主要对大鲵的野外分布与栖息环境、生活习性和食性进行了详细研究(李贵禄等,1983;胡小龙,1987;杨大同,1991;赵尔宓,1998;章克家等,2002;陶峰勇等,2004;郑和勋,2006;吴方同等,2007;穆彪等,2008;季必金等,2008;罗庆华等,2007;罗庆华等,2009)。在人工繁育养殖方面主要进行养殖水质、繁殖规律、食性与饲料、病害防治及繁殖技术等方面研究,为人工养殖奠定基础,逐步发展成规模化产业(阳爱生等,1979;林锡芝等,1989;李峰等,1998;刘鉴毅等,1992;刘鉴毅等,1993;葛荫榕等,1994;刘鉴毅等,1995;罗亚平,2002)。在解剖组织学方面,对于大鲵各器官系统、组织细胞的结构研究主要集中在性腺器官上,如生殖管道、卵巢和精巢等(黄华苑,2003;杨楚彬,2003;周海燕等,2003,2004;郭永灿等,2005;艾为明等,2006)。刘鉴毅等(1994)还对大鲵早期胚胎发育过程的各个时期进行了详细描述。

第三阶段,从 2000 年开始至今,主要是遗传学基础性研究,主要集中在大鲵遗传物质、系统演化和种群多样性方面研究(Murphy et al.,2000;Zhang et al,2003;陶峰勇等,2005,2006;Browne et al.,2013)。

第一节　种群生态

(一)栖息地选择

栖息地是指野生动物生活或栖息的环境,它能够为动物的生存繁衍提供一切必要的生存空间(Morrison et al.,1998)。随着人类活动范围的扩大与活动强度的增加,适宜野生动物栖息的空间不断收缩,野生动物多样性的丧失速率不断上升,动物栖息地的保护已成为目前动物生态学研究非常重要的内容之一。

栖息地选择是指动物个体或群体为了生存、繁衍而寻找相对适宜栖息地的过程(Morrison,1998),动物在不同时期、不同发育阶段对栖息地的要求有所不同。动物栖息地选择不仅受物理环境因子及种间竞争、种内竞争、捕食者等生物因素的影响,而且受进化历史和物种遗传方面的影响(Keen,1982;魏辅文等,1999)。同时,不同栖息地间存在着差异,为野生动物提供了不同的适宜环境并影响它们的生存(袁喜才等,1996),动物栖息地选择也是它们对生境要素和结构做出反应的表现,具有重要的生态学意义。

关于动物栖息地选择的研究,大多集中在环境因素对动物栖息地选择的影响方面,对隐鳃鲵科物种栖息地选择的研究亦主要集中在物理环境方面的影响作用。中国大鲵在200~2000m海拔区间内都有记录,主要集中分布在300~800m海拔区间的石质性河道内(刘国钧,1989;汪松,1998;陶峰勇,2004;罗庆华等,2007)。其分布区年平均气温为12~17℃,水温的年际间变化不大,为0~25℃,降水主要集中在4~10月,年平均降水量大于1000mm。分布区河段的坡降在0.002~0.2,河道的流速较快,平均为0.3~0.33m/s,大鲵的洞穴常常选择在流速较缓的位点(0.24±0.07m/s),洞穴河段水质良好,pH范围为5~8.8,主要在6~7,溶解氧大于5.0mg/L,另外,其硬度、氮磷含量等指标一般都可以达到国家饮用水Ⅱ类标准以上(胡小龙,1987;刘国钧,1989;汪松等,1998;郑合勋等,1992;陶峰勇等,2004;罗庆华等,2009;张红星等,2013)。日本大鲵和隐鳃鲵分布区海拔较中国大鲵低一些,日本大鲵在50~1000m海拔都有记录,主要分布在400~600m的海拔区间的溪流内。美洲大鲵则主要分布在海拔750m以下的流域(Browne et al.,2014)。对于日本大鲵、美洲大鲵的栖息地气温、水温、流速、坡降以及水质的研究报道较少。现有的文献表明,隐鳃鲵科3个物种都选择在水质良好,河道流速较快,底质多为石质的山涧溪流中。

大鲵种群濒临灭绝的一个重要因素就是栖息地环境的破坏,探讨大鲵栖息地选择有利于从具体的空间上对该物种种群进行保护。在野外放流人工饲养大鲵种群的过程中,对原有种群灭绝的原生地以及非原生地进行环境适宜度评估是大鲵保护的关键环节,因此亟待建立一个标准明确的评价体系。

(二)个体生长特点

了解大鲵个体生长特点及规律,有助于我们理解大鲵在不同生活史阶段的种群变化规律,也有利于我们在保护和管理放流种群过程中关注种群发展薄弱阶段,采取更加科学、有效的针对性措施。

针对隐鳃鲵科物种生长型的研究，国内外的学者们的观点相对一致点：隐腮鲵科物种的生长的快慢随环境的不同有所变化，生长属于异速生长。有机体的解剖学、繁殖代价、运动方式等功能特征与其个体大小存在某种定量的依赖性关系称为异速生长关系（戈峰，2008）。

在国内，葛荫榕等（1995）运用数理统计的方法，探讨体重、体长、年龄三者之间的关系，发现中国大鲵的体长与年龄成线性相关，体重与年龄、体重与体长呈对数相关。4龄以前中国大鲵生长缓慢，4龄大鲵开始第一次繁殖，体重增长加速。另外，王文林等（1999）、刘小召（2014）通过对养殖大鲵年龄与体长、体重的关系建立线性模型探讨发现，大鲵在5龄后体重属于加速增长。郑合勋（2006）以体长体重为指标，通过重心聚类的方式对大鲵种群年龄组划分时发现，5龄之后大鲵增长差异大。

在国外，Hecht-Kardasz 等（2012）认为美洲大鲵的体长适合作为种群年龄结构的分类依据，同时建立了年龄判别式，通过体长对年龄估算的研究发现，其生长速率并不是恒定的，体长超过43cm之后不符合其建立的年龄判别模型。

大鲵的异速生长导致大鲵的年龄判别是一个难题，不同的栖息环境下大鲵的生长速度有所差异，因此不同研究者得出的年龄判别式有所不同，不能通用。要判断某个调查区域内大鲵的年龄首先要建立相应的年龄判别式。

（三）种群生态特征

种群生态学是研究动物的结构、形成发展和运动变化规律的学科。研究种群生态特征能够对一个种群的发展方向进行预判，为保护和管理种群提供科学依据。因此，要了解中国大鲵的濒危状态，制定相应的保护策略，则必须首先要对其种群生态特征进行了解。

1. 种群繁殖

由于隐鳃鲵科物种属于昼伏夜出的动物，其产卵以及卵的孵化都是在洞穴内进行的，并且繁殖季节野生雌性大鲵卵巢成熟率为41%，而雄性大鲵精巢成熟率仅为26%（阳爱生等，1981），加上精巢与卵巢成熟高峰期有所差异，导致在野外很难发现大鲵繁殖现象。因而，有关大鲵野外的繁殖报道非常少，有关大鲵的繁殖特征的研究方式也在不断摸索改进。

大鲵的性成熟年龄未找出一个明确的界限：卞伟（1997）定义大鲵的最小成熟型，认为雌性一般为450g，雄性为300g；葛荫榕和郑合勋（1994）认为大鲵的性成熟最小年龄为5龄，即雄性体长>35.5cm，体重>200g，雌性体长>35cm，体重>300g。肖汉兵等（2006）对池养大鲵进行观察，认为大鲵最小性成熟年龄为5龄。日本大鲵最小成熟个体的体长>34.5cm（Kawamichi et al.，1998），但Kazushi（2010）在陕西西安召开的中国大鲵繁育国际研讨会上提到，在安佐动物公园养殖一尾日本大鲵，其首次自然产卵时间为17龄9个月。美洲大鲵在第五年或者第六年，体长>285mm时开始性成熟（Hillis & Bellis，1971；Hecht-Kardasz et al.，2012）。

不同地区性成熟的大鲵，其繁殖产卵期各不相同，但大都集中在5~9月，其中，7月中旬至8月中旬为产卵高峰期（刘国钧，1989；葛荫榕等，1994；胡小龙，1989；刘诗峰等，1991；肖汉兵等，1995；张红星等，2006）。日本大鲵的产卵季节主要集中在 8 月底 9 月初（Kuwabara et al.，1989；Kawamichi et al.，1998；Taguchi，2009；Okada et al，2015）。而美洲大鲵的繁殖季节稍晚一些，主要集中在 9 ~ 10 月（Nickerson and Tohulka，1986；Hecht-Kardasz et al.，2012），也有记录到在 1 ~ 2 月进行繁殖的（Browne et al.，2014）。

目前，对于隐鳃鲵科物种性腺发育状态的研究以中国大鲵的为主，其主要研究方式是通过解剖观察。完全成熟的卵子直径 4 ~ 5mm，精巢均长为 50mm 左右，最宽处约 20mm（宋鸣涛等，1990；肖汉兵等，1995）。其次，通过彩色多普勒 B 超成像对大鲵活体进行性腺发育的检测，以 B 超图像反映大鲵性腺组织发育程度，该方法尤其适用于繁殖前期的卵粒的大小，及精巢的大小与形态的检查判断（杨焱清等，2003；李培青等，2010）。Browne 等（2014）对三种隐鳃鲵的卵粒进行总结，认为大鲵卵粒都是念珠状的，由 3 层透明胶质层包裹，吸水会膨胀，刚产出时直径 5 ~ 8mm，吸水后达到 15 ~ 20mm。中国大鲵产卵数 300 ~ 560 颗，日本大鲵 300 ~ 700 颗，美洲大鲵 200 ~ 550 颗，卵粒的孵化跟水温有关，孵化时间为 35 ~ 80 天。

对隐鳃鲵物种繁殖行为的报道主要是以养殖状态下的记录为主。在人工养殖状态下，发现大鲵有推沙、冲凉、求偶以及雄鲵的护卵行为（刘懿，2008；吴峰，2009；于虎虎，2012；徐文刚等，2013；徐文刚，2013）。Kawamichi 等（1998）对日本大鲵的产卵占巢行为进行研究，记录到日本大鲵对一些重要产卵洞穴的争斗行为，期间还发现 1 尾个体较小的雄性个体被吞掉的现象，在雌鲵产卵过程中，雄鲵洞主允许其他几尾雄鲵参与排精受精过程。Kuwabara 等（1989）在安佐动物公园的溪流内建立了大鲵的人工巢穴，观察记录到大鲵的产卵及护卵行为。王杰（2015）也发现日本大鲵有繁殖前期寻找洞穴，繁殖期间雄鲵护卵的行为。Okada 等（2015）通过安装固定水下摄像系统记录 2 尾日本大鲵的护卵行为（1 尾在人工洞穴，1 尾在自然洞穴），并以记录时间量化了 7 种行为：扫尾、搅拌、吃卵、摇摆、呼吸、静止、其他行为，认为前 3 种为护卵行为。Nickerson & Tohulka（1986）在野外发现了 2 个美洲大鲵孵卵洞穴的洞口处有卵带漂浮，并记录了这两个洞穴的基本特征。Horchler（2010）和 Larson 等（2013）在野外调查过程中分别记录了 1 尾雄鲵的护卵行为。

在野外条件下难以见到隐腮鲵的繁殖现象，其影响因素较多，包括大鲵调查的方法、调查环境以及大鲵自身的繁殖特征等。性腺发育成熟度、雌雄大鲵的繁殖时间差异等都会影响大鲵的繁殖。因此，对隐鳃鲵野外种群繁殖状况的系统研究比较困难。

2. 种群存活

大鲵存活率的研究主要是在养殖条件下对幼龄大鲵进行的研究。驯养大鲵在 3 龄以前的死亡率较高，且不同的饲养密度会影响幼鲵的成活率。1 龄幼鲵，养殖密度为每 $0.1m^2$ 10 ~ 20 尾时，成活率较高，当养殖密度由每 $0.1m^2$ 20 尾增加到 60 尾时，平均存活率、年平均体长增长和年平均体重增加均显著降低。处于脱鳃期的大鲵，饲养密度为 20 尾/m^2 时养殖成活率最高，可达到 90%（李灿等，2013；吴学祥等，2017）。罗庆华等（2009）根据湖南张家界大鲵的研究建立了大鲵野生苗推算资源量的公式，该公式显示 1 ~ 2 龄大鲵的存活率为 40%，从第三年开始大鲵的成活率稳定在 80%。

Zhang 等（2016）在秦岭山脉的黑河流域和东河流域分别释放了 15 尾和 16 尾大鲵亚成体，通过手术植入了无线电遥测设备进行跟踪监测，发现术后得以充分恢复的野放大鲵 1

年内的存活率可以达到50%，作者发现东河流域的存活率(70%)和美洲大鲵野外个体存活率(81%)相类似。在密苏里州白河北段2个位点，对36尾驯养的美洲大鲵进行野外放流，发现石块密集河段野放美洲大鲵的存活率是石块不均匀分布河段的1.5倍左右(Bodinof et al.，2012)。放流种群的存活率是影响大鲵种群结构的重要因素，也是评估大鲵野放成功与否的重要指标。

3. 种群密度

种群数量调查是评估物种在其栖息环境内生存状况的基础，一般情况下，以密度来反映一个地区该种群的资源状况，尤其对于濒危状况的大鲵，其种群数量的多少及变化是制定保护策略的重要依据。

在国内的研究中，不同学者运用不同调查方法对不同地区的大鲵种群密度进行调查评估。宋鸣涛等(1989)使用标志重捕的方式估算出95%置信度下陕西省太白县大鲵的密度为7.9~67.6尾/km。刘诗峰等(1991)通过弓钩调查法，统计汉江滑水河流域的大鲵数量，借用Rothschild的瞬时捕获率的计算方法，推算出主河道大鲵密度为247.6尾/km；支流密度为56.66尾/km。罗庆华等(2009)通过记录野生大鲵幼苗的涌出量，推算张家界溶洞内野生大鲵种群密度为0.92尾/km^2，其认为对于密度较低的野生大鲵种群不适用标志重捕法统计数量。张红星(2013)总结陕西省大鲵资源量0.2~12kg/km^2，分布密度在0.2~1.4尾/km^2，认为该种群资源量难以形成繁殖群体。

Okada等(2008)通过标志重捕的方式对日本广岛市2条河流(分别长1020m、1965m)内的日本大鲵进行调查，得到两个流域的种群密度分别为1.2尾/100m^{2}和1.3尾/100m^2。王杰(2015)与京东大学合作调查，以发现尾次/河段长度的方式，统计日本京都市、鸟取县、广岛市和兵库县等日本大鲵主产地的日本大鲵遇见率为44.3±34.6尾/km，他认为这些区域大鲵的最高密度不会超过85.8尾/km。Burgmeier等(2011)在印第安纳州42个位点进行调查，发现其种群平均密度为0.06尾/100m^2，其总结了10个连续多年的调查位点，发现隐鳃鲵的种群数量有所下降，即由原来的每个位点发现5~10尾下降到2~3尾。Browne等(2014)对比隐鳃鲵的历史记录341~570尾/km，认为美洲大鲵数量下降了60%~80%。

由于目前中国大鲵的野外数量已经很少，部分残存种群已经退居到人类难以到达的地下暗河以及溶洞中，进行野外调查更加困难。但种群资源量的变化，是制定保护策略不可缺少的依据。因此，目前亟待在大鲵的原生分布区进行统一的调查，评估大鲵资源现状，调整保护策略。

针对大鲵的种群密度的调查方法有很多，不同的调查方法，有其利弊方面，同时还受到多方面的限制，例如，栖息地的可调查性、季节的影响、经费与调查人员以及器械等因素的影响(表1-1)。Browne等(2011)总结了13种大鲵以及其他两栖有尾目动物调查方法，分析了各种方法的利弊。中国大鲵种群密度的调查方式以涉水翻石、诱捕网、电击、夜间手电照明和弓钩捕获等为主；日本大鲵的调查方式主要以直接观察为主，辅以渔网工具；美洲大鲵的调查则主要是翻石同时配合浮潜的方式。在调查过程中，应该综合考虑不同方法的优缺点，结合使用，提高调查效率，减轻栖息地干扰，降低成本及风险。

表 1-1　常用种群密度调查方法

序号	调查方法	优点	缺点
1	涉水、翻石、捞网	成本低，调查简便	调查强度大，对栖息地干扰大
2	浮潜、潜水调查	易于深水区捕获大鲵	成本高，风险大
3	夜间聚光灯照明	干扰小	风险较大
4	弓钩或钩线的布设	密度低时，效果差	易伤害大鲵
5	电击	效果显著	风险大，易伤害大鲵
6	诱捕网	适用范围广，干扰小	布设工作量大，需要诱饵，繁殖季不适用

4. 年龄结构

分析种群的年龄结构即以每一龄级的个体为一个年龄群，计算各年龄群个体数量在整个种群中的比率。通常情况下以年龄锥体来直观地反映该类群的年龄结构，它可分为 3 种类型，即①金字塔锥体，②钟形锥体，③壶形锥体，分别代表增长种群，稳定型种群和下降型种群。种群的年龄结构对了解种群历史，分析、预测种群的发展动态具有重要的价值（孙儒泳，2002）。

在国内大鲵种群年龄结构的研究中，主要是通过建立大鲵年龄与体重、体长的回归方程式来判断大鲵个体的年龄，统计各年龄组的大鲵个体数，分析种群结构（葛荫榕等，1995；王文林等，1999；刘小召，2014）。葛荫榕等（1995）通过年龄–体重、体长判别式估算大鲵年龄，其调查记录的 300 尾大鲵以 3 龄以下个体为主。刘诗峰（1991）用体长体重散点图划分 96 尾大鲵的年龄组，发现汉江流域大鲵种群以 4 龄以下个体为主。郑合勋（2006）以体长、体重为指标，通过重心聚类的方式，并结合大鲵生长发育特点以及饲养大鲵的生长情况，将大鲵划分为 8 个年龄组，发现卢氏县 252 尾大鲵中 5 龄以下个体占到了 67.1%。

国外对种群年龄结构相关方面的研究与国内有所不同，其主要是以体长或外鳃的发育状况为依据划分年龄结构。Okada 等（2008）以日本大鲵的吻–泄殖孔的长度（5cm）值划段，统计分析广岛市 A、B 两段河流内日本大鲵的种群结构状况，发现 A 河段幼鲵和成鲵的占比较大，B 河段种群结构则主要是以成鲵为主，且未发现幼鲵。Pugh（2013）通过创建体长分级（5cm）直方图，分析评估其调查流域内美洲大鲵的种群年龄结构，结果显示，在记录的 25 个个体中，成体占绝对比重。

分析大鲵种群的年龄结构，预测种群发展趋势，最关键的是大鲵个体的年龄判别。由于大鲵的异速生长特征，大鲵年龄的鉴别是十分困难的。不同的学者对大鲵年龄的划分有不同标准，调查环境不同所建立的大鲵年龄判别式也会有所差异，因此，对于不同地区大鲵年龄的鉴别要结合实际情况进行具体分析。

5. 性比结构

大多数的动物种群的性比接近 1∶1，性比例影响种群的幼体出生率，因此种群性别结构也是影响种群数量变化的重要因素之一，合理的性别比例是种群繁衍的保证（戈峰，2008）。

隐鳃鲵的性别判定困难，无确切的判别标准。在野外调查过程中，区分隐鳃鲵性别的常用方式是以繁殖期性成熟大鲵泄殖孔的形态变化进行鉴定(阳爱生等，1979；葛荫榕等，1994；卞伟，1997；陈云祥等，2006；王杰，2015；Burgmeier et al.，2011；Pugh et al.，2013)。然而，据王杰以及 Okada 等人的报道，繁殖期间性成熟的雄性日本大鲵的泄殖孔并不是全部隆起，隆起的比例仅为50%~63.2%(王杰，2015；Okada et al.，2008)。而在非繁殖季节，未成熟大鲵的性别判定一直以来都是一个难题。欧东升等(2007)认为，尝试以相同规格大鲵的头宽和体宽差异鉴别其性别，然而结果显示，该方法成功率较低，且需要较强经验性。相较于外观辨识，使用彩色多普勒 B 超检查的方法鉴定大鲵性别更加可靠(杨焱清等，2003；李培青等，2010)。但是该方法成本较高，而且多普勒 B 超鉴定需要较强的经验性，故在野外调查中未得到广泛应用。除此之外，还可以通过大鲵性腺激素的测定鉴定其性别(Burgmeier et al.，2011)。

3 个隐鳃鲵物种的性别比例差异较大，中国大鲵的性别比例接近 1∶1(胡小龙，1987；葛荫榕等，1994；卞伟，1997 等)，Kawamichi et al.(1998)记录日本大鲵性别比例为(雄性∶雌性)1.52∶1，美洲大鲵的雄性个体数量同样稍高于雌性，雄雌比列最高达到2.6∶1(Hillis et al.，1971；Burgmeier et al.，2011；Hecht-Kardas et al.，2012；Pugh et al.，2013)。Horchler(2010)对格林布赖尔河的西段流域调查显示，该河段美洲大鲵性别比例失调，雄雌比例由 1998 年 1.1∶1 发展成 2009 年 2.1∶1。

种群的性比结构是影响大鲵种群发展动态的重要因素，尤其对于大鲵这种繁殖力低下的物种来说，合理的性比结构是保障其繁殖存续的必要条件。

(四)活动习性

隐腮鲵科动物作为穴居性动物，了解其活动范围、移动特征等生活习性，可以为调节种群密度，调整监测计划提供相应信息。

在活动习性研究方面，中国大鲵和日本大鲵的报道相对较少。郑合勋(2006)通过无线电追踪设备跟踪记录 4 尾大鲵的活动，使用最小多边形计算法，求得大鲵的平均家域面积为 34.75m²，同时该研究发现，大鲵释放后会顺流而上寻找洞穴，遇到洪水会在居留位点上下游宽阔水面躲避，且大鲵定居后其活动范围固定在洞穴周边的水潭。Taguchi(2009)对 200 尾日本大鲵进行了一年的追踪(标记重捕法)，发现日本大鲵在繁殖前向上游迁移平均约 200m，繁殖后又向下游迁移平均约 200m，这种繁殖迁移多发生在 8 月下旬至 9 月上旬，日本大鲵在冬季和春季基本都处于不移动状态。

Hillis 等(1971)对美洲大鲵的家域范围进行研究，将调查区以 10m 间隔划分网格，分析美洲大鲵的活动规律，结果显示，美洲大鲵家域范围比较小，平均半径为 10.5m。Peterson(1987)同样发现美洲大鲵的平均移动距离很小，并且一些重捕个体稳定地占用一个洞穴。Humphries 和 Pauley(2005)同样将调查区域进行网格化分段，利用最小多边形法，以重捕 3 次以上的美洲大鲵的记录估算出 95%置信度下美洲大鲵的家域范围均值为 198m²，分析重捕 2 次以上的个体记录发现，美洲大鲵平均移动距离为 35.8m。Burgmeier 等(2011)利用无线电遥测技术对不同季节美洲大鲵的家域范围进行研究发现，美洲大鲵的家域范围无季节性差异，各季节平均值为 2211.9±990.3m²，最近线性移动距离平均值为 144±57.7m，其主要活动范围固定在其洞穴周边。

隐鳃鲵具有一定的占穴行为，尤其在繁殖季节，占穴行为明显，3 个物种的活动范围都比较小，主要固定在其居留洞穴周边的水潭附近。同时，隐鳃鲵在繁殖季节与非繁殖季之间表现出季节性迁移行为。

第二节　迁地种群的评价

迁地保护是物种保护的重要手段之一，迁地保护效果的评价可以用于调整保护策略，提高保护效率（Wilson et al.，1994；潘绪伟，2010），因此，对于野放种群的监测评价是物种迁地保护的关键环节。但是由于在野外建立一个可以长期自我维持的迁地种群需要较长时间，大多数物种的野外重引入工作还未进行长时间的监测评估，而且每一个物种的野外重引入都有其独特性，不可一概而论（Wilson and Price，1994）。

麋鹿、中国普氏野马以及东北虎都是我国物种迁地保护与就地保护的成功案例（孙岩，2008），但是对迁地保护成效的评价体系却未见详谈。阿力木江·克热木（2015）对卡拉麦里山有蹄类野生动物自然保护区放归的普氏野马进行了行为与栖息地食物的相关性研究，但该研究仅对放归区的栖息地适宜性进行了评价，未涉及对普氏野马野放成效的具体评价。李陆嫔（2011）建立了水生生物增殖放流成效的多元化评价体系，该体系从经济效益、生态效益以及社会效益三个方面进行阐述，其还指出应该定期监测水域环境各因子的变化，记录水域中各水生生物群体数量与种类组成的变动，以此反映放流地栖息环境的变化，但是该体系仅仅给出了评价的框架，未给出具体的评价指标。

国外迁地保护较为典型的例子是加州秃鹫和游隼的野外放归。在 20 世纪 90 年代早期，铅中毒等原因导致加州秃鹫种群数量急剧下降，当地环保组织尝试通过野外放生人工繁育个体的方式提高加州秃鹫的野外资源量，尽管为野放的加州秃鹫提供了充足的食物供应，但仍无法避免野放个体的铅中毒现象，加州秃鹫野外资源量未得到显著提升，该保护方式未能成功地建立一个完全自我维持的野放种群（Meretsky et al.，1994）。Green 等（2006）对美国游隼也进行了野外放生的尝试，通过观察记录到的野放个体的领域行为及筑巢繁殖行为认为，美国游隼的野外放生的保护举措是比较成功的，但是对于该种群野放生成功的评价指标未见详细描述。

目前，对于隐鳃鲵野外放流种群长期的跟踪监测鲜少报道。日本大鲵与美洲大鲵的野外资源量较多，涉及该两种隐腮鲵的野外放流活动较少，对于隐鳃鲵科 3 个物种的放流报道主要以中国大鲵为主。罗庆华等（2009）对湖南张家界大鲵放流种群开展调查，通过 3 个繁殖期后野外大鲵幼苗的数量变化评估放流效果，但是该报道未见充分证据证明野外出苗量的增加是由放流种群还是原生种群的繁殖导致。邓婕等（2016）、Zhang 等（2016a，b）在 2013 年 6 月放流 20 多尾大鲵，至 2014 年 4 月，每月观察记录大鲵的存活、生长和环境温度、水环境基础指标等，分析大鲵的存活以及相关环境因素，但并未详细介绍放流成效的具体评估。全国其他各地时有放流活动的报道，但是对其放流后的回捕工作还未曾有过详细研究（王启军，2010，2012）。野外放流作为中国大鲵保护的一项重要举措，其放流力度逐年加强，但针对野外放流种群管理及放流效果评价的相关技术规定却未见出台。

大鲵的野外放流时间短，放流监测经验少，且由于迁地种群缺乏长时间的监测及效果评价，大鲵种群的引入活动比较盲目。做好大鲵野外放流的监测评价，对今后大鲵种群放流地的选择以及放流种群保护策略的制定和调整是非常重要的，因此科学、有效的大鲵野放监测的评估体系亟待建立。

大鲵起源于3.5亿年前的泥盆纪时期，是由水生脊椎动物向陆生脊椎动物过渡的类群，经过漫长的演化过程生存至今，成为了真正意义上的"活化石"。它在研究物种进化过程中，对物种适应的发生等重大的科学问题有着独特的科研价值（林思亮，2011）。由于人类活动的干扰和破坏，大鲵栖息地破碎化的问题越来越严重，使大鲵种群的分布出现了中心区和边缘区（汪永庆等，2001；章克家，2002；Wang et al.，2004）。广东的大鲵种群位于大鲵分布区的南端，为该物种的边缘种群。边缘种群所处的栖息地对于该物种来说是变化多端、不稳定的，是一个脆弱的栖息地，但是边缘种群对物种遗传多样性的增加具有十分重要的作用，因此广东的大鲵种群具有较高的保护价值。

对某个物种进行有效保护的前提是了解该物种种群生态特征，清晰该物种的保护薄弱环节。大鲵的野外种群数量越来越少，并且由于大鲵的野外调查较困难，有关大鲵野外种群生态特征的研究报道越来越匮乏，对大鲵进行的保护显得有心无力。

目前，人工放流成为大鲵种群保护的重要手段，全国的放流规模不断扩大，但放流种群缺乏长期监测、放流效果无法评估，放流具有很大的盲目性。通过评估广东地区放流种群的放流成效，为放流种群的管理提供参考，丰富野外大鲵种群生态学的相关基本信息，同时为大鲵其他边缘种群的保护提供重要的理论基础和实践经验，亦可为中国大鲵野外放流成效评价体系的建立提供框架与数据支撑。

第二章 中国大鲵分布及保护现状

第一节 大鲵的分布

有尾目的隐鳃鲵科是两栖类中体型最大的类群，该科有 2 属 3 种，分别为中国大鲵、日本大鲵和美洲大鲵。中国大鲵(以下简称"大鲵")仅分布于我国，日本大鲵分布于日本，美洲大鲵分布于美国(卞伟，1997；章克家等，2002；Gao et al.，2003；王杰，2015)。

大鲵曾广泛分布在长江、黄河、珠江流域(刘国钧，1989)。在 20 世纪 70~80 年代，由于人类的大量捕杀，其数量急剧下降，甚至在一些原产地已经灭绝。21 世纪初，大鲵的分布已呈现严重的斑块化，分布在 17 个省 12 个分布区(章克家等，2002)。尽管 1988 年大鲵被列入我国国家二级保护野生动物，同时也在一些大鲵原产地建立了相应的自然保护区，但大鲵的数量仍在不断地下降。2013—2016 年英国伦敦动物协会与贵阳学院等单位合作，对中国 16 个省的 100 个大鲵历史分布位点进行了调查，结果仅在广东省连南县、四川省巴中市南江县、贵州省江口县、陕西省略阳县以及周至县的 4 个省 5 个位点仍能记录到野外大鲵种群，且所有记录位点都在自然保护区范围内(Chen et al.，2016；Turvey et al.，2018)。同时地方生态知识的访问调查也用于验证野外调查的结果，结果皆显示，由于过度利用，野外大鲵的分布范围经历了灾难性的缩减(Chen et al.，2016；Turvey et al.，2018)。广东连南大鲵省级自然保护区内的野外大鲵种群是我国为数不多的野外生存大鲵种群，对我国大鲵野外种群的保护和恢复具有重要的意义。

第二节 大鲵面临的主要威胁

栖息地破坏是野生动物生存面临的最大威胁，其次是过度利用(蒋志刚等，2014)。大鲵野外续存最主要的威胁因子也是栖息地丧失和人类过度捕杀。

WWF(2016)指出淡水生态系统受到了流域拦河建坝的严重影响。沿河建立水电站使河流改道，导致一部分河道断流，另一部分河道的落差变大，从而不再适宜大鲵生存。尤其是在建立水电站之初，在水电站的下游遍布各类水生生物的残骸(郑合勋等，2005)。在大鲵的原生地的相当一部分河道上同样建设有许多水电站，水电站的存在阻断了大鲵的迁移，更甚者导致大鲵的局部区域灭绝(表 2-1)。

20 世纪 80 年代之前，大鲵分布广、种群数量多，被作为一种水产资源进行收购。随着大鲵市场需求的增大，大鲵的市场价格不断地攀高，导致大鲵数量急剧减少。郑合勋等(2005)整理卢氏县大鲵管理所历年大鲵立案的记录数据显示，尽管卢氏县在 1982 年已经建立了卢氏县大鲵自然保护区，但由于 20 世纪 80 年代和 90 年代的偷猎盗捕，野外大鲵的数量仍持续下降。

表 2-1 部分大鲵原生地水电站统计表（网络数据统计）

区域	水电站（个）	水电站密度（个/km）
桑植县大鲵自然保护区及周边	38	0.2
慈利县大鲵自然保护区及周边	88	0.3
卢氏县大鲵自然保护区及周边	131	0.3
连南县大鲵自然保护区及周边	27	0.4

广东省连南县大鲵的收购价格与收购量的变化同样可以充分反映市场需求对大鲵数量变化的影响：在 20 世纪 90 年代之前，连南县人民对大鲵没有较强捕杀意识；从 90 年代开始，大鲵的收购价格不断升高，促使其捕获量也随之增加，从而导致其数量越来越少。数量减少引起大鲵市场价格飙升，反过来加剧了大鲵的捕获（图 2-1）。

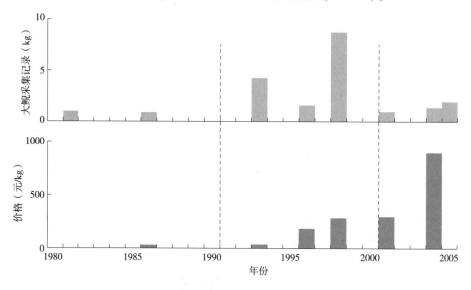

图 2-1 连南大鲵排肚采集及价格变化调查

第三节 大鲵的保护

建立自然保护区是保护物种最直接有效的方式（蒋志刚等，1997）。20 世纪 80 年代末，大鲵种群濒临灭绝，相关的自然保护区开始建立，随后快速发展。自然保护区的建立主要集中在 20 世纪 90 年代末至 21 世纪初（图 2-2）。

截至 2015 年，我国已经建立以大鲵为主要保护对象或大鲵相关的自然保护区 47 个，这些保护区大多分布在大鲵的原产区，也建立了一些非原生地大鲵保护区，作为迁地种群保护的种质资源储存库。

尽管建立了相应自然保护区，但自然保护区内野生大鲵的存有量已经很少（郑合勋等，2005；罗庆华等，2009），仅靠原生地残存的大鲵很难建立一个自我维持的种群，相关报道表明，一些区域的大鲵原生种群已经灭绝（刘国钧，1989；章克家等，2001）。

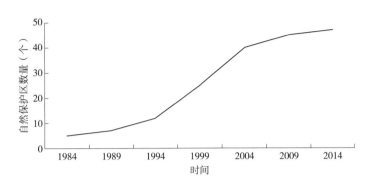

图 2-2　自然保护区建立统计数据

自 20 世纪 70~80 年代开始，由于大鲵市场需求加大，促使了大鲵人工繁殖技术的发展，人工繁育种群的数量也逐渐超过了野外大鲵种群，野外放流作为大鲵野外种群快速恢复的重要手段被提上议程。

大鲵的野外放流活动最早于 1989 年福建崇安县开展。自 2002 年以来，湖南、河南、广东、江西、安徽、湖北、北京等省（直辖市）先后多次开展人工饲养大鲵的野外增殖放流活动（罗庆华等，2009）。湖南省张家界市 2002 至 2016 年期间，累计放流 2.1 万尾（中国政府网 2016）。近几年，大鲵的野外放流规模不断扩大（图 2-3），仅陕西省汉中市，在 2016 年就放流近 2 万尾大鲵。

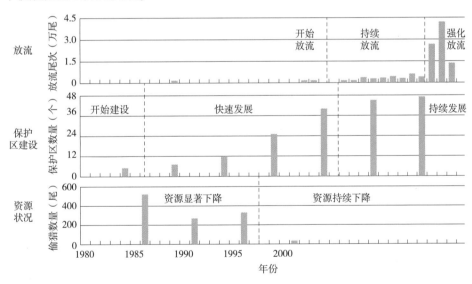

图 2-3　大鲵种群历史动态

中国大鲵的种群变化总体来说分为 3 个阶段。第一阶段，由于市场需求的增加，大鲵收购价格升高，导致大鲵种群资源急剧下降。大鲵的性成熟所需的时间长，种群繁殖力低，在大鲵数量的急剧减少之后很难快速恢复，从而导致中国大鲵变为濒危物种，被列入国家二级保护野生动物。第二阶段，建立保护区并对大鲵进行了相关立法保护，但偷猎盗捕事件不断发生，大鲵数量持续下降。第三阶段，大鲵资源的持续下降，大鲵野外种群资源量亟待恢复，随着人工繁殖技术的发展，野外放流作为大鲵野外种群快速恢复的一项重要举措被提上议程，尤其是在 2010 年以后，大鲵的野外放流规模不断扩大。

　　放流效果的评估是物种放流过程中必不可少的一个阶段（Cowx，1994），通过放流效果的评价可以改进放流策略，避免无效增殖现象的发生，提高增殖放流工作的效率（潘绪伟等，2010）。由于大鲵种群放流时间短，野外监测比较困难，有关大鲵放流种群监测的相关研究鲜有报道，这将不利于大鲵种群恢复及保护管理，因此随着放流规模的不断扩大，亟待建立一个完善的监测评价体系。

第三章 广东大鲵适生地分布

大鲵的自然分布跨越古北、东洋两界，主要产在季风区内（张荣祖，1999）。在广东开展大鲵保护时，需要了解广东省内生态地理单元划分的情况，才可寻找到大鲵适合的生态环境区域，才可科学地制定针对大鲵野生种群、栖息地保护和人工野放等的保护策略。

第一节 中国大鲵分布区生态地理单元比较

张荣祖（1999）采用陆生脊椎动物的分布为依据，对我国动物地理区进行了区划。参照该区划结果，广东省内共有 3 个"省"级区划，分别为江南丘陵省、东部丘陵省和沿海低丘平地省（图 3-1）。

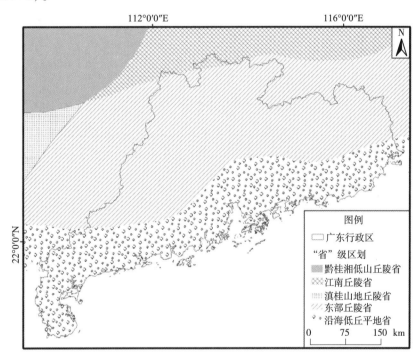

图 3-1 广东省的动物地理区划（引自张荣祖，1999）

解焱等（2002）采用多元分析与地理信息系统（GIS）技术，综合自然因素和动植物物种的分布信息，利用物种的分布相似性聚类结果，得到中国生物地理区划系统。参考该系统，广东省内共有 3 个生物地理区（图 3-2），分别为长江南岸丘陵常绿阔叶林、岭南丘陵常绿阔叶林和琼雷热带雨林、季雨林。

倪健等（1998）采用多元分析与地理信息系统等方法，综合利用各种生态地理因子，进行了中国生物多样性的生态地理区划。根据该区划结果，广东省可以分为 3 个生物群区

（图3-3），分别为东亚常绿阔叶林、东亚季风常绿阔叶林和北热带雨林、季雨林。

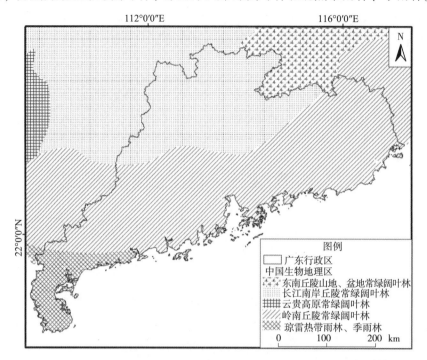

图3-2 广东省的生物地理区划（引自解焱等，2002）

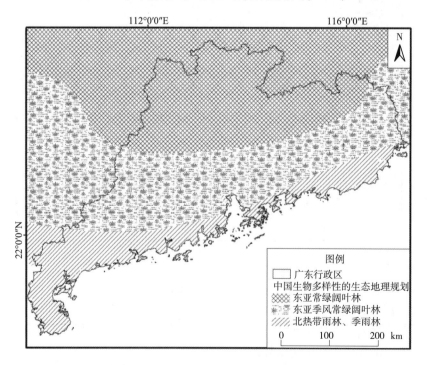

图3-3 广东省生物多样性的生态地理区划（引自倪健等，1998）

何杰坤等(2018)利用我国陆生野生动物物种分布,综合环境因子,利用系统聚类的方法,对我国陆生野生动物生态地理单元进行了区划。根据该区划结果,广东省有2个地理省单元(图3-4),分别为东部丘陵省和沿海低丘平地省。

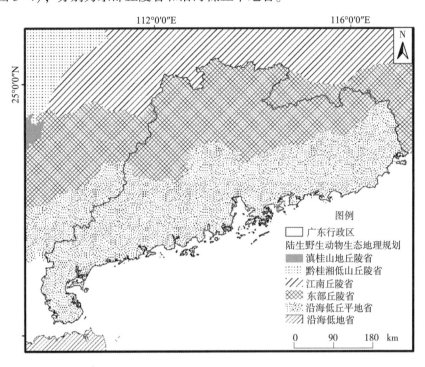

图3-4 广东省陆生野生动物生态地理区划(引自何杰坤等,2018)

上述4个区划总体的结果较为一致,由于选择的生态因子存在差异,各个区的边界并不完全一致。为了找到广东省内大鲵的适生区,需要对广东内的生态单元进一步细化,特别需要进一步明确单元间的边界。

第二节 大鲵分布区生态地理单元的比较

宋鸣涛等(1979),胡小龙(1987),李贵禄及周道琼(1988)和章克家等(2002)分别在陕西乾佑河、安徽大别山、贵州武陵山区和湖南壶瓶山进行大鲵生态学及资源状况的调查,并报道了大量的大鲵生物学信息。通过这些报道,可以说明这些地区是大鲵的分布区域。

选择陕西牛背梁、安徽鹞落坪、安徽马鬃岭、湖南瓶壶山、湖南八大公山、贵州梵净山、湖南通道及广东连南等8处大鲵分布区域开展生物地理区系差异的比较分析。

(一)植物区系组成比较

查找文献,统计8个地区的种子植物属区系组成的情况(李景侠等,1999;刘鹏等,1994;谢中稳等,1994;余天虹,2002;祁承经等,1994;李良千等,1993;黄文新,2005),与连南大鲵保护区种子植物属区系组成进行比较(图3-5)。以植物的区系组成来反映不同生态地理单元间的差异。

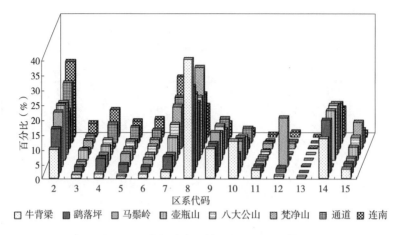

图3-5 大鲵分布区的植物属区系比较

注：区系代码中，2=泛热带分布；3=热带亚洲和热带美洲间断分布；4=旧世界热带分布；5=热带亚洲至热带大洋洲分布；6=热带亚洲至热带非洲分布；7=热带亚洲分布；8=北温带分布；9=东亚和北美间断分布；10=旧世界温带分布；11=温带亚洲分布；12=地中海、西亚至中亚分布；13=中亚分布；14=东亚分布；15=中国特有属。

以各区域属区系的比例作为变量，对不同的区域进行聚类分析(图3-6)发现，牛背梁自然保护区与其他7地区的距离最远，在地理位置上牛背梁的纬度最高。其次马鬃岭由于区系组成中的地中海、西亚至中亚分布成分比例较高，导致与其他地区的距离较远。之后是连南，连南的纬度最低，与其他地区的距离较远。两个在纬度上最南和最北的地区与其他地区距离都较远正好说明，牛背梁是大鲵分布区的北缘，而连南则是大鲵分布区的南缘。

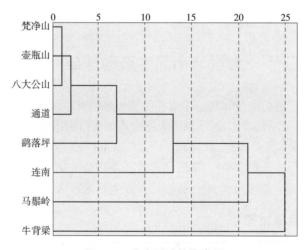

图3-6 分布区域的聚类图

对以各个区系的百分比进行主成分分析得出结果(表3-1，表3-2)，前三个主成分已经包含了95.8%的信息，可以提取前三个主成分代表总体的变异。

表 3-1 总方差载荷表

成分	初始特征值		
	合计	占方差比例(%)	累积比例(%)
1	9.431	67.367	67.367
2	2.358	16.846	84.213
3	1.621	11.581	95.794

分析各成分中的载荷量(表3-2),第一主成分中主要包含泛热带分布、旧世界热带分布、热带亚洲至热带非洲分布、热带亚洲分布、北温带分布、旧世界温带分布和温带亚洲分布的信息,它们具有较大的载荷,分别为 0.944、0.990、0.959、0.954、-0.964、-0.966、-0.932,并从载荷的值来看,热带分布属和温带分布属,两者呈相反的作用;第二主成分主要包含地中海西亚至中亚、东亚分布的信息,它们具有较大的载荷,分别为 0.856、-0.960,也呈相反的作用;第三主成分主要包含中国特有属的信息,即有较大的载荷量。综上所述,可以看出这 8 个地区的植物属区系差异主要是由于热带分布属和温带分布属的组成差异造成的,与其地理位置的气候特征存在一定联系。

表 3-2 各成分的贡献值

分布型	成分		
	1	2	3
泛热带分布	0.944	0.305	0.115
热带亚洲和热带美洲间断分布	0.888	0.190	-0.404
旧世界热带分布	0.990	0.038	-0.053
热带亚洲至热带大洋洲分布	0.866	0.095	0.452
热带亚洲至热带非洲分布	0.959	0.072	-0.156
热带亚洲分布	0.954	-0.043	-0.147
北温带分布	-0.964	-0.068	-0.242
东亚和北美洲间断分布	-0.856	0.045	0.499
旧世界温带分布	-0.966	0.072	-0.070
温带亚洲分布	-0.932	0.147	-0.270
地中海西亚至中亚分布	-0.276	0.856	0.424
中亚分布	-0.797	0.271	-0.362
东亚分布	0.058	-0.960	-0.206
中国特有属	-0.122	-0.671	0.672

(二) 限制大鲵分布的生态因子分析

统计大鲵分布区域 8 个自然保护区的基础地理信息,包括海拔、≥10℃的年积温、年平均气温、最热平均气温、最冷平均气温和年降水量。以这些基础地理信息为变量,进行主成分分析(表3-3,表3-4)。

表3-3 各变量的贡献率

成分	初始特征值		
	合计	占方差比例(%)	累积比例(%)
1	3.6	60.5	60.5
2	1.0	17.3	77.8
3	0.7	12.3	90.1

表3-4 各成分的贡献值

变量	成分		
	1	2	3
海拔	−0.831	0.309	0.001
10℃的年积温	0.925	0.159	0.173
年平均气温	0.843	−0.031	−0.464
最热平均气温	0.728	0.214	0.629
最冷平均气温	0.784	0.468	−0.311
年降水量	0.479	−0.807	0.038

结果显示前三个主成分的累积率达到了90.1%,已达到85%以上,不需再增加主成分。

第一主成分主要包含了≥10℃的年积温、年平均气温、海拔的信息,具有较高的载荷量,分别为0.925、0.843、−0.831;第二主成分主要包含了年降水量的信息,其载荷量为−0.807;第三主成分则主要包含了最热平均气温的信息,载荷量为0.629。

通过主成分分析,可知影响大鲵分布的主要生态因子有≥10℃的年积温、年平均气温、最热平均气温、年降水量和海拔等。

温度是大鲵生长发育的重要环境因素(张红星等,2006),其中,≥10℃的年积温、年平均气温和海拔的信息都反映了温度的因素。温度适宜、恒定,变化幅度小,是大鲵适应环境的有利因素,因大鲵为变温动物,这样可以节约用以改变体温的能量(穆彪等,2008)。最热平均气温反映极端温度的影响,若气温过高,大鲵容易死亡,但大鲵却能度过冰天雪地的冬天,耐受低温的能力较耐受高温的能力强,故最热平均气温也是影响大鲵分布的因子。

大鲵的主要栖息地为淡水溪流生态系统,溪流水量的多少直接影响大鲵的生活。降水量充足的地区,可为大鲵生长繁衍提供极为有利的水生生态环境。降水量也是限制大鲵分布的重要生态因子。

根据主成分分析的结果,选择植物区系中贡献值的绝对值在0.95以上的5个变量(X_1旧世界热带分布、X_2热带亚洲至热带非洲分布、X_3热带亚洲分布、X_4北温带分布、X_5旧世界温带分布)和5个生态因子(Y_1海拔区间、Y_2≥10℃的年积温、Y_3年平均气温、Y_4最热平均气温、Y_5年降水量)两组数据进行典型相关分析(表3-5,表3-6)。

表 3-5　两组变量间的相关系数

变量	Y_1	Y_2	Y_3	Y_4	Y_5
X_1	−0.57	0.78	0.77	0.25	0.52
X_2	−0.41	0.79	0.65	0.28	0.35
X_3	−0.54	0.72	0.75	0.24	0.44
X_4	0.69	−0.77	−0.77	−0.31	−0.62
X_5	0.66	−0.71	−0.77	−0.19	−0.60

表 3-6　典型相关系数及显著性检验

典型相关系数	相关系数	Wilk's 系数	卡方值	自由度	显著性
1	1.00	0.00	0.00	0	0.00
2	1.00	0.00	0.00	16	0.00
3	1.00	0.00	50.59	9	0.00
4	0.37	0.84	0.26	4	0.99
5	0.16	0.98	0.04	1	0.85

从结果可见，植物区系和生态因子间的直接相关系数中最大的为 0.79，而前 3 个典型相关系数的相关系数都为 1.0，均比植物区系和生态因子两组间任何一个直接相关系数都要大，说明在分析两组的相关性时，通过综合的典型相关分析效果要好于简单的相关分析，并且前 3 个典型相关系数具有显著性。

通过标准化变量的典型相关变量的换算系数，得到两组变量前 3 个典型变量的计算公式（表 3-7）。在第一对典型变量中，在植物区系指标中 X_1（旧世界热带分布）和 X_5（旧世界温带分布）的系数较大，在生态因子指标中 Y_1（海拔区间）和 Y_4（最热平均气温）的系数较大；在第二对典型变量中，在植物区系指标中 X_1（旧世界热带分布）和 X_2（热带亚洲至热带非洲分布）的系数较大，在生态因子指标中 Y_1（海拔区间）和 Y_5（年降水量）的系数较大；在第三对典型变量中，在植物区系指标中 X_1（旧世界热带分布）、X_2（热带亚洲至热带非洲分布）、和 X_5（旧世界温带分布）的系数较大，在生态因子指标中 Y_2（年积温）和 Y_4（最热平均气温）较大。

表 3-7　典型变量的计算公式

典型相关系数	计算公式
第一典型相关系数	$U_1 = -10.530X_1 + 3.913X_2 - 0.924X_3 + 0.720X_4 - 8.292X_5$
	$V_1 = -1.839Y_1 + 0.434Y_2 - 1.6Y_3 - 1.108Y_4 - 0.336Y_5$
第二典型相关系数	$U_2 = -1.564X_1 + 2.418X_2 - 0.921X_3 + 1.211X_4 - 0.592X_5$
	$V_2 = 0.516Y_1 + 0.062Y_2 - 0.374Y_3 + 0.255Y_4 - 0.452Y_5$
第三典型相关系数	$U_3 = 4.921X_1 - 4.485X_2 + 1.591X_3 - 1.411X_4 + 4.252X_5$
	$V_3 = 0.663Y_1 - 2.286Y_2 + 0.996Y_3 + 1.647Y_4 + 0.677Y_5$

8 个大鲵分布区的植物区系中的旧世界热带分布、热带亚洲至热带非洲分布和旧世界温带分布的组成差异是造成不同分布区生物区系差异的主要因素，反映了从热带向温带变化的特点。与生态因子中的海拔区间、≥10℃的年积温、最热平均气温和年降水量有着较大的相关性，两组变量很大程度上反映了在纬度梯度下，生态因子对生物区系综合的作用。

通过主成分分析和典型相关分析，可见海拔区间、年积温、最热平均气温和年降水量是限制大鲵分布的主要生态因子。

第三节　广东生态地理区划

在广东省内选取了 17 处自然保护区（图 3-7），17 个自然保护区分布在广东各地，可代表广东大部分的区域。查找文献，统计这些自然保护区或地区内种子植物属区系组成的情况（江海声等，1999；廖富林，1995；段代祥等，2005；陈锡沐等，1994；吴永彬等，2006；徐颂军等，1994；郑铁钢，2003），结果见图 3-7。

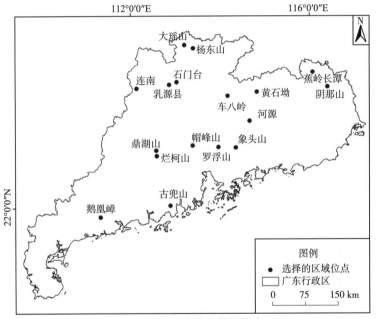

图 3-7　17 个自然保护区位点

从图 3-8 中可以看出，17 个自然保护区的种子植物区系组成中热带成分占了大部分，说明广东地区的植物具有强烈的热带属性。另外，泛热带分布和热带亚洲分布的百分比随纬度的降低（大瑶山至鹅凰嶂）呈现逐渐增长的趋势，而北温带分布和旧世界温带分布的百分比却呈现逐渐减少的趋势，从另一个侧面说明虽然广东地区植物具有强烈的热带属性，但还呈现了由南向北过渡的特点。

以各区域属区系的百分比作为变量，对 17 个自然保护区进行聚类分析（图 3-9）发现，在距离为 5 的时候，可以把 17 个自然保护区分成 6 类，分别是 1. 烂柯山、古兜山、鹅凰嶂、象头山、鼎湖山和罗浮山；2. 帽峰山；3. 河源；4. 杨东山、大瑶山和乳源县；5. 阴那山、黄石坳、蕉岭长潭、石门台和连南；6. 车八岭。

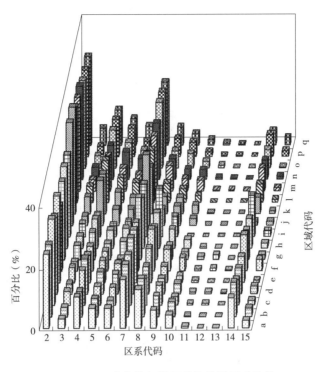

图 3-8　17 个自然保护区的植物属区系比较

注：区系代码中：2＝泛热带分布；3＝热带亚洲和热带美洲间断分布；4＝旧世界热带分布；5＝热带亚洲至热带大洋洲分布；6＝热带亚洲至热带非洲分布；7＝热带亚洲分布；8＝北温带分布；9＝东亚和北美洲间断分布；10＝旧世界温带分布；11＝温带亚洲分布；12＝地中海、西亚至中亚分布；13＝中亚分布；14＝东亚分布；15＝中国特有属。区域代码中：a＝大瑶山；b 杨东山；c＝蕉岭长潭；d＝石门台；e＝阴那山；f＝乳源县；g＝连南；h＝黄石坳；i＝车八岭；j＝河源；k＝帽峰山；l＝罗浮山；m＝象头山；n＝鼎湖山；o＝烂柯山；p＝古兜山；q＝鹅凰嶂。

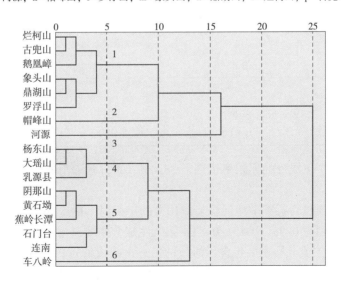

图 3-9　17 个自然保护区聚类分析

在 GIS 平台上将各类进行空间分布分析(图 3-10),发现 1、2 和 3 类的自然保护区都位于低纬度的粤南和粤西地区,而 4、5 和 6 类的自然保护区主要集中在较高纬度的粤北和粤东北,纬度是主要的影响因素。

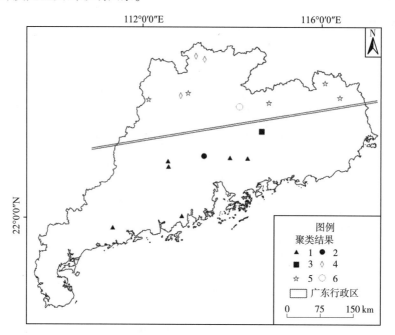

图 3-10　聚类类别的空间分布

统计 17 个自然保护区的基础地理信息,包括海拔、≥10℃的年积温、年平均气温、最热平均气温、最冷平均气温和年降水量。以这些基础地理信息为变量,进行主成分分析(表 3-8,表 3-9)。

表 3-8　各变量的贡献率

成分	初始特征值		
	合计	占方差比例(%)	累积比例(%)
1	2.88	47.9	47.9
2	1.36	22.6	70.6
3	1.07	17.8	88.4

结果显示前 3 个主成分的累积率达到了 88.4%,可以代表所有变量的信息不需再增加主成分。

第一主成分主要包含了年平均气温、≥10℃的年积温、最冷月平均气温的信息,具有较高的载荷量,分别为 0.98、0.83、0.83;第二主成分主要包含了年降水量的信息,其载荷量为 0.86;第三主成分则主要包含了海拔的信息,载荷量为 0.95。

通过主成分分析可知,影响广东生物区系组成分布的主要生态因子有年平均气温、≥10℃的年积温、最冷月平均气温、年降水量和海拔等。与上述大鲵分布区生态因子的主成分分析不同,最冷月平均气温取代了最热月平均气温的作用,正好说明广东的气候特征，广东夏季南北温差小，冬季的南北温差较大。所以，在广东进行生态地理单元的划分时应该考虑上述生态因子和生物地理区划的结果。

表 3-9　各成分的贡献值

变量	成分		
	1	2	3
海拔	-0.22	0.04	0.95
≥10℃的年积温	0.83	-0.35	-0.10
年平均气温	0.98	0.07	0.05
最热月平均气温	0.66	-0.54	0.35
最冷月平均气温	0.83	0.44	-0.04
年降水量	0.25	0.86	0.15

利用上述广东省内 17 个自然保护区植物区系的聚类结果，结合广东的气候条件、地形状况和经济发展状况，进行广东生态地理单元区划（图 3-11）。

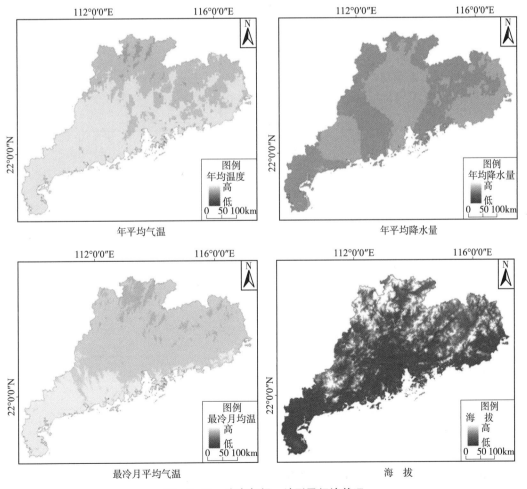

图 3-11　广东气候、地形及经济状况

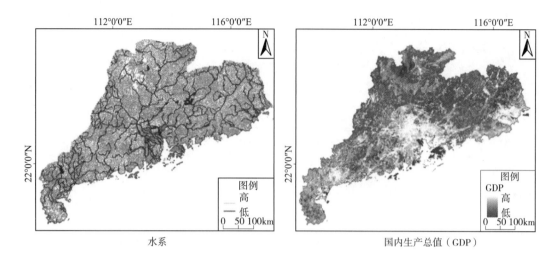

图 3-11　广东气候、地形及经济状况(续)

　　根据生态地理单元区划情况，结合大鲵的生活习性，将广东的大鲵适生区划分为 3 个等级，分别为少适生区、次适生区和适生区。其中，适生区主要包括粤北地区的连州市、连南县、连山县、乐昌市、仁化县及部分南雄县等地区，区内覆盖了北江上游西侧的大部分支流流域；次适生区包括部分南雄县、始兴县、翁源县、连平县和部分和平县等地区，区内覆盖了北江上游东侧的大部分支流流域；少适生区主要包括粤东北地区蕉岭县、部分平远县和部分大埔县等地区，区内覆盖梅江上游的支流流域(图 3-12)。

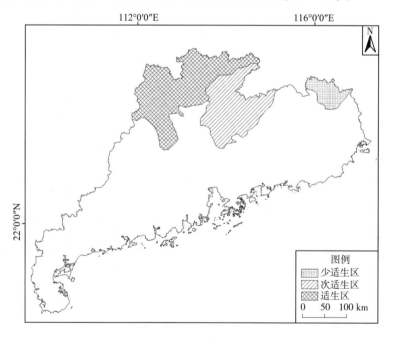

图 3-12　大鲵的适生区域

　　分别统计不同适生区域的面积(表 3-10)，可以看出，在广东大鲵的适生区面积为23393.2km²，约占广东面积的 13.1 %，并且主要集中在经济发展较差的粤北山区。

表 3-10 不同适生区域的面积

适生区类型	面积(km^2)	占广东面积的比例(%)
适生区	23393.2	13.1
次适生区	16387.1	9.2
少适生区	3874.1	2.2

第二部分

自然与社区环境

第四章 自然地理

第一节 地理位置

(一)地理位置

连南瑶族自治县位于广东省西北部。地处北回归线以北,地理坐标为北纬24°17′16″～24°56′02″,东经112°02′02″～112°29′01″。东北与连州市交界,东南与阳山县相连,南接怀集县,西邻连山壮族瑶族自治县,西北与湖南省江华瑶族自治县接壤。

广东连南大鲵省级自然保护区位于连南县的西南角,地理坐标为北纬24°23′15.5″～24°25′22.9″,东经112°08′26.8″～112°11′36.2″,保护区总面积1493.4hm²,其中,核心区面积为585hm²(占保护区总面积的39.2%);缓冲区面积672.6hm²(占保护区总面积的45.0%);实验区面积为235.8hm²(占保护区总面积的15.8%)。本书内容涉及的科考范围包含连南大鲵省级自然保护区和周边范围,面积为56.77 km²,地理坐标为北纬24°21′15.00″～24°28′21.00″,东经112°08′26.8″～112°13′50.00″(图4-1)。

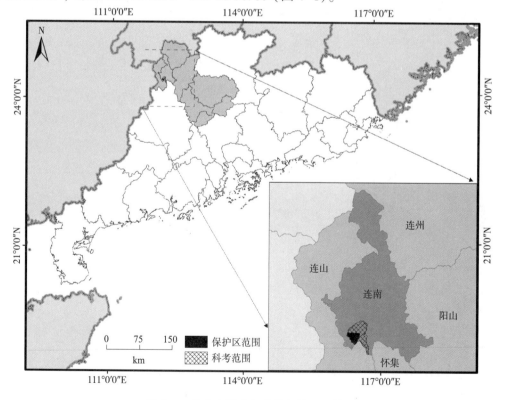

图4-1 连南大鲵省级自然保护区位置图

(二)概况

连南县境东西最宽 45km，南北长 71km，全县土地总面积为 130592.9hm²（其中，瑶区土地面积 115392.9hm²，占 88%；汉区土地面积 15200hm²，占 12%）。连南县的所有土地中林业用地 101888.6hm²，占 78.02%；境内最高峰为金坑镇的大雾山，海拔 1659m。

连南气候属中亚热带季风湿润气候，年平均气温 19.5℃，气候温和怡人，总降水量 1660.5mm，雨量充沛且雨热同季。夏季盛行偏南风，冬季盛行东北风，因位于南岭山脉南麓，山区立体气候明显，高山与平地之间温差达 4~5℃。连南县的气候四季分明，夏长冬短，春秋过渡快，春季阴冷湿润，夏季炎热多雨，秋季凉爽风清，冬季寒冷干燥。

第二节 地质地貌

(一)地质

连南大鲵省级自然保护区地质构造上属华南褶皱带，在地史上属华夏古陆和杨子古陆的华南台地，海漫盛期的泥盆纪、中生代以来，经历多次激烈的华南台地上升，使原各地质时期沉积的地层褶皱断裂，并伴随大规模的花岗岩入侵。其岩性由山顶向外分别为中细粒斑状花岗岩-砂岩类（中细粒砂岩、泥质砂岩），局部地方亦有变质岩、板岩出露。

(二)地貌

连南大鲵保护区所在区域的地貌类型主体为变质岩中山和花岗岩中山（表 4-1），有小面积的丘陵和河流阶地。

表 4-1 连南大鲵保护区所在区域地貌类型面积统计　　　　　　　　　　单位：km²

区域	F1.1	F2.1	F4.2G	F5.1G	F5.2G	F5.2M	W
盘石	7.20	1.66			9.98	74.69	1.01
香坪		1.43	6.63	0.08	0.18	62.13	
合计	7.20	3.09	6.63	0.08	10.16	136.82	1.01

注：（1）F1.1=冲积平原，F2.1=河流阶地，F4.2G=花岗岩高丘陵，F5.1G=花岗岩低山，F5.2G=花岗岩中山，F5.2M=变质岩中山，W=水库。

（2）保护区所在地原属连南县盘石镇、现机构改革盘石镇并入香坪镇，本表同时列出相关统计。

（3）本资料来源为广东省科学院丘陵山区综合科学考察队主编《广东山区地貌》（陈华堂、黄少辉、祝功武编写，广东科技出版社出版，1991）。

保护区范围属于中低山地貌，区内群峰矗立，山势陡峭，根据 1∶50000 的地形图统计保护区内有标高的 98 座山峰的海拔高度，其中 500~900m 的山峰 30 座，占 30.6%，900m 以上的山峰 68 座，占 69.4%，最高海拔是五海顶，为 1564.8m。保护区的地势是东南高、西北低。河谷切割深多呈 U 形谷或 V 形谷，地势起伏大，地形地貌复杂多样，山地坡度多在 25°~50°，个别地段达 60°以上。

(三) 土壤

保护区内主要成土母岩为花岗岩和砂岩类，受气候、海拔、岩性等方面条件的影响，相应形成了不同的土壤类型，主要有山地红壤、山地黄壤和山地灌丛草甸土。山地红壤：主要分布于海拔 700m 以下的低山丘陵，土层深厚，土壤发育层次明显，呈灰棕色或红棕色，有机质含量高，pH 多在 4.5~6.0。山地黄壤：此类土多分布于海拔 700~1000m 的坡中，一般土层较薄，土体发育完整，呈灰黑或黑褐色，有机质含量较多，pH 4.5~5.5。山地灌丛草甸土：主要分布于海拔 1000m 以上的山脊和山顶，由于气候寒冷潮湿，云雾多，日照少，风力大，因而抑制了植物生长和土壤微生物的活动，土体剖面层次发育不够完整，有明显的枯枝落叶和草根盘结。

第三节　气候

连南县境内地形环境复杂多样，山地、丘陵、盆地、河谷、平原纵横交错。气候属中亚热带季风气候，其气候除受地理位置和季风环流的影响外，受山区地形的影响也很显著。

用该县气象局对该保护区周边的各个气象观察站的观察资料，统计分析得到连南大鲵省级自然保护区 1994—2003 年 10 年各月的气象数据。图 4-2 是根据这 10 年的气象数据统计各月平均数绘制的该保护区气候图。

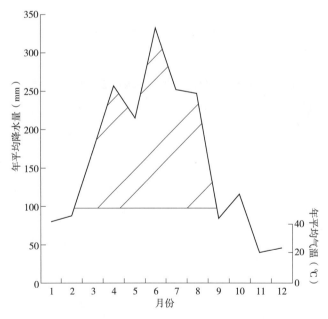

图 4-2　广东连南大鲵省级自然保护区气候图

连南大鲵省级自然保护区最冷月为 1 月，该月平均气温仅 9.8℃；最热月份为 7 月，该月平均气温达到 26.7℃；4—10 月各月的月平均气温都在 20.0℃ 以上。全年平均气温为 19.1℃。大于等于 10℃ 的积温最低的为 1 月，仅 117.8℃；最高的是 7 月，达到 829.6℃；

5—10月各月大于等于10℃的积温都在600.0℃以上；4月的也接近600℃，为598.4℃。全年为6577.8℃。

连南大鲵省级自然保护区年平均降水量为1930.2（±385.8）mm，年降水量最大年度为2002年，达到2554.9mm，最小的是2000年，仅1300.4mm，两者相差近1倍。图4-3显示，该保护区全年中3至8月月降水量都在100mm以上，期间降水量占全年降水量的76.3%。

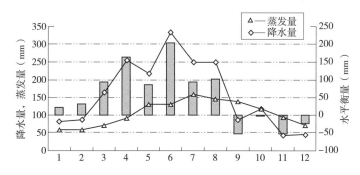

图4-3　广东连南大鲵省级自然保护区水平衡示意图

图4-3显示保护区的水平衡条件。1~8月降水量大于蒸发量，空气潮湿；9~12月蒸发量大于降水量，空气相对比较干燥。总体全年的降水量（1930.2mm）比蒸发量（1264.3mm）高，保持了较为湿润的空气。总体来说，该保护区具有较好的水热条件。

第四节　水资源

连南大鲵保护区内主要有一条河流——排肚河，该河流的积雨区面积为29.99km²，干流河长14.84km。丰水年的年径流量平均为5625万m³、平水年的年径流量平均为3862万m³、枯水年的年径流量平均为2761万m³（图4-4）。

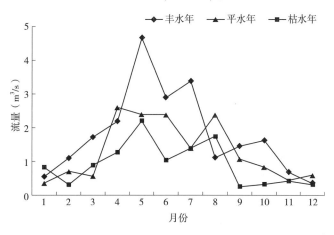

图4-4　广东连南大鲵省级自然保护区排肚河月均流量

排肚河水量在不同年份有较大的变化，枯水年的径流量仅有丰水年的50%左右，而且年内各月份的水量分布也不均匀，其中，4~8 月是丰水季节，该季节的水量平均达到全年水量的 70%，9 月~次年 3 月是枯水季节，仅占全年水量的 30%（图 4-5）。虽然该河流的水量在年际之间和不同月份之间分布有很大差异，但是即使在枯水年的枯水季节，该河流的月径流量也在 60 万 m³ 以上。

这些丰富的水资源为大鲵等两栖动物和溪流鱼类提供了良好的栖息条件。

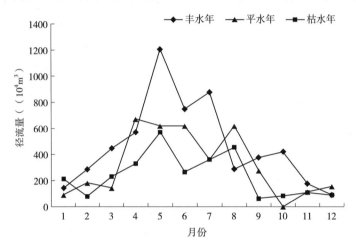

图 4-5　广东连南大鲵省级自然保护区排肚河年径流量

第五章　社区环境

访问调查　此次在保护区附近的大麦山镇和香坪镇，通过访问调查的形式调查了4个村委会及当地161名居民，调查了关于当地人口、民族、历史、受教育及经济的情况，也了解他们对保护区什么期望及建议。

文献调查　本次调查通过查阅广东省数据库(lnx.gd-info.gov.cn)，中华人民共和国国家统计局(http://www.stats.gov.cn/tjsj/ndsj)，连南瑶族自治县地情网(http://lnx.gd-info.gov.cn)查询连南县人口、民族、受教育程度等政府报表相关数据。

第一节　社区人口

(一)人口

根据第七次人口普查结果，截至2020年11月1日，连南瑶族自治县常住人口134,691人，户籍人口131,868人，常住人口与户籍人口相差2823人。

全县常住人口中，男性人口为68406人，占50.79%；女性人口为66285人，占49.21%。总人口性别比(以女性为100，男性对女性的比例)由2010年第六次全国人口普查的101.54上升为103.20。其中，瑶族人口中，男性人口为39219人，占51.61%；女性人口为36778人，占48.39%。瑶族人口性别比(以女性为100，男性对女性的比例)由2010年第六次全国人口普查的102.47上升为106.64。

全县7个镇中，人口超过1万人的镇有4个。其中，人口居前三位的镇为三江镇(47854人)、寨岗镇(31607人)和三排镇(20036人)，该3个镇合计人口占全县常住人口的比重为73.88%。连南主要以农业户口为主，占到80%以上。

(二)民族结构

截至2020年11月1日，少数民族人口77628人，占户籍人口的58.87%。其中，瑶族人口75997人，占户籍人口的57.63%。与2010年第六次全国人口普查相比，瑶族人口增加5944人，占比上升2.21个百分点。瑶族人口比例略有增涨。少数民族人口除瑶族外，壮族为第二大少数民族人口组成，此外还有少量的回、满、黎、彝、土家、布依、朝鲜等民族。连南常住人口在2010年之前呈现持续下降的趋势，2010年之后开始出现增长，2010—2020年10年间增长了5484人。其中，瑶族人口增长在2010—2020年比较迅速(图5-1)，可

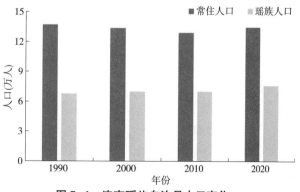

图5-1　连南瑶族自治县人口变化

能是由于民族间的通婚，以及在教育经济方面政府对少数民族的优惠扶持政策以及少数民族计划生育的原因。

(三)受教育状况

连南县不管男女还是主要以初中及以下教育为主，占 87.1%；在高等教育方面仅占 5.47%(图 5-2)。全县常住人口中，文盲人口(15 岁及以上不识字的人)为 5249 人，与 2010 年第六次全国人口普查相比，文盲率由 4.08% 下降为 3.90%，下降 0.18 个百分点。但与全国水平相比，连南县的整体教育文化水平较低。在初中及以上学历中男性比例多于女性比例。男女在整体受教育程度上不存在显著差异，但在高等教育中男女中存在一定程度的差异(图 5-3)。

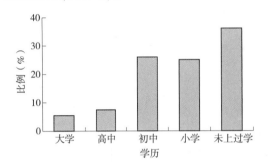

图 5-2　连南瑶族自治县受教育程度　　　　图 5-3　连南瑶族自治县男女受教育状况

第二节　社区经济

(一)家庭经济

2019 年连南全县实现地区生产总值 53.46 亿元。其中，第一产业增加值 10.54 亿元；第二产业增加值 12.10 亿元；第三产业增加值 30.82 亿元，三次产业结构为 19.7：22.6：57.7。人均地区生产总值为 39496 元。

根据笔者 2016 年的社区访问调查数据统计，年收入在 2 万元以下的主要集中在初中及以下学历，整体经济水平比较低。调查发现，年收入随学历的升高而升高，值得注意的是中技在连南县具有特殊的意义，或者另一方面是连南县对技术性人才的需求(图 5-4)。

2016 年受访的大麦山镇和香坪镇的 4 个村委会(排肚村、黄莲村、上洞村、白芒村)的 24 个自然村中，其家庭平均收入为 0.60 万/户，远低于连南县平均水平。2021 年，笔者又对大麦山镇和香坪镇的 2 个村委会(排肚村、白芒村)进行了回访，其家庭平均收入约为 2.32 万/户，较 5 年前增长了 286.7%，可见精准扶贫成绩斐然。

受访户的职业类型主要是务农，占近 80%，其他为打工等，仅占 20% 多(图 5-5)。受访人员的主要经济来源主要以打工为主，其次是杉木种植，第三为务农。其中，在种植行业里面也有部分种植杉木的人户。所以，保护区附近社区经济主要来源是打工以及杉木种植(图 5-6)。务农人数最多但是其作为收入来源排序的却在后位，主要因为田地主要是在靠近水源附近的山体梯田，水源条件限制比较大，而且水田面积土壤也比较少，比较贫瘠，产量不高。整体来看，周边社区经济发展比较落后，不可持续性比较突出。不过依山傍水的山体梯田也形成了一种民俗文化的旅游景观，是一种可持续开发资源。

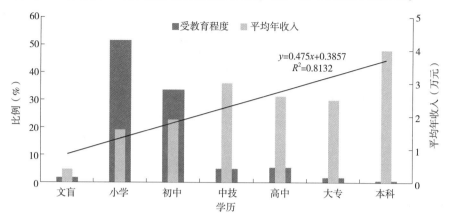

图 5-4　受教育程度与平均收入的关系

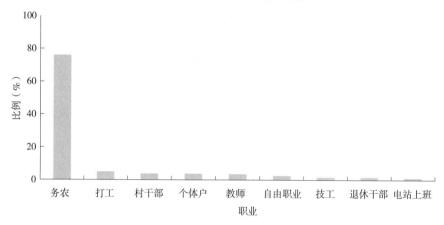

图 5-5　受访人员职业类型

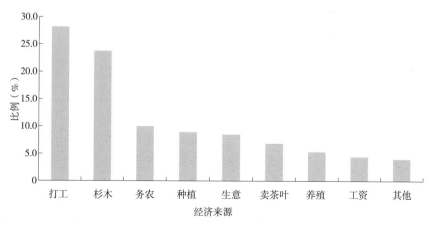

图 5-6　连南大鲵省级自然保护区附近社区经济来源

（二）社区电站

保护区周边社区电站很多，主要有引流式发电站和管道式发电站，共有 24 个，而且分布比较广泛，与居民点分布相一致。其分布海拔为 200~800m，其中不包括引水渠或管道的分布范围（图 5-7）。在黄连和白芒较多，在野生大鲵分布区域没有电站分布，但是有引水渠以及管道存在。引流式发电站和管道式发电站都要改变河流正常流向，从而达到蓄积水能实现发电。这种发电模式对依靠水环境生活的动物是一种致命的打击，对生物多样性的破坏更是不言而喻的。现在在保护区内部及其附近电站的分布已经对鱼类物种多样性以及群落多样性产生了明显影响。

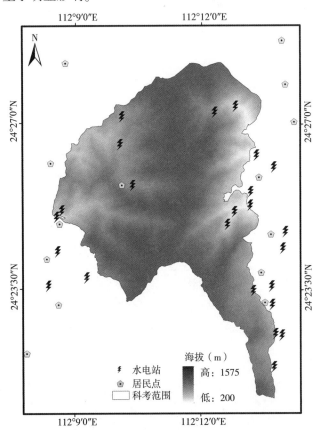

图 5-7　连南大鲵省级自然保护区周边社区电站分布

（三）周边社区概况

经济状况　该保护区社区经济发展滞后，人均年收入约 0.7 万元。但是从事对山林资源的利用，包括树木、药材、野生动物等副业的家庭人均收入明显比完全耕田的家庭人均收入高 37%。

村民保护意识　绝大多数村民支持建立自然保护区，所有被访者中只有 1 位不支持建立自然保护区，这表明当地村民普遍具有比较强的保护意识。

第六章 生态环境

第一节 土地利用

(一)土地利用类型

根据 2012 年 10 月 22 日,空间分辨率为 2m×2m 的 wordview-2 遥感影像,采用监督分类法,将研究区划分为 2 个一级类,11 个二级类土地利用类型(图 6-1,彩图 6-1)。

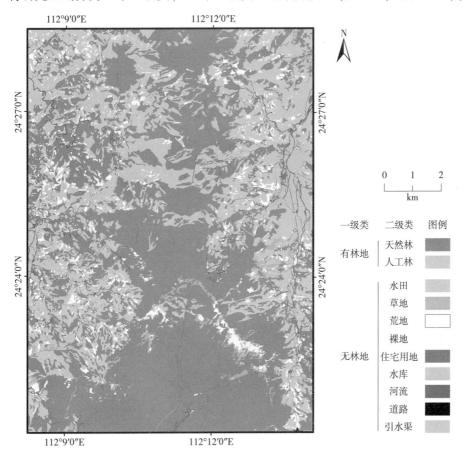

图 6-1 研究区土地利用类型

在整个研究区范围内,有林地的面积是 11754hm²,占总面积的 85.4%,其中,天然林的面积是 7416hm²,人工林的面积是 4338hm²。由此可见,研究区的森林覆盖率很大,有林地组成了研究区的基质,其变化可以对整个研究区产生深远的影响。而无林地中荒地、水田占据的比例较大。

(二)土地利用特点

荒地和裸地斑块数量多,比例高,分别占总斑块数的26.9%、19.6%,说明荒地、裸地连通性差,在整个研究区广泛分布。有林地的斑块数比例也达到了29.1%,说明有林地并不完整,不连续成片,较多的异质性斑块镶嵌其中,破碎化显著(表6-1)。

表6-1 各土地利用类型的斑块情况统计

一级类	二级类	斑块数量(个)	斑块比例(%)	面积(hm²)	面积比例(%)	斑块密度(个/hm²)
有林地	天然林	738	14.0	7416	53.9	0.10
	人工林	793	15.1	4338	31.5	0.18
无林地	水田	247	4.7	541	3.9	0.46
	草地	369	7.0	316	2.3	1.17
	荒地	1412	26.9	602	4.4	2.35
	裸地	1031	19.6	271	2.0	3.81
	住宅用地	470	8.9	45	0.3	10.37
	水库	18	0.3	9	0.1	1.90
	河流	64	1.2	157	1.1	0.41
	道路	96	1.8	71	0.5	1.36
	引水渠	16	0.3	3	0.0	5.16

为了进一步研究土地利用的海拔分布情况,以200m为间隔,共划分为7个海拔区间,统计各海拔区间土地利用的斑块密度(表6-2)。

表6-2 各海拔区间土地利用的斑块密度

一级类	二级类	A	B	C	D	E	F	G
有林地	天然林	0.02	0.01	0.01	0.01	0.01	0.00	0.00
	人工林	0.06	0.09	0.08	0.06	0.05	0.04	0.03
无林地	水田	0.20	0.69	1.70	1.38	1.67	0.00	0.00
	草地	0.52	0.88	0.95	1.08	0.99	0.76	0.19
	荒地	1.54	2.31	2.11	1.71	1.70	1.45	0.90
	裸地	5.46	4.15	3.54	2.83	1.46	2.32	2.53
	住宅用地	10.97	8.50	4.97	17.48	53.08	0.00	0.00
	水库	17.31	10.77	0.71	10.69	0.00	0.00	0.00
	河流	0.23	0.26	0.26	0.26	0.11	0.30
	道路	0.70	0.70	0.80	0.62	0.52	0.59	1.59
	引水渠	0.00	4.82	4.94	2.66	0.00	0.00	0.00

注:A = 200~400m,B = 400~600m,C = 600~800m,D = 800~1000m,E = 1000~1200m,F = 1200~1400m,G = 1400~1600m。表中数据为斑块密度(个/hm²)。

结果显示，天然林在 200~400m、800~1200m 的斑块密度最大，表明在此海拔天然林的破碎化程度较大，而 1200~1600m 天然林斑块数量少，面积大，连成一片。人工林在 200~800m 内斑块密度最大，破碎化明显，但值得注意的是，在高海拔地区 1200~1600m 人工林仍有分布，可见当地的人工林种植已经渗透到了高海拔地区，影响了高海拔的原生景观。荒地、裸地在低海拔 200~800m 的斑块密度较大，应该是人工林砍伐后的群落演替造成的，在较高海拔 1200~1600m 亦较大，是因为高海拔气温较低和坡向的关系，影响植被的发育。

第二节　水环境

（一）水环境质量

对于野生动物特别是两栖类和鱼类来说，丰富稳定的水量极为重要，但是仍然不是充分的，在提供丰富水量的同时，还要保证水质良好，才能为这些动物提供理想栖息地。根据国家有关规定，当地表水环境质量达到国家 I 类水质要求的时候，主要适用于源头水、国家自然保护区；达到国家 II 类水质要求的时候，主要适用于集中式生活饮用水地表水源地一级保护区、珍稀水生生物栖息地、鱼虾类产卵场、仔稚幼鱼的索饵场等（表6-3）。

表 6-3　地表水环境质量标准基本项目标准限值（GB3838-2002）　　单位：mg/L

编号	项　目	分类标准值				
		I 类	II 类	III 类	IV 类	V 类
1	PH 值（无量纲）			6~9		
2	高锰酸盐指数 ≤	2	4	6	10	15
3	化学需氧量（COD）≤	15	15	20	30	40
4	氨氮（NH3-N）≤	0.15	0.5	1.0	1.5	2.0
5	砷 ≤	0.05	0.05	0.05	0.1	0.1
6	氰化物 ≤	0.005	0.05	0.2	0.2	0.2
7	挥发酚 ≤	0.002	0.002	0.005	0.01	0.1

注：I 类：主要适用于源头水、国家自然保护区；II 类：主要适用于集中式生活饮用水地表水源地一级保护区、珍稀水生生物栖息地、鱼虾类产卵场、仔稚幼鱼的索饵场等；III 类：主要适用于集中式生活饮用水地表水源地二级保护区，鱼虾类越冬场，洄游通道，水产养殖区等渔业水域及游泳区；IV 类：主要适用于一般工业用水区及人体非直接接触的娱乐用水区；V 类：主要适用于农业用水区及一般景观要求水域。

2004 年在该保护区的排肚河 3 个河段抽取水样，检测了 pH、高锰酸盐指数、化学需氧量、氨氮、砷、氰化物、挥发酚等，监测结果表明，所有监测指标全部达到国家 I 类水质标准，说明这里为大鲵等野生动物提供的水资源不仅是丰富的，而且是优质的（表6-4）。

表 6-4   排肚河水质检测结果(除 pH 外,其余所有单位均是 mg/L)

采集地点	太下溪上游	太下溪中游	太下溪下游
分析项目	DB04122202	DB04122201	DB04122203
pH	7.63	7.57	7.51
高锰酸盐指数	0.64	0.66	0.73
化学需氧量	5.0	5.0	5.0
氨氮	0.012	0.012	0.012
砷	0.003	0.003	0.003
氰化物	0.002	0.002	0.002
挥发酚	0.001	0.001	0.001

(二) 水文水质

调查区域的溪流平均流速为 0.431~0.527m/s,含沙量为 0.24~0.28g/m³。排肚河年径流量平均为 3862 万 m³,有大鲵野生种群分布的河段坡度较大,流速在 0.4m/s 左右,溪流含沙量在 0.25g/m³,这些河段多形成许多天然砂石质水潭,为大鲵提供良好的栖息地环境。排肚河的下游有 3 个小型水电站,中游河段建有引水渠,改变了河流的水文特征,造成中游断流,只有部分深潭有积水。排肚河整体坡度分 3 个等级,由上及下逐渐变缓(图 6-2)。

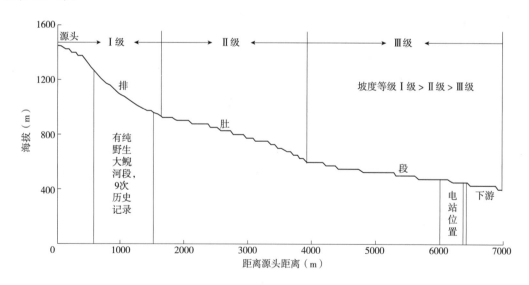

图 6-2   排肚河坡降示意图

在排肚河 3 个断面抽取水样,检测了 pH、高锰酸盐指数、化学需氧量、氨氮、砷、氰化物、挥发酚等,监测结果表明,所有监测指标全部达到国家 I 类水质标准,说明这里为大鲵等野生动物提供了优质的水资源环境(表 6-4)。

(三)浮游生物

本次调查共设置了 15 个取水样位点,统计本次调查所取水样中浮游植物共计 4 门 7 纲 11 目 13 科 18 属,以硅藻门为主。其中,念珠藻属、栅藻属、菱形藻属、异极藻属等为优势属(图 6-3)。在 15 个取样位点中,鉴定得到属数最多为 11 个,最少的为 0 个。排肚片区(A 区)内记录的属个数范围为 3~11 个,主要在 3~6 个,均匀度指数范围为 0.24~0.47,属密度中最大的为 216 万个/L,其余的在 10~20 万个/L;上洞片区(B 区)的属个数在 0~6 个,均匀度指数范围为 0~0.35,属密度范围为 0~11 万个/L;黄连片区(C 区)的属个数在 6~7 个,均匀度指数范围为 0.37~0.38,属密度范围为 25~45 万个/L;六卜片区(D 区)的属个数在 0~8 个,均匀度指数范围为 0~0.42,属密度中最大的为 151 万个/L,范围为 0~36 万个/L(图 6-4)。通过对浮游植物 cody 指数进行聚类分析,可将此次记录到的浮游植物分为 4 个群落类型。其中,排肚和六卜片区各分布有 3 个群落,上洞片区分布了 2 个群落,黄连片区仅有 1 个群落(图 6-5)。

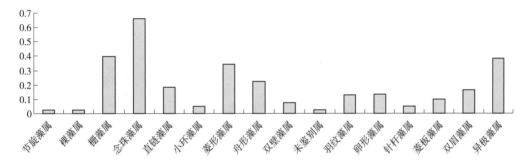

图 6-3 浮游植物各属优势度

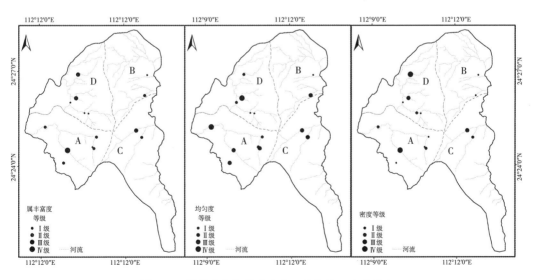

图 6-4 浮游生物属的丰富度、均匀度、密度分布

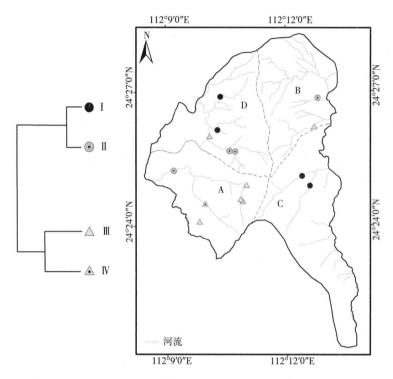

图6-5　浮游植物群落聚类结果及分布

第三节　大鲵栖息地的景观类型

（一）大鲵发现位点及数量

此次调查发现，目前连南县野外大鲵主要分布在三家冲、万坑等河流，历史上连南县野生大鲵在黄连、上洞等地均有分布，故也在六卜、黄连、上洞等地做了相同调查。但是此次调查只在万坑记录到9条大鲵，其他位点并未记录到大鲵的踪迹。

根据诱捕法的调查结果，运用Rothschild（1967）推导出的被捕概率的随机表达式估算出野外大鲵的瞬时捕获率和条件捕获率，从而估算出野外大鲵分布溪流河段内的个体数量。

$$瞬时捕获率\ \lambda = \frac{-n_1 \times ln(n_0/N)}{N-n_0} \qquad （公式6-1）$$

n_0＝空笼网数，n_1＝捕到大鲵的笼网数，N＝总笼网数

$$条件捕获率\ P_{01} = 1-e^{-\lambda} \qquad （公式6-2）$$

$$河流内残存量＝条件捕获率（丧失率）+残存率（存活率） \qquad （公式6-3）$$

由表6-5可得，万坑的条件捕获率为0.0709＝9条，以河流内现存量为1，则

$$残存率＝1-0.0709＝0.9291$$

$$残存量＝0.9291\times9/0.0709＝189$$

按95%的置信区间推算，万坑的现存量＝189+9＝198±5条。

表 6-5　万坑发现量及其条件捕获率

河流	总笼网数（个）	记录到大鲵的笼网数（个）	空笼网数（个）	瞬时捕获率	条件捕获率
万坑	127	9	118	0.0735	0.0709

(二) 大鲵发现位点的景观

识别大鲵生活的栖息地景观是就地保护大鲵的第一步，也是关键的一步。将发现大鲵的位点投到景观类型图上，得到了大鲵发现位点的景观。由图 6-6 可知，大鲵主要分布在落叶、常绿阔叶混交林景观上，只有 1 个记录位点在景观类型人工林景观上。由此可见，落叶、常绿阔叶混交林景观是大鲵主要栖息地的景观类型。

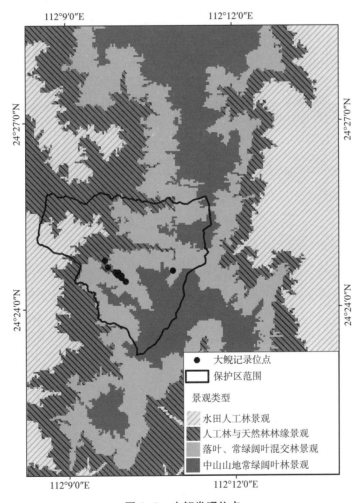

图 6-6　大鲵发现位点

(三) 大鲵主要栖息地景观类型的特征

分析大鲵栖息地景观特征对于保护野生大鲵有着至关重要的作用。研究区的景观格局分析表明，落叶、常绿阔叶混交林景观的蔓延度最大、分离度最小，表明落叶、常绿阔叶混交林景观在空间上分布得较为集中，景观连通性较好，破碎化程度小。周长面积分维数最大，表明落叶、常绿阔叶混交林景观的形状最为复杂，有利于大鲵摄食、避险、繁殖等。

大鲵主要栖息地落叶、常绿阔叶混交林景观的土地利用类型中，有林地的比例较高，达到91.9%，天然林的显著度最高，荒地、裸地较少，景观的受人影响较小，原生性保存得较好。

大鲵主要栖息地落叶、常绿阔叶混交林景观的植被中，常绿阔叶林所占的比例最大，针阔混交林、中山山地常绿阔叶林所占的比例也较大，因此其原生植被保存较为完好。但值得注意的是，人工林的比例也较高，说明人类活动一定程度上渗透到落叶、常绿阔叶混交林景观，如果情况加剧，可能会影响到野生大鲵的生存。

此次调查发现的大鲵位点都位于原保护区范围，说明保护区对大鲵的就地保护起到了一定的作用。但是历史上连南县野生大鲵在黄连、上洞等地均有分布，故也在六卜、黄连、上洞等地做了相同调查。可是，本次调查结果并未在未纳入保护区范围的黄连、上洞等地发现大鲵踪迹。而且落叶、常绿阔叶混交林景观在保护区内分布的范围不大，研究区内还有较多的落叶、常绿阔叶混交林景观，这些区域都是比较适合大鲵生存繁衍的。因此，保护野生大鲵的适生景观对于保护野生大鲵是非常重要的。

第三部分

生物多样性

第七章　植物区系

第一节　物种多样性

(一) 物种统计

通过对 2004、2009、2014 年 3 年植物调查数据整理，在广东连南大鲵省级自然保护区内至今共记录维管束植物 879 种，隶属 143 科 427 属（表 7-1），其中，野生的维管束植物共 141 科 416 属 860 种。蕨类植物共记录 20 科 37 属 58 种，裸子植物共记录 5 科 6 属 6 种，被子植物共记录 116 科 373 属 796 种。

表 7-1　广东连南大鲵省级自然保护区维管束植物物种统计

门	科数	属数	种数
蕨类植物门	20	37	58
裸子植物门	5	6	7(1)
被子植物门	118(2)	384(11)	814(18)
总计	143(2)	427(11)	879(19)

注：括号内为其中的栽培植物的科、属、种数。

(二) 区系多样性

对广东连南大鲵省级自然保护区内非栽培品种的 141 科 416 属 860 种野生维管束植物进行科、属区系统计，将本区内的野生维管束植物按科内属数的数量多少分为单属科（仅含 1 属）、寡属科（含 2~4 属）、中等科（含 5~9 属）、大科（含 10~15 属）以及超大科（含 15 属以上），统计见表 7-2；按属内种数的数量多少分为单种属（仅含 1 种）、寡种属（含 2~4 种）、中等属（含 5~9 种）、大属（含 10~15 种)以及超大属（含 15 种以上），统计见表 7-2。

表 7-2　广东连南大鲵省级自然保护区维管束植物科的区系统计

类别	科数		属数		种数	
	数量	比例(%)	数量	比例(%)	数量	比例(%)
超大科	3	2.1	61	14.7	83	9.7
大科	4	2.8	46	11.1	90	10.5
中等科	18	12.8	111	26.7	259	30.1
寡属科	43	30.5	125	30.0	265	30.8
单属科	73	51.8	73	17.5	163	19.0
合计	141	100.0	416	100.0	860	100.0

从科的区系统计(表7-2)可知，单属科占所统计的所有科数的51.8%，而中等科、大科及超大科仅以25科的总数占统计维管束植物所属科的17.7%。单属科占据科区系统计中最大的成分。但是在每一级别对应的科内属与科内种的比较上，单属科内的属数和种数均少于寡属科、中等科内的属数与种数；寡属科含有的属数与种数最多，中等科次之。

与科区系统计结果相似，属区系统计(表7-3)中，单种属属数也以占全部统计属数的59.6%的比例在数量上远远超出其他属数量等级，中等属、大属和超大属占做统计属数比例的总和还不到10%。在属内种的数量分析中，寡种属也以32.5%的比例成为属内种最多的属数量结构层次。但是在每一属区系统计层次对应的属数与种数的比较上，寡种属的属数接近单种属所含属数的一半，但是在对应的种数上，单种属所含有的种数仅占28.8%，寡种属种数比例为38.4%，单种属成为统计中种数第二多的属数量结构层次，仅次于寡种属；属于超大属的属数仅占统计属数的0.7%，而其对应的种数则占到统计种数的6.0%。

表7-3　广东连南大鲵省级自然保护区维管束植物属的区系统计

类别	属数		种数	
	数量	比例(%)	数量	比例(%)
超大属	3	0.7	52	6.0
大属	7	1.7	83	9.7
中等属	23	5.5	147	17.1
寡种属	135	32.5	330	38.4
单种属	248	59.6	248	28.8
合计	416	100.0	860	100.0

在对科和属的区系统计中，所统计的单属科占所统计的所有科数的51.8%、单种属占所统计属数的59.6%，均超出半数以上。而单、寡属科及单、寡种属分别超出所统计的科数、属数的80%，可见本区物种从科属水平上看，科属的多样性极高。而对比科内属的数量结构与属内种的数量变化趋势，两者趋势虽大致相同，但属内种的数量结构变化趋势强度明显强于科内属。且对比单属科所占全部属数的比例跟单属种所占所统计全部种数的比例，可见属的分化比科的分化强。

综合以上分析，广东连南大鲵省级自然保护区内物种科属多样性极高，物种以单、寡种属为主，故而在此区域内对这类物种的保护有利于保护本区内的科属多样性，而因为属于单、寡种属物种超过所统计物种数的60%，所以对属的保护尤为重要。

根据在广东连南大鲵省级自然保护区与2004年、2009年、2014年总共设置的117个记录点调查结果，对本次统计的860种野生维管束植物中可确定分布的818个物种在这些位点的出现频率进行统计排列(表7-4)。在本区内广泛分布的物种较少，以樟科的华润楠(*Machilus chinensis*)分布最广，记录频率最多，接近半数的物种仅有一次记录，可见多数物种主要在某一区域范围集中分布，不同区域间的物种组成相差较大。

表7-4 广东连南大鲵省级自然保护区内818种野生维管束植物记录频率统计

记录频率区间(%)	物种数	占全部物种百分比(%)	单种属	寡种属	单种科	寡种科
1~5	723	88.39	209	283	31	88
6~10	67	8.19	14	28	4	8
11~15	16	1.96	4	4	1	3
16~20	6	0.73	3	2	0	1
21~25	5	0.61	0	3	0	1
26~30	1	0.12	0	0	0	0
合计	818	100.00	230	320	36	101

按记录频率由1%~5%从内向外排列可见,单、寡种科和单、寡种属随记录频率增大而呈现数量逐渐递减的趋势。记录频率为1%的物种中,有20个为单种科植物,占全部单种科植物的1/2;11个单种科植物记录频率在2%~5%范围;单、寡种科植物在记录频率为1%的339个物种中占据19.8%的比例,在记录频率为2%~5%的范围内占13.6%。相比之下,近一半的单种属植物记录频率为1%,占全部记录频率为1%的物种35.7%的比例,在记录频率为2%~5%的范围内占22.9%;寡种属植物在记录频率为1%的339个物种中占据37.8%的比例,在记录频率为2%~5%的范围内占40.4%;记录频率为1%的物种中,单、寡种属植物共占73.5%,远远超出单、寡种科19.8%的比例。可见单、寡种属的稀有程度要高于单、寡种科的稀有程度(图7-1)。

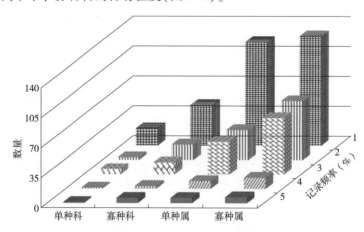

图7-1 在1%~5%记录频率内的科属数量结构

(三) 区系成分

根据吴征镒种子植物科属分布区系类型系统,对本区内记录到的121科379属802种野生种子植物进行科、属区系类型统计。本调查区野生种子植物所属区系类型从科的区系类型可分为8个分布型和9个变型(表7-5);而属的区系类型可分为13个分布型和15个变型(表7-6)。

表 7-5　广东连南大鲵省级自然保护区野生种子植物科区系统计

代号	科区系类型	科数	比例(%)
1	广布(世界广布)	32	26.4
2	泛热带(热带广布)	39	32.2
2-1	热带亚洲-大洋洲和热带美洲(南美洲或/和墨西哥)	1	0.8
2-2	热带亚洲-热带非洲-热带美洲(南美洲)	1	0.8
2S	以南半球为主的泛热带	4	3.3
3	东亚(热带、亚热带)及热带南美间断	9	7.4
4	旧世界热带	2	1.7
5	热带亚洲至热带大洋洲	3	2.5
6d	南非(主要是好望角)	1	0.8
7-4	越南(或中南半岛)至华南或西南分布	1	0.8
7a	西马来、基本上在新华莱斯先以西	1	0.8
7d	全分布区东达新几内亚	1	0.8
8	北温带	6	5.0
8-4	北温带和南温带间断分布	11	9.1
8-5	欧亚和南美洲温带间断	1	0.8
9	东亚及北美洲间断	5	4.1
14	东亚	3	2.5

在科区系类型统计中(表 7-5), 泛热带(热带广布)科和广布(世界广布)科分别有 39 科和 32 科, 为本区第一大和第二大科区系分布类型, 占所统计科总数的 32.2%、26.4%, 除此之外只有北温带和南温带间断分布、东亚(热带、亚热带)及热带南美间断分布、北温带成分较为明显, 占到所统计科总数的 9.1%、7.4% 和 5.0%, 其余分布类型均未超过 5%。总体来看, 科的区系类型表达以泛热带为主。

泛热带区系类型也是主要的属区系类型, 以 82 属占所统计属数的 21.6%；热带亚洲分布以 13.5% 的比例紧随泛热带区系类型成为本区内第二大属区系分布类型, 北温带分布类型以 8.2% 的比例居于第三(表 7-6)。相比于科区系类型统计, 热带亚洲分布在属的层次上所占成分被提高, 并且有中国特有的属区系类型出现。由此可见, 属的区系类型更能反映其所属区系的区域性, 科的反映是没有属的反应明显的。

在属的区系类型统计中, 中国特有属以 9 属占到所统计属数的 2.4%(表 7-6), 分别为半枫荷属、大血藤属、拟单性木兰属、青钱柳属、伞花木属、四数苣苔属、银鹊树属、紫菊属、石笔木属, 前 7 属对应有半枫荷(*Semiliquidambar cathayensis*)、大血藤(*Sargentodoxa cuneata*)、乐东拟单性木兰(*Parakmeria lotungensis*)、青钱柳(*Cyclocarya paliurus*)、伞花木(*Eurycorymbus cavaleriei*)、四数苣苔(*Bournea sinensis*)、银鹊树(*Tapiscia sinensis*)共 7 种中国特有种, 占本区内全部中国特有种的 20%。

表 7-6　广东连南大鲵省级自然保护区种子植物属区系统计

代号	属区系类型	属数	比例（%）
1	世界分布	22	5.8
2	泛热带分布	82	21.6
2-1	热带亚洲、大洋洲(至新西兰)和中、南美(或墨西哥)间断分布	2	0.5
2-2	热带亚洲、非洲和中、南美洲间断分布	3	0.8
3	热带亚洲和热带美洲间断分布	11	2.9
4	旧世界热带分布	26	6.9
4-1	热带亚洲、非洲(或东非、马达加斯加)和大洋洲间断分布	2	0.5
5	热带亚洲至热带大洋洲分布	17	4.5
5-1	中国(西南)亚热带和新西兰间断	1	0.3
6	热带亚洲至热带非洲分布	12	3.2
6-2	热带亚洲和东非或马达加斯加间断分布	1	0.3
7	热带亚洲(印度-马来西亚)分布	51	13.5
7-1	爪哇(或苏门答腊)、喜马拉雅间断或星散分布到华南、西南	9	2.4
7-2	热带印度至华南(尤其云南南部)分布	1	0.3
7-3	缅甸、泰国至华西南分布	1	0.3
7-4	越南(或中南半岛)至华南(西南)分布	10	2.6
8	北温带分布	31	8.2
8-2	北极—高山分布	1	0.3
8-4	北温带和南温带间断分布"全温带"	7	1.8
9	东亚和北美洲间断分布	23	6.1
10	旧世界温带分布	8	2.1
10-1	地中海区、西亚(或中亚)和东亚间断分布	2	0.5
10-3	欧亚和南部非洲(有时也在大洋洲)间断分布	2	0.5
13	中亚分布	1	0.3
14	东亚分布	21	5.5
14-1	中国-喜拉雅分布(SH)	5	1.3
14-2	中国-日本分布(SJ)	18	4.7
15	中国特有	9	2.4

（四）植物生活型

通过查阅《中国植物志》各物种对应生长型信息内容，综合《中国植被》(1980)中的生活型分类标准，对本区内调查到的野生维管束植物的生长型统计如下（表7-7）。

表 7-7 广东连南大鲵省级自然保护区野生维管束植物生长型类型统计

	乔木	小乔大灌	灌木	亚灌木	藤本	草本	合计
常绿	112	114	79	12	34		351
落叶	63	57	61	10	42		233
落叶/常绿	0.56	0.50	0.77	0.83	1.24		
1~2 年生					2	42	44
多年生						232	232
合计	175	171	140	22	78	274	860

本区的维管束植物生长型较为丰富。将本区植物分为乔木、小乔大灌、灌木、亚灌木、藤本、草本 6 种类型,以草本物种数最多。木本植物中,以乔木、小乔大灌物种数最多,灌木次之,亚灌木和藤本植物物种数最少。草本植物以 274 种占据全部维管束植物超过 1/4 的比例;其中,以多年生草本 236 种占据草本植物较大成分,1~2 年生草本占全部草本植物的 15.3%,多年生草本占主体体现了本区的热带特征,而 1~2 年生草本则体现了本区的过渡特征。常绿类型反映本区的热带特征,在乔木与灌木中,则以常绿成分为主体,在乔木中尤为明显,几近 2/3 的乔木与小乔大灌为常绿,这些都体现了区域的热带特征。而在灌木、亚灌木、藤本中,常绿和落叶成分结构较为接近,而由落叶/常绿的比值变化可以看出,落叶植物的比例随着物种生长型的低级化逐渐变大,说明生长型更简单的生物更体现落叶性质,这也是调查区域的一个过渡的特征的体现。

第二节 资源植物

(一) 资源用途类别

植物资源是人类赖以生存的环境和生产建设的重要原料来源。根据《中国资源植物名录》《资源植物学》《全国中草药汇编》《芳香植物名录汇编》等多种书目文献,在 2004、2009、2014 年 3 年的调查中共记录资源植物 579 种,隶属 127 科 346 属,占在本区内记录的野生维管束植物科 90.1%、属 83.2%、种 67.3%。归纳为以下 14 个资源类型(表 7-8)。

表 7-8 连南大鲵省级自然保护区资源植物用途类型统计

代号	资源类型	物种数	占全部物种比例(%)	占全部资源物种比例(%)
1	药用植物	369	42.9	63.7
2	油脂植物	123	14.3	21.2
3	芳香植物	111	12.9	19.2
4	材用植物	100	11.6	17.3
5	绿化观赏植物	78	9.1	13.5
6	纤维植物	72	8.4	12.4
7	鞣料植物	46	5.3	7.9

（续）

代号	资源类型	物种数	占全部物种比例（%）	占全部资源物种比例（%）
8	植物蛋白与氨基酸资源植物	43	5.0	7.4
9	淀粉植物	29	3.4	5.0
10	蜜源植物	22	2.6	3.8
11	果类植物	14	1.6	2.4
12	植物胶与果胶资源植物	13	1.5	2.2
13	色素类植物	12	1.4	2.1
14	其他资源植物	10	1.2	1.7

注：其他资源植物包括植物橡胶与硬橡胶资源植物、树脂类植物资源、糖与非糖甜味剂植物资源、维生素类植物资源。

根据 3 年的调查记录，在广东连南大鲵省级自然保护区内发现 579 种种质资源植物，资源类型多，分为药用植物、油脂植物、芳香植物、材用植物、绿化观赏植物、纤维植物、鞣料植物、植物蛋白与氨基酸资源植物、淀粉植物、蜜源植物、果类植物、色素类植物、植物橡胶与硬橡胶资源植物、树脂类植物资源、糖与非糖甜味剂植物资源、维生素类植物资源、植物胶与果胶资源植物共计 17 种资源类型。

本区内统计到的资源植物以药用资源植物占主体，占本区内记录的野生维管束植物的 42.9%，占全部资源植物 60% 以上，为本区第一大资源类型，共 102 科 252 属 369 种。以菊科、蔷薇科、樟科等含有较多种类。这样大数量的药用资源植物的存在与瑶族人的医药文化息息相关。本次记录的药用植物以乔灌类居多，草本类占 36.6%。芳香植物与油脂植物、材用植物分别以占全部维管束植物 14.3%、12.9%、11.6% 的比例紧随药用植物，成为本区内第二、第三、第四大资源类型。本次共记录芳香植物 56 科 81 属 111 种，大部分芳香植物可从植株各部分中提取得到精油，部分植物如瓜馥木（*Fissistigma oldhamii*）、黄樟（*Cinnamomum parthenoxylon*）、香桂（*Cinnamomum subavenium*）、野黄桂（*Cinnamomum jensenianum*）、水蓼（*Polygonum hydropiper*）、清香木姜子（*Litsea euosma*）、阴香（*Cinnamomum burmanni*）、木姜子（*Litsea pungens*）等则可以加工制成食用香精（王爱云和李春华，2002）。调查区内以樟科内记录到的芳香植物种数最多，为 20 种，其中，樟属有 9 种。樟属大多数种类的根、干、叶、果中均含有丰富的精油，可以从中提取得到芳香醇、黄樟油素、桂醛、樟脑等物质作为日用化工、医药工业等领域的重要原料。其中，黄樟油素在合成香料和除虫菊酯类增效剂等领域作为主要原料，其重要性日益凸显（梅家庆和孙凌峰，2008），在本次记录的芳香植物中，沉水樟（*Cinnamomum micranthum*）的根、干、枝、叶均含黄樟油素，根、干含精油率为 2.0%~4.0%，油中黄樟素含量可高达 98% 以上；少花桂（*Cinnamomum pauciflorum*）叶部含精油 1.6%~3.5%，叶精油黄樟素含量可达 80%~96%（吴能表等，2005）。樟科植物是芳香植物中的重要组成成分，同时也是本区内记录到种最多的科，具有非常好的开发前景。

油脂植物共有 51 科 87 属 123 种，占全国油脂植物科、属、种的 47.22%、21.91%、15.11%。含有 6 种以上油脂植物的代表科有樟科（18 种）、山茶科（12 种）、大戟科（9

种)、安息香科(7 种),主要集中在安息香属、润楠属、木姜子属、山茶属等。山橿(*Lindera reflexa*)、新木姜子(*Neolitsea aurata*)、木姜子、油茶(*Camellia oleifera*)、猴欢喜(*Sloanea sinensis*)、少花桂、油桐(*Vernicia fordii*)、陀螺果(*Melliodendron xylocarpum*)、中华栝楼(*Trichosanthes rosthornii*)、木油桐(*Vernicia montana*)、八角枫(*Alangium chinense*)等植物主要贮油部位的含油率都在 50% 以上。其中,亚油酸具有降低血清胆固醇水平和预防心血管疾病的作用,而油茶、猴欢喜中亚油酸相对含量在 75% 以上。油桐与木油桐种仁中含油率分别为 33.2%~58.7%、49.4%~58.6%,作为重要的生物柴油原料,可制作油漆,从中提取的桐油为重要的工业用油,亦为我国重要的外贸商品,出口创税。本次记录的油脂植物绝大多数如黄丹木姜子(*Litsea elongata*)、香叶树(*Lindera communis*)等可用于制作肥皂与润滑剂等工业原料用;油茶、悬铃叶苎麻(*Boehmeria tricuspis*)等则还可从中提取食用油成分。

属于材用资源的物种共 100 种,分属 39 科 66 属,其中,以壳斗科、樟科为其主要科。木材可用于建筑、家具、造船、桥梁、乐器、雕刻用材等众多方面。其中,樟科植物木材纹理较直,结构细密,不易变形开裂,通常较耐腐,而如樟(*Cinnamomum camphora*)、闽楠(*Phoebe bournei*)等木材同时具有芳香,不易虫蛀,则可做成橱箱用以储物。壳斗科中多为环孔材,木质坚硬,其中,吊皮锥(*Castanopsis kawakamii*)、红锥(*Castanopsis hystrix*)、钩锥(*Castanopsis tibetana*)为现今重要用材树种,硬壳柯(*Lithocarpus hancei*)、槟榔青冈(*Cyclobalanopsis bella*)的树干还可以用于香菇培养。在调查区域内,人工林主要栽培的材用植物为杉木,如果能够开发其他有优势的栽培物种,与连南当地的旅游产业进行结合,比如,将有香气的木材可以制成工艺品出售,也能够增加当地居民的收入。

(二)资源多样性

对本区内 579 种资源植物进行资源多样性统计,可以看出本区内维管束植物具有 4 种及以上资源类型的物种有 42 种,其中,马尾松(*Pinus massoniana*)、枫杨(*Pterocarya stenoptera*)是资源类型最多的两个物种,马尾松具材用、纤维、绿化观赏、油脂、芳香、鞣料、植物蛋白与氨基酸资源 7 种资源类型,而枫杨则是用于材用、绿化观赏、纤维、油脂、芳香、鞣料提取、药用(表 7-9)。

表 7-9 资源多样性统计

资源多样性	物种数	代表物种
7	2	马尾松、枫杨
6	1	五月茶(*Antidesma bunius*)
5	12	阴香、柏木(*Cupressus funebris*)
4	27	山胡椒(*Lindera glauca*)、木姜子
3	76	百日青(*Podocarpus neriifolius*)、毛桃木莲(*Manglietia moto*)
2	165	金叶含笑(*Michelia foveolata*)、沉水樟
1	296	广东山胡椒(*Lindera kwangtungensis*)、华润楠

(三)资源植物空间分布

根据2004年、2009年、2014年所调查的579个资源植物中,可确定分布信息的555个物种在广东连南大鲵省级自然保护区内设置的117个样线与样方位点的记录情况,对这些资源植物在位点中的出现进行频率的统计排列(表7-10)。

表7-10　连南大鲵省级自然保护区内资源植物分布统计

记录频率区间(%)	物种数	记录频率区间(%)	物种数
1	227	16~20	5
2~5	251	21~25	3
6~10	53	26~30	1
11~15	15		

从表7-10可以看出,本区内的资源植物绝大多数出现频率在1%~5%,总体而言分布广泛,但是对于单个物种来说,其分布相对局限,倘若这些植物的资源多样性都是较高的,那么也就意味着这些物种一旦在这个区域消失便将不复可寻,受到的毁灭威胁会更大,更需要保护。

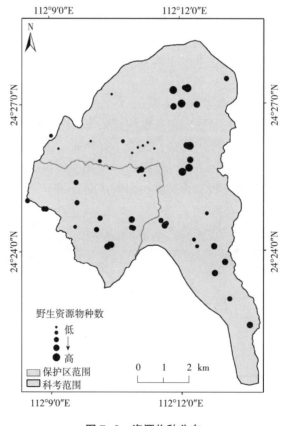

图7-2　资源物种分布

从图 7-2 可以看出，资源物种多样性高的地方主要在河流沿岸和高海拔的区域，这可能是由于河流为植物生存提供充沛的水资源，而高海拔区域的原始林受人为干扰程度较小，因而保持了较高的资源物种多样性。且在保护区内，样点内记录的资源物种数多集中在[8，16]区间内，记录到 30 种以上资源物种的样点多在原保护区区域外。说明这些区域具有较高的资源开发和保护价值，需要保护合理规划发展。

第三节　珍稀濒危植物及外来物种

(一)珍稀物种

1. 濒危类型

根据《国家重点保护植物物种名录》《CITES 公约附录》(2013)、《中国物种红色名录》《IUCN 物种红色名录》(2007)、《中国极小种群名录》对本区内 879 个植物物种进行珍稀濒危等级统计(表 7-11)。

表 7-11　珍稀濒危物种统计

国家保护等级		CITES 附录		《中国物种红色名录》		IUCN2007		《中国极小种群名录》	中国特有
Ⅰ	2			CR	2	CR	3	1	40
Ⅱ	26	Ⅱ	11	EN	6	EN	2		
				VU	18	VU	1		
				NT	5				
合计	28		11		31		6	1	40

注：CR 极危；EN 濒危；VU 易危；NT 近危。

本区调查到的 879 个物种中，属于珍稀濒危保护范围内的共有 67 个物种。其中，国家Ⅰ级保护物种 2 个，Ⅱ级保护物种 26 个；属 CITES 附录Ⅱ有 11 个；属《中国物种红色名录》内共 31 种，其中落瓣短柱茶(*Camellia kissi*)、少脉木姜子(*Litsea oligophlebia*)为极危级别；同时，少脉木姜子也是《IUCN 物种红色名录》(2007)中的极危物种，与它同为 IUCN 极危级别的还有白花鱼藤(*Derris alborubra*)、三角枫(*Acer buergerianum*)两个物种。本区内只发现一种《中国极小种群名录》内物种，另有 40 个物种为中国特有种，其中 28 种同时属于《国家重点保护植物物种名录》《CITES 公约附录》(2013)、《中国物种红色名录》《IUCN 物种红色名录》(2007)、《中国极小种群名录》的范围。

2. 濒危物种分布

根据在广东连南大鲵省级自然保护区与 2004 年、2009 年、2014 年总共设置的 117 个记录点调查结果，对上述 67 个物种的记录频率统计如下表(表 7-12)。

表 7-12　连南大鲵省级自然保护区珍稀濒危物种及中国特有种记录频次统计

中文学名	国家保护等级	CITES附录	《中国物种红色名录》	IUCN 2007	《中国极小种群名录》	中国特有	记录频率（%）
金线兰	II	II	NT				1
细茎石斛	I	II	EN	EN			1
小斑叶兰	II	II	NT				1
白花鱼藤				CR			1
柏木			VU			1	1
半柱毛兰	II	II	NT				1
大血藤						1	1
吊皮锥			VU			1	1
肥肉草						1	1
福建柏	II		VU				1
红椿	II		VU			1	1
尖嘴林檎						1	1
建兰	I	II	VU				1
毛花猕猴桃	II					1	1
闽楠	II		VU			1	1
七叶一枝花	II						1
青钱柳						1	1
任豆	II						1
三角枫				CR	1		1
伞花木	II		VU			1	1
穗花杉			VU				1
腺萼马银花						1	1
小叶猕猴桃	II					1	1
野牡丹				VU		1	1
云锦杜鹃						1	1
长柄梭罗			VU			1	1
巴戟天	II		VU			1	2
橙黄玉凤花	II	II	VU				2
粉背鹅掌柴			EN			1	2
金荞麦	II						2
两广猕猴桃	II					1	2
落瓣短柱茶			CR				2
美丽猕猴桃	II					1	2
四数苣苔			EN			1	2

（续）

中文学名	国家保护等级	CITES附录	《中国物种红色名录》	IUCN 2007	《中国极小种群名录》	中国特有	记录频率（%）
桫椤	II	II				1	2
五味子	II						2
浙江楠	II					1	2
中华械						1	2
阔叶猕猴桃	II						3
乐东拟单性木兰	II		VU			1	3
少脉木姜子			CR	CR		1	3
硬齿猕猴桃	II						3
粉叶柿		II					3
华南猕猴桃	II					1	3
君迁子		II					3
秀丽楤木			VU			1	3
樟	II			EN			3
半枫荷	II					1	4
广东木姜子			EN			1	4
红淡比			VU				4
假轮叶虎皮楠			VU			1	4
三峡械			NT			1	4
茶	II						5
裂叶安息香			EN			1	5
罗浮械						1	5
青榨械						1	5
三尖杉			NT			1	6
陀螺果						1	7
五裂械						1	8
银鹊树						1	8
箬竹			EN				9
延平柿		II					11
岭南械			VU			1	12
罗浮柿		II					15
八角枫			VU				21
南岭械			VU			1	24

在本调查区内，上述保护植物多数分布频率并不都很高，77.6%的保护物种记录频率在5%以下，38.8%的物种记录频率近为1%。而由图7-3左图可以看出，有保护物种的调查点和无保护物种的调查点数量上基本相差不大，且保护区内的有保护植物记录点更为集中，说明这些保护物种在保护区内得到了很好的保护。而从图7-3右图对于保护植物在52个25m×25m样方中的记录物种数可见原保护区范围内的保护物种数多在中下水平，相反，记录物种数较多的记录点基本上都是分布在原保护区范围之外的，所以虽然在保护区外围的保护物种多样性更高，但是由于不在原保护区范围内，所以所得到的人为的保护较少，因此，面临的威胁会比原保护区范围内的物种更高。而把这些高多样性的区域划进保护范围就显得尤为必要。

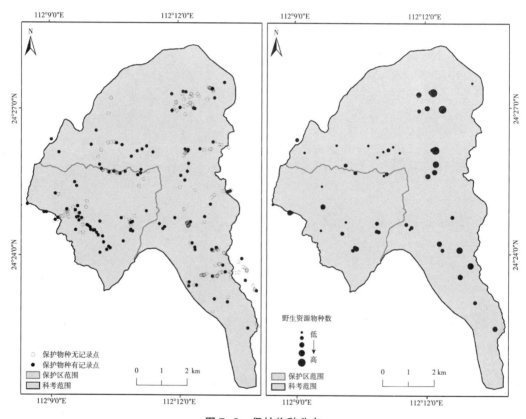

图7-3　保护物种分布

(二)外来物种

1. 外来物种名录

调查记录本区内共有21种外来物种(表7-13)。

表7-13　广东连南大鲵省级自然保护区外来物种名录

序号	科中文名	中文学名	拉丁名(属名+种名)
1	松科 Pinaceae	加勒比松 *	*Pinus caribaea*
2	商陆科 Phytolaccaecae	垂序商陆 *	*Phytolacca americana*

（续）

序号	科中文名	中文学名	拉丁名（属名+种名）
3		南洋楹*	*Albizia falcataria*
4	含羞草科 *Mimosaceae*	银合欢	*Leucaena leucocephala*
5		光荚含羞草	*Mimosa bimucronata*
6		含羞草	*Mimosa pudica*
7	苏木科 *Caesalpiniaceae*	决明	*Cassia tora*
8	木犀科 *Oleaceae*	日本女贞*	*Ligustrum amamianum*
9	茜草科 *Rubiaceae*	阔叶丰花草*	*Borreria latifolia*
10		胜红蓟*	*Ageratum conyzoides*
11		野茼蒿	*Crassocephalum crepidioides*
12	菊科 *Asteraceae*	梁子菜*	*Erechtites valerianaefolia*
13		一年蓬*	*Erigeron annuus*
14		小蓬草	*Conyza canadensis*
15		颠茄*	*Atropa belladonna*
16	茄科 *Solanaceae*	牛茄子	*Solanum capsicoides*
17		假烟叶树	*Solanum verbascifolium*
18	玄参科 *Scrophulariaceae*	野甘草	*Scoparia dulcis*
19		婆婆纳	*Veronica polita*
20	爵床科 *Acanthaceae*	鸭嘴花*	*Justicia adhatoda*
21	唇形科 *Labiatae*	紫苏*	*Perilla frutescens*

注：*表示该种为栽培种。

2. 外来物种空间分布

对外来物种记录频次进行统计（表7-14）。

表7-14　广东连南大鲵省级自然保护区外来物种记录频次统计

记录频次（%）	物种数	记录频次（%）	物种数
1	14	3	2
2	4	8	1

生物入侵已对中国土著生态系统的生物多样性和生态系统服务功能造成了严重影响，它打破了生态系统的固有平衡，因此保护区内的外来物种入侵情况必须给予重视。上述21种外来物种中，以菊科物种居多，在这些外来物种里面，有11个物种为栽培种。栽培的外来物种的扩散在一定程度上受到人为控制，草本占绝大部分。剩余的10个野生外来物种中，有6个物种为草本，4个物种为木本。相比于栽培的外来物种，野生外来物种更易扩散（图7-4），尤其是植株矮小、生活史较短的草本类。而且扩散的方式，可能与水流有关。从图7-4上可以看出，本区内分布频率最高的野茼蒿（*Crassocephalum crepidioides*）几

乎广泛分布于本调查范围内，在一些研究中发现，野茼蒿的化感作用能够对种子的萌发产生抑制作用。通过释放化感物质植物的化感作用广泛存在于自然界中，与适应性进化等因素对入侵起到了关键作用，在与侵入地的本地植物的竞争中占据优势，造成入侵地群落生物多样性急剧下降，影响生态系统的稳定性。所以如果不对区内的比较有保护价值或高资源价值的物种采取一定的保护措施，并对外来物种的扩散加以遏制，那么这些野生外来植物的存在会逐渐扩散占据资源甚至影响原生物种的生存。

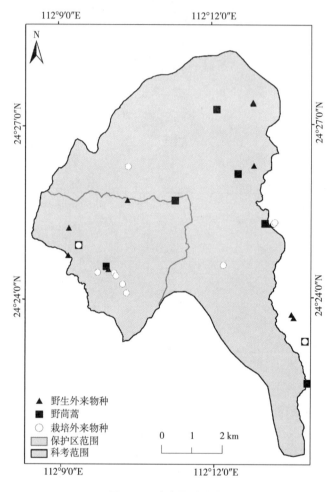

图 7-4　外来物种分布

第四节　湿地植物

在生态学上，湿地是介于陆地与水生生态系统之间的过渡地带，其地表有浅水覆盖或者有水位变化。湿地植被是在地表过程、季节性积水或常年积水，有潜育层或泥炭层的水层土壤上生长的以湿生和水生植物为主的植物群落。植被作为湿地生态系统的重要组成成分，对维持生态平衡，改善生态环境有非常重要的作用。同时，植被的存在也影响着大鲵和其他生物的分布、密度和存活，具有为大鲵提供食物资源、避光避险的功能，以营造良好的生境，保证其正常存活和繁殖。在 26 个湿地样方的调查中共记录到 84 科 185 属 245 种植物，其中，野生维管束植物有 83 科 182 属 241 种，占总记录野生维管束植物科、属、种的 58.87%、43.75%、28.02%，湿生植物共 88 种。其中，蕨类植物门记录到 14 科 23 属 30 种，被子植物门记录到 69 科 159 属 211 种。以草本和藤本灌木类为主要生活型，湿地植物中的湿生类以草本为主(图 7-5)。

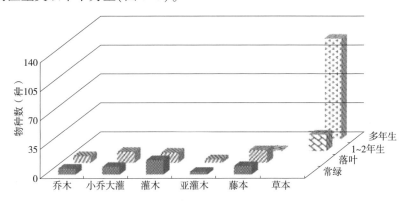

图 7-5　湿地植物生长型分类

湿地植被对大鲵栖息地主要有以下生态功能。

1. 水土保持

大鲵对水质要求非常严格，而河岸植被在固定泥土，减少雨水冲刷导致泥土大量进入水中的功能就显得尤为重要。植被是影响土壤侵蚀最敏感的因子，在水土保持中发挥着重要的作用。植被的空间分布，可以划分为冠层、干层、地表及枯枝落叶层、地下根系分布层。植被冠层能够截留大部分雨水，减弱降水对地面土壤的冲刷，并使降水在下流过程中沿着茎干流到地面。草灌植被以及地面的枯枝腐叶进一步减少冲刷和增加阻力，削减地面雨水形成的股流对地表的侵蚀能力，进而减少当地的水土流失，并降低土壤及腐殖质营养的流失，起到保持土壤肥力的作用。同时地面的枯枝腐叶和土壤孔隙还能够截留降水，涵养水分。除此之外，植被的地下部分——发达的根系也能够起到增强土壤抗蚀、抗冲性的功能。一方面，根系的生长和死亡在土壤中留下大量孔隙，在雨季时这些孔隙能够起到吸收地表水分的作用；另一方面根系还能够分泌有机物质作为土壤颗粒的团聚剂，改变土壤结构，增强土壤保水保肥能力；还有一方面，植物的根系具有抓固土壤，抵抗冲刷的作用。在调查所记录的物种中，如三裂叶野葛(*Pueraria phaseoloides*)、葛(*Pueraria lobata*)、竹节草(*Chrysopogon aciculatus*)、毛鸭嘴草(*Ischaemum antephoroides*)等，都是良好的水土保持植物，具有发达的根系。其中，根据范淑英等的实验研究发现，葛的茎节产生的大量不定根，增大了地表对雨水的阻截面积，有效地减少了雨水对表层土壤的冲刷。

另外值得一提的是，在湿地植物调查中，记录频次最高的是石菖蒲(*Acorus tatarinowii*)，石菖蒲作为清洁水体的指示植物，具有净化污水的功能。这说明，调查区域的水体总体上是水质清洁适宜大鲵生存栖息的。湿地中的植被除了直接吸收污染物净化污水之外，其根系通常还会相互盘结纵横交错形成过滤层，使悬浮物容易沉降、底泥不易浮起，以此保证底质的稳定性，进一步保证水质的清洁。

2. 避险、觅食

生境指动物生活的场所，是维持其生命活动的各种环境资源的总和。野生动物对栖息地环境因素的选择和利用一直是生态学研究的主要领域之一。而大鲵是一种两栖动物，兼有陆地和水中生活，然而其肺部并不发达，仍需通过皮肤辅助呼吸，加之畏光的特点和被捕食的威胁，使其在陆地上的活动范围相当有限。植被作为遮蔽物，一则为大鲵隐藏自己躲避敌害提供了天然的场所，二则营造阴凉湿润的小环境，保证大鲵进行正常的生命活动的需要。

大鲵不能自己主动筑洞，只能在其栖息河段中选择合适的天然岩洞石缝作为栖息地，洞穴周边的植被具有挡光、降温的遮蔽作用，光照引起的水温升高则会降低水体的溶氧量和滋生微生物，间接影响大鲵的摄食和发育。而 Hauer 等（2000）就证明，有植被覆盖的河水水温会比缺少河岸植被的山涧低。

另一方面，植被也为大鲵的觅食提供便利。大鲵的食物除了虾蟹蛙一类，还有水生昆虫，尤其幼鲵阶段，是以浮游动物及小型水生昆虫为主。而水生植物能够提供给水生昆虫产卵停靠的地方，有些昆虫的卵会在丛生水草中或草根附近聚集孵化。植物的落叶掉入水中后在水中分解产生腐殖质，成为鱼、虾、蟹的食物。大鲵有等候食物随水流到嘴边再进行捕食的行为，栖息洞口的丛生水草、树根等植被能够减缓水流速度，或者阻挡食物继续流动，有利于大鲵捕食。

3. 繁殖

适宜的生态环境，一定规模的种群数量，是生物物种持续繁衍和发展的基本条件。植被作为大鲵生境的重要成分，对大鲵繁殖的作用不容忽视。在自然环境中，光照能够通过大鲵的大脑和眼睛刺激脑下垂体，影响性腺激素的分泌，从而使大鲵性腺生长发育。当光照超过大鲵适宜范围，大鲵就会出现性腺异常，由于性成熟紊乱，便很难受精产卵。研究表明，在同一温度下，光照的强弱对于大鲵精子体外的存活时间也有影响。而大鲵的繁殖旺盛期正当盛夏，光照强烈，所以拥有植被对栖息地的形成的覆盖遮挡对大鲵正常的发育、受精、产卵非常重要。

此外，有研究称大鲵产卵时会另觅较浅的新洞，洞后常有水草或树根着生。这是因为大鲵的卵由胶带联系成卵带。而雌鲵在洞中产卵后，卵带随水漂流，可能会被吞食或在漂流过程损伤、丢失、死亡，使孵化率降低，而粘附在洞口树根或是水草上的卵带就不容易被水冲走，或使卵集中在树根下或水草丛中，在流水状态中孵化。

第八章　植被及景观

第一节　植被类型

根据调查乔木样方进行分析，建模，以及模型预测，连南大鲵省级自然保护区共分布有5种植被型：山顶矮林、中山山地常绿阔叶林、针阔混交林、常绿阔叶林、常绿落叶阔叶混交林。各植被型特点如下：

山顶矮林　山顶矮林的特点是林木低矮，一般高度仅5m左右，林冠稠密而整齐，植株分枝多而弯曲，树皮粗糙，叶子多为小型叶，厚而革质，叶面光亮或披茸毛，枝干上密披苔藓。群落结构简单，乔木只有一层。林下有灌木层和草本层，此外，地面上也布满苔藓，形成一层绿色松软的草垫。乔木层的组成成分以杜鹃花科、山茶科、壳斗科、山矾科、樟科、八角科等的种类为主。

山顶矮林主要分布在海拔1400m以上的中部山地的山脊附近。在山脊上狭长分布，数量较少。生境特点是地势高峻，土层浅薄，常风大，云雾多，湿度大，冬季有积雪和结冰现象。

中山针阔混交林　首先该植被型不是该区的自然地带性植被，是人为干扰后的自然演替结果。主要以常绿阔叶林为主，还有部分针叶林。主要以樟科、山茶科等热带成分为主，其次还有松科以及少量落叶树种。松科植物主要是马尾松、加勒比松等人工种植树种，主要是人工种植后，遗留植株的自然演变的结果。落叶树种其区系成分也主要为热带成分。其物种组成比较复杂，但主体成分与中山山地常绿阔叶林一致。该植被乔木分为两层，上层乔木比中山山地常绿阔叶林稍低，一般高度为12m左右，次层乔木高度相一致。更加反映出该植被型是由于人为种植后自然演替形成的非地带性植被。

针阔混交林主要分布于海拔1100~1300m中山山地的上部，它与中山山地典型常绿阔叶林带有少部分的分布重叠，这也说明了此植被类型的次生型。并且从侧面说明此区域原生植被被破坏的严重性以及人为种植活动的深入。

亚热带落叶阔叶林　亚热带落叶阔叶林主要以落叶乔木为主。本类型的群落结构比较简单，主要是乔木、大灌木、小乔木形成的乔木层，小灌木较少。

常绿、落叶阔叶混交林　常绿、落叶阔叶混交林是由常绿乔木和落叶乔木混交而形成的森林群落，属于亚热带常绿阔叶林与温带落叶阔叶林之间的过渡类型，在此区是气候因素和人为干扰而形成的。

本类型的群落结构比较简单，乔木层一般有两个层次，上层乔木层高度大约为10m，下层乔木大约为5m。主要是乔木、大灌木、小乔木形成的乔木层，小灌木较少，未单独成层。其中乔木层中常绿和落叶树种各占50%左右。

季风常绿阔叶林　该植被型是保护区的主要典型植被类型，主要以常绿的高大乔木的热带物种为主。本类型的群落结构比较简单，林木也较矮小，乔木分为两层，上层乔木一般高度15m左右，次层乔木高度一般5m左右。群落的组成种类比较简单，优势种比较明显，其中尤以樟科、安息香科、山茶科、山茱萸科、壳斗科、山龙眼科的种类占优势，主要体现亚热带植物区系成分单一，是保护区典型的地带性植被。

其主体分布的海拔范围在1200~1400m，主要在各大山峰的中上部。这里地形起伏较大，土壤是由花岗岩或砂岩风化发育而成的山地黄壤。气候上具有山地气候特点，垂直梯度变化较大。

典型常绿阔叶林 该植被型林冠比较平整，呈深绿色，林木比较高大茂密，郁闭度在30%以上，群落结构一般分为四层，乔木通常分为两层，灌木和草本植物各一层。乔木层上层一般高度为12m左右，次层乔木林一般高度为5m左右，灌木层高度为3m左右。其组成树种以热带、亚热带常绿阔叶树为主，还混生有少量的落叶树。乔木层主要以壳斗科、山茶科、樟科、安息香科和槭树科为主，在灌木层中以乔木幼苗、大灌木还有少许竹子为主。

本群系组分布在海拔700~1100m的丘陵低山及中山山地中下部，分布区的上部常与中山山地常绿阔叶林相连。

第二节 植被分布

根据2012年10月22日，空间分辨率为2m×2m的wordview-2遥感影像，采用监督分类法，将研究区的植被划分为10类(图8-1，彩图8-1)。

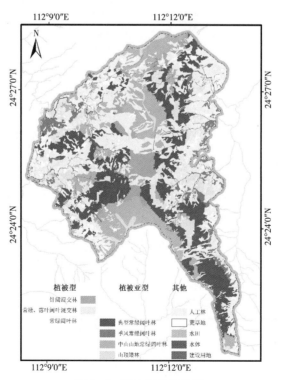

图8-1 研究区植被类型

　　植被是景观的重要组成成分，因此研究区的植被是研究的重要内容。统计研究区内各植被的面积、面积比例、斑块数量、斑块比例、斑块密度。从表 8-1 可以看出，常绿阔叶林、针阔混交林、中山山地常绿阔叶林等原始树林的面积较大，斑块数量较少，一定程度上说明原生植被保留得较为完整，而人工林的面积比例大，但是斑块密度较小，说明人工林在研究区的连通性较好。草地、未成林地(如荒地、裸地)的斑块密度大，零散分布于研究区。

表 8-1　各植被类型的斑块情况统计

分类	面积（公顷）	面积比例（%）	斑块数量（个）	斑块比例（%）	斑块密度（个/公顷）
季风常绿阔叶林	930.08	6.74	237	4.23	0.25
常绿、落叶阔叶混交林	1272.95	9.23	259	4.62	0.20
草地	315.75	2.29	369	6.58	1.17
常绿阔叶林	2298.58	16.67	242	4.31	0.11
其他	826.82	5.99	913	16.28	1.10
人工林	4337.97	31.45	793	14.14	0.18
山顶矮林	118.79	0.86	4	0.07	0.03
未成林地	873.01	6.33	2443	43.56	2.80
针阔混交林	422.89	3.07	85	1.52	0.20
中山山地常绿阔叶林	2395.28	17.37	264	4.71	0.11
总计	13792.13	100.00	5609	100.00	0.41

　　为了进一步研究植被的海拔分布情况，以 200m 为间隔，共划分为 7 个海拔区间，统计各海拔区间内各植被的斑块密度(个/公顷)。结果显示，草地、未成林地(如荒地、裸地)的斑块密度较大，特别是 400~800m。可见 400~800m 的破碎化较为严重(表 8-2、图 8-1)。

表 8-2　各海拔区间植被的斑块密度

分类	A	B	C	D	E	F	G
季风常绿阔叶林	0.41	0.13	0.12	0.05	0.07	0.00	0.00
常绿、落叶阔叶混交林	0.18	0.18	0.13	0.10	0.11	0.08	0.00
草地	0.52	0.88	0.95	1.08	0.99	0.76	0.19
常绿阔叶林	0.00	0.09	0.04	0.07	0.04	0.02	0.00
其他	0.79	0.88	0.80	0.48	0.35	0.19	0.66
人工林	0.05	0.08	0.08	0.06	0.05	0.04	0.03
山顶矮林	0.00	0.00	0.00	0.00	0.02	0.02	0.03
未成林地	2.00	0.00	2.56	1.98	1.60	1.62	1.28
针阔混交林	0.00	0.00	0.00	0.10	0.18	0.09	0.01
中山山地常绿阔叶林	0.00	0.03	0.12	0.06	0.02	0.03	0.01

　　注：A=200~400m，B=400~600m，C=600~800m，D=800~1000m，E=1000~1200m，F=1200~1400m，G=1400~1600m。表中数据为斑块密度(个/公顷)。

第三节　景观类型及分布

(一)景观类型

1. 景观类型分类

研究区内,天然林、人工林、农田等土地利用类型及地形地貌等是构成景观的主要部分,气温、降水、蒸发量等水热条件是影响不同景观形成的重要自然因子。以 50m×50m 网格为单位,统计各网格内不同土地利用类型斑块面积、斑块数量、平均斑块面积、平均斑块面积标准偏差,并提取每个网格的海拔、坡度、年平均气温、年降水量、潜在蒸发量 5 个环境指标,进行聚类分析。把聚类结果相同聚类且连续分布的网格定义为 1 个斑块(图 8-2)。在相似性聚类为 0.05 是把调查区划分为 2 级 4 类景观,分别是 Aa、Ab、Ba、Bb(图 8-2)。把聚类结果矢量化得到景观的空间分布(图 8-2)。

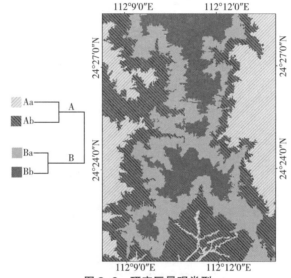

图 8-2　研究区景观类型

2. 影响景观分类的自然因子

景观主要受海拔、坡度、年降水量、潜在蒸发量、年平均气温等自然因子的影响。本文对研究区各景观类型的自然因子进行分析,结果如图 8-3 所示。

由图 8-3 可知,各景观类型的自然因子分异较为明显。海拔从低到高分别是:Aa、Ab、Ba、Bb。而 Ba 的坡度最大,而后是 Bb、Ab、Aa。由此可见,Aa 处于最低海拔且最为平坦的位置,Ab 海拔较低而坡度较大,Ba 海拔较高而最为陡峭,Bb 海拔最高但较为平坦。年平均气温从高到低依次为:Aa、Ab、Ba、Bb,与海拔有很好的适应性。从年降水和潜在蒸发量看,4 类景观的湿润度依次为:Bb、Ba、Ab、Aa。

本文用 50m×50m 网格的土地利用方式和自然因子等 17 个因子进行影响景观分类的主成分分析,以期找到影响景观分类的因子。土地利用方式是指天然林、人工林、住宅用地、荒地、裸地等;而自然因子则是包括海拔、坡度等地貌因子和年降水量、年平均气温、潜在蒸发量等气候因子。

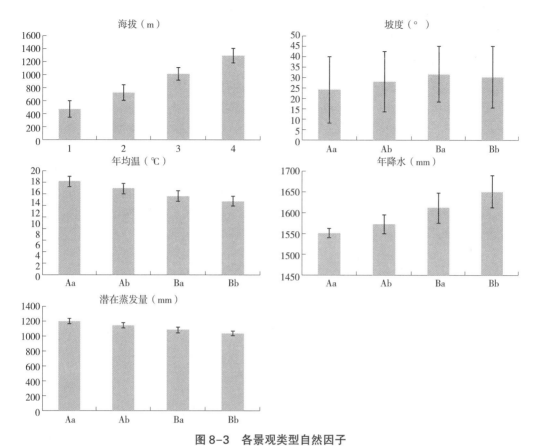

图8-3 各景观类型自然因子

研究区及4类景观的前四主成分的累计方差贡献率均为0.6~0.7。影响研究区景观的自然因子主要是潜在蒸发量、年平均气温，这些自然因子能间接影响植被的分布。而影响显著的土地利用类型主要是裸地、草地、水库、引水渠等，由此可见人类活动对土地的利用方式能影响景观的分类(表8-3)。

表8-3 影响景观分类的主成分分析

主成分序列	影响因子	景观类型				
		研究区	Aa	Ab	Ba	Bb
Ⅰ	1	PE/0.706	PE/−0.679	PE/0.566	TE/0.578	PR/−0.695
	2	TE/0.796	TE/−0.675	TE/0.547	PE/0.577	PE/0.693
Ⅱ	1	BA/0.685	PL/−0.716	PL/0.583	NA/−0.71	NA/−0.672
	2	GR/0.672	SL/−0.632	NA/−0.546	PL/0.614	BA/0.535
Ⅲ	1	RE/0.955	BA/0.722	HO/0.701	WA/−0.62	RI/−0.621
	2	AP/−0.294	AP/−0.627	PA/0.672	BA/−0.602	SL/−0.568
Ⅳ	1	AP/0.918	RE/0.854	RE/0.964	HO/−0.781	RI/0.749
	2	RE/0.28	AP/−0.492	HO/−0.219	RI/−0.57	SL/−0.514

* 注：1、2代表对该主成分贡献最多的两个因子，"/"后的数字代表贡献率。GR=草地，LO=道路，RI=河流，WA=荒地，BA=裸地，PL=人工林，RE=水库，PA=水田，NA=天然林，AP=引水渠，HO=住宅用地，BL=空白，AL=海拔，SL=坡度，PR=年降水量，TE=年平均气温，PE=潜在蒸发量。

(二) 研究区景观类型特征

1. 土地利用类型组成

为了识别各景观类型间的关系与差异，分别统计了4类景观的土地利用类型的网格数。以每个网格中面积最大的土地利用类型定义该网格的土地利用类型，统计各景观类型的土地利用情况，结果显示(表8-4)，Bb的有林地比例最高，达到94.4%，其中天然林比例最高人工林比例最低，故原生性保持得最好。Aa的有林地比例最低，只有72.8%，其中天然林比例很低人工林比例高，而且水田和住宅用地的比例明显比其他景观类型高，故Aa是人类主要活动区，受人类干扰程度最大。故Aa和Bb景观的差异最为显著。Ab和Ba有林地的差别不显著，但是Ab景观中散布水田、住宅用地等，且人工林比例较Ba高，故原生性不如Ba。

表8-4 各景观类型的土地利用情况

一级类	二级类	Aa		Ab		Ba		Bb	
		网格数	比例(%)	网格数	比例(%)	网格数	比例(%)	网格数	比例(%)
有林地	天然林	3968	27.8	11432	62.0	8925	65.5	5865	68.9
	人工林	6430	45.0	5709	31.0	3596	26.4	2174	25.5
无林地	水田	2117	14.8	127	0.7	3	0.0	0	0.0
	草地	408	2.9	156	0.8	445	3.3	176	2.1
	荒地	776	5.4	619	3.4	359	2.6	241	2.8
	裸地	201	1.4	308	1.7	282	2.1	58	0.7
	住宅用地	115	0.8	12	0.1	1	0.0	0	0.0
	水库	2	0.0	36	0.2	0	0.0	0	0.0
	河流	258	1.8	20	0.1	7	0.1	0	0.0
	道路	12	0.1	10	0.1	17	0.1	1	0.0
	引水渠	0	0.0	0	0.0	0	0.0	0	0.0
	合计	14287	100.0	18429	100.0	13635	100.0	8515	100.0

本文用土地利用类型的相对显著度来比较各景观类型的差异。相对显著度为对应土地利用类型的相对多度、相对密度、相对频度之和，结果如图8-4所示。Aa的人工林显著度最高，其次是天然林，水田、荒地也较为显著。Ab的天然林显著度最高，其次是人工林，荒地紧随其后。Ba的天然林显著度最高，其次是人工林，草地开始显著。Bb的天然林显著度最高，而后是人工林，荒地也比较显著。

利用相对显著度进行4类景观的差异性分析，结果如表8-5所示，除了Ba和Bb两类景观差异不显著，其他景观间的差异都是极显著的。

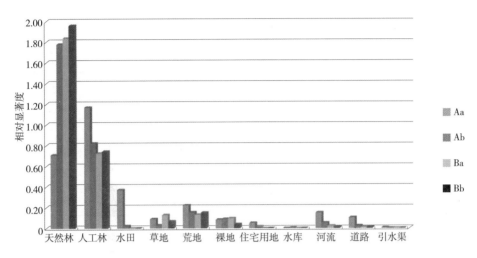

图 8-4　土地利用类型的相对显著度

表 8-5　各景观的差异性分析

P 值	Aa	Ab	Ba	Bb
Aa		<0.01**	<0.01**	<0.01**
Ab	<0.01**		<0.01**	<0.01**
Ba	<0.01**	<0.01**		0.99
Bb	<0.01**	<0.01**	0.99	

注：* 为极显著差异。

2. 植被类型组成

为了识别各景观类型间的关系与差异，分别统计了 4 类景观的植被类型的网格数。以每个网格中面积最大的植被类型定义该网格的植被类型，统计各景观类型的植被组成情况，结果如下表 8-6 所示。Aa、Ab 中人工林的比例很高，分别占了 45.62% 和 30.11%。可能是 Aa、Ab 分布的海拔较低，人工林种植得较为广泛。而 Ba 中常绿阔叶林、Bb 中中山山地常绿阔叶林的比例最高，体现了由于海拔造成的温度差异对植被分布的影响。值得注意的是，Ba、Bb 中人工林的比例较高，由此可见，人工林已经渗透到较高海拔的原生景观中。

表 8-6　各景观类型的植被情况

植被	Aa		Ab		Ba		Bb	
	网格数（个）	比例（%）	网格数（个）	比例（%）	网格数（个）	比例（%）	网格数（个）	比例（%）
季风常绿阔叶林	1426	9.84	2305	12.59	36	0.26	0	0.00
常绿、落叶阔叶混交林	1781	12.30	2520	13.77	794	5.80	143	1.65
草地	436	3.01	117	0.64	446	3.26	178	2.05
常绿阔叶林	67	0.46	3191	17.43	5322	38.90	740	8.52
其他	2594	17.91	194	1.06	22	0.16	1	0.01

（续）

植被	Aa		Ab		Ba		Bb	
	网格数（个）	比例（%）	网格数（个）	比例（%）	网格数（个）	比例（%）	网格数（个）	比例（%）
人工林	6608	45.62	5511	30.11	3613	26.41	2245	25.86
山顶矮林	0	0.00	0	0.00	0	0.00	467	5.38
未成林地	1077	7.44	860	4.70	677	4.95	310	3.57
针阔混交林	0	0.00	31	0.17	970	7.09	709	8.17
中山山地常绿阔叶林	496	3.42	3574	19.53	1802	13.17	3888	44.79
总计	14485	100.00	18303	100.00	13682	100.00	8681	100.00

（三）景观格局分析

1. 各景观类型边缘分析

蔓延度（CONTAG）是指斑块类型在空间分布上的集聚趋势，即不同斑块集成面积较大，分布连续的整体。在斑块类型尺度上，蔓延度是指某一斑块类型在空间上聚合在一起的趋势。该指标单位是%，取值范围是 0<CONTAG≤100。当所有斑块类型最大限度破碎化和间断分布时，CONTAG 趋于 0，当斑块类型最大限度集聚在一起时，CONTAG 达到100。计算各斑块类型的 CONTAG，结果如表 8-7 所示。各景观类型的蔓延度都较大，其中，Ba 的蔓延度最大，说明该景观类型集聚程度最大，在空间分布最集中。

表 8-7　各景观类型的蔓延度统计

斑块类型	CONTAG（%）	斑块类型	CONTAG（%）
Aa	45.7	Ba	48.3
Ab	45.1	Bb	40.2

2. 各景观类型形状分析

研究表明，斑块形状会对斑块内部许多过程产生影响，包括小型哺乳动物的迁徙（Buechner，1989）、木本植物群落（Hardt et al. ，1989）以及动物的觅食策略（Forman et al.，1986）。因此，研究景观的形状特征就有重要的价值。

本文采用周长面积分维数（PAFRAC）这一指标对研究区各景观类型的形状特征进行分析。该指标的取值范围是 1≤PAFRAC≤2。如果景观的形状具有简单的周长，如正方形，PAFRAC 值接近 1；当 PAFRAC 偏离简单的几何形状时，PAFRAC 值大于 1；当 PAFRAC 接近 2 时，证明景观的周长弯曲盘绕，形状很不规则。

各景观类型的形状都偏离简单的几何形状但差别不明显（表 8-8），其中 Ba 偏离程度最大，即形状、生境最复杂。形状复杂，则边缘曲折度高，边缘生境比例大、多样性也高，同时形状越曲折，斑块与基地作用就越强，具最佳形状的斑块则具有多种生态学效益，将有利于物种传播。Aa 的 PAFRAC 值最小，可能是因为居民区和农田主要集中在此，受人类活动的干扰比较大，所以形状比较规则。

表 8-8　各景观类型的周长面积分维数

类别	周长面积分维数（PAFRAC）	类别	周长面积分维数（PAFRAC）
研究区	1.364	Ba	1.3865
Aa	1.3171	Bb	1.3631
Ab	1.3751		

3. 各景观类型破碎化分析

景观破碎化是指由于自然或人文因素的干扰所导致的景观由简单趋向于复杂的过程，即景观由单一、均质和连续的整体趋向于复杂、异质和不连续的斑块镶嵌体。用斑块分级描述整个调查区景观的破碎化程度。按照斑块的面积把斑块分成小斑块、中斑块、大斑块、超大斑块、巨大斑块五级，统计各级斑块数量、面积及比例（表 8-9）。整个调查区的中小斑块数量占斑块总数的 95.8%，但是是总面积的 4.0%，超大及巨大斑块数量只占斑块总数的 2.4%，却包括了总面积的 95.0%。由此可见，大斑块作为景观的基质，而很多中小斑块零散而广泛分布其中，景观破碎严重。斑块密度越大，平均斑块面积越小，说明破碎化程度越大。

表 8-9　各级斑块统计

	数量（个）	数量比例（%）	面积（hm^2）	面积比例（%）
小斑块	876	84.9	328.5	2.4
中斑块	112	10.9	225.25	1.6
大斑块	20	1.9	135.5	1.0
超大斑块	9	0.9	306.5	2.2
巨大斑块	15	1.5	12838.8	92.8
总计	1032	100.0	13834.55	100.0

注：小斑块 $\leqslant 1hm^2$，$1hm^2 <$ 中斑块 $\leqslant 5hm^2$，$5hm^2 <$ 大斑块 $\leqslant 10hm^2$，$10hm^2 <$ 超大斑块 $\leqslant 100hm^2$，巨大斑块 $\geqslant 100hm^2$。

为了进一步比较各景观类型的破碎化情况，本文用分离度指数进行分析，结果如图 8-5 所示，Ab 的分离度最大，而 Ba 的分离度最小，说明 Ba 景观破碎化程度最小，而 Ab 的破碎化则最严重。

4. 研究区景观多样性及分布分析

景观多样性就是景观水平上的生物多样性，本文主要采用 Shannon's 多样性指数（SHDI）和 Shannon's 均匀度指数（SHEI）评价景观多样性。SHDI 主要受景观组成丰富度和均匀度两方面的影响。丰富度是指组成景观的斑块类型的数目，均匀度是指不同斑块面积的分布情况。在组成景观的斑块类型数目恒定的情况下，多样性指标主要受均匀度的影响，当各景观类型面积均等时，SHDI 最大。若 4 种景观的面积均等，则 SHDI 为 1.38629，即调查区 SHDImax 为 1.38629。而实际的 SHDI 为 1.35421，与 SHDImax 差别不是很大，说明景观的多样性程度较高。Shannon's 均匀度指数的取值范围是 $0 \leqslant SHEI \leqslant 1$，各景观类

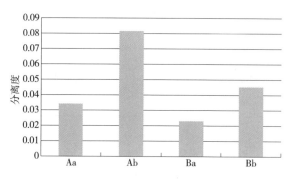

图 8-5　各景观类型分离度

型的面积差别越大，SHEI 越接近 0，而当各景观类型面积相同时，SHEI 为 1。调查区的实际 SHEI 为 0.97685，说明各景观均衡度很高，多样性程度高。

(四)景观类型的命名

通过对各景观类型土地利用类型分析、植被分析、景观格局分析找出各景观类型的特征，并以此作为景观命名的依据。结果如下表 8-10 所示。

表 8-10　景观命名

景观类型	景观特征	景观命名
Aa	人工林比例最高，农田的主要集中地区	水田人工林景观
Ab	人工林比例较高，天然林比例较低	人工林与天然林林缘景观
Ba	天然林比例较高，原生性较差	落叶、常绿阔叶混交林景观
Bb	天然林比例最高，原生性最好	中山山地常绿阔叶林景观

第九章 野生动物

第一节 调查方法

为了解保护区及周边除大鲵之外的野生动物资源情况，我们分别在2004年、2010年和2014年对区内及周边的陆栖脊椎动物开展本底资源调查工作，主要采用的调查方法有以下几种（表9-1）。

样线法 该法适用陆栖脊椎动物，根据天然林、人工林和非林地等不同栖息地类型及地形条件布设样线。样线长度为3km，以1~2km/h的速度前行，记录样带两侧15m范围内发现的所有动物，根据形态特征、鸣声、痕迹、毛发、巢穴等信息确定物种，并记录活体、鸣声、痕迹、毛发、巢穴，物种状态，发现数量，距离，坐标，其栖息环境，人类干扰等信息，对物种或环境信息进行拍照记录。在整个调查过程中开启GPS记录调查航迹。本次共调查32条样线，总长度超过114.6km，总抽样面积超过4%。

网捕法 该法主要适用鸟类和翼手目，架设网具时要选择合适的地形，通常在森林张网的地方要清理一个高3m、长13~15m、宽1~2m的网场，或把网张在小路上。放网地形可分为林缘、林下、林窗等3种类型。不同网场的水平距离超过100m。网的下纲距离地面高度0~10cm。网设好后，记录设网时间、坐标等信息，记录周边环境并拍摄周边环境照。在研究区均匀布设规格为10m×2.6m，网孔2cm的雾网，布网时间为7：30~18：00，布网后平均每小时查一次网，记录鸟类相关信息后将鸟放生。本次共计63个布网点，布设总时间为1186h，每网次平均放网18.4h。

铗日法 该方法主要调查以啮齿目动物为代表的哺乳动物。根据实地情况，在不同的地被中选定样线，在样线上按间隔10m为标准放置鼠夹，每条样线放置30个鼠夹。每天下午16：00~18：00时放夹，利用GPS记录每个鼠夹布设位点的坐标，拍摄环境照，记录相关信息。翌日早上7：30~8：30收夹，将捕获标本放入标本袋，记号笔写上样线号及标本号，记录相关信息。本次调查放置鼠铗28次，每次30个鼠铗。

洞捕法 该法主要针对翼手目等穴居的动物。通过访问确定蝙蝠栖息的山洞，使用洞捕法对翼手目动物进行调查。白天于洞口挂雾网捕捉外出的翼手目，同时进入洞穴用手抄网补充采集栖息于石壁上的翼手目。并记录相关信息。

物种记录 对一切非样地调查过程观察到的野生动物进行物种记录，如样线调查结束回返驻地过程中、在驻地休整过程中发现哺乳类、鸟类、爬行类、两栖类及鱼类等物种，对其进行相关记录，根据实际情况收集、制作标本，拍摄照片。

本章以下内容将对3次调查所记录的野生动物进行分析。

表 9-1　各类群动物调查方法

调查方法	两栖纲	爬行纲	鸟纲	哺乳纲
样线法	√	√	√	√
网捕法			√	√
铗日法				√
洞捕法				√
物种记录	√	√	√	√

第二节　鸟类

(一) 物种组成

调查共记录鸟类 102 种，隶属于 11 目 38 科 74 属（表 9-2）。

表 9-2　研究区鸟类组成及比例

目	目学名	科		属		种	
		数量	比例%	数量	比例%	数量	比例%
鹳形目	CICONIIFORMES	1	2.6	2	2.7	2	2.0
隼形目	FALCONIFORMES	2	5.4	5	6.7	6	5.9
鸡形目	GALLIFORMES	1	2.6	3	4.1	3	2.9
鹤形目	GRUIFORMES	1	2.6	2	2.7	2	2.0
鸽形目	COLUMBIFORMES	1	2.6	1	1.4	1	1.0
鹃形目	CUCULIFORMES	1	2.6	3	4.1	4	3.9
鸮形目	STRIGIFORMES	1	2.6	1	1.4	3	2.9
雨燕目	APODIFORMES	1	2.6	1	1.4	1	1.0
佛法僧目	CORACIIFORMES	4	10.5	5	6.7	5	4.9
䴕形目	PICIFORMES	2	5.4	4	5.3	5	4.9
雀形目	PASSERIFORMES	23	60.5	47	63.5	70	68.6
合计		38	100.0	74	100.0	102	100.0

记录的鸟类物种中雀形目占绝对优势，共有 23 科 47 属 70 种，科、属、种均占各分类阶元的 60% 以上；雀形目以画眉科的物种比例最大，共有 12 种；其次是鹟科，共 11 种。非雀形目共有 10 目 15 科 27 属 32 种；其中，隼形目最多，共 2 科 5 属 6 种；䴕形目和佛法僧目次之，皆记录有 5 种；此外，鸽形目和雨燕目分别只记录到 1 种，为小白腰雨燕（Apus affinis）及山斑鸠（Streptopelia orientalis）。从记录的物种组成来看，保护区及周边地区的鸟类包括肉食性鸟类、食虫性鸟类和植食性鸟类，一定程度上反映该生态系统的完整性。

(二)区系成分

依据《中国动物地理》(张荣祖,2011)对调查记录102种鸟类的分布型进行划分。属于东洋界的鸟类77种,占整个鸟类区系的75.5%;古北界鸟类15种,占14.7%;广布种10种,占9.8%。其中,记录的89种留鸟中,属于东洋界的留鸟74种,占全部留鸟区系的83.1%;古北界鸟类7种,占9.0%;广布种8种,占9.0%。可见东洋界鸟类是本区鸟类区系的主体(表9-3,图9-1)。

表9-3　鸟类区系分布统计

分布型		代码	鸟类物种数	留鸟物种数	鸟类比例(%)	留鸟比例(%)
东洋界	东洋型	W	63	60	61.8	67.4
	南中国型	S	12	12	11.7	13.5
	喜马拉雅-横断山区型	H	2	2	2.0	2.2
	东洋界合计		77	74	75.5	83.1
古北界	全北型	C	3	1	2.9	1.1
	季风区型	E	3	2	2.9	2.2
	东北型	M	1	0	1.0	0
	古北型	U	8	4	7.9	4.6
	古北界合计		15	7	14.7	7.9
广布种	不易归类型	O	10	8	9.8	9.0
合计			102	89	100.0	100.0

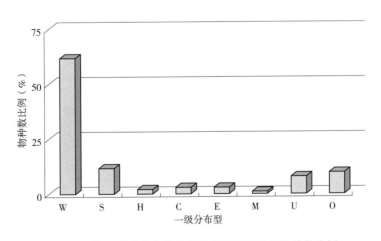

图9-1　各区系成分鸟类物种数占调查记录总物种数比例

注:一级分布型代码中,W=东洋型;S=南中国型;H=喜马拉雅-横断山区型;C=全北型;E=季风区型;M=东北型;U=古北型;O=不易归类型。

（三）居留型

统计调查区鸟类居留型，留鸟89种，占鸟类总种数的87.2%，可见，本区鸟类是以留鸟为主。夏候鸟6种，占鸟类总种数的5.9%；冬候鸟7种，占鸟类总种数的6.9%（表9-4）。

表9-4　鸟类居留型

居留型	物种数	比例(%)
留鸟	89	87.2
夏候鸟	6	5.9
冬候鸟	7	6.9
合计	102	100.0

（四）栖息地及食性

统计记录到的102种鸟类的栖息地类型，其中，属于森林鸟类的有76种，占鸟类总物种数的73.5%；属于湿地鸟类的有13种，占总物种数的12.7%；属于伴人居的鸟类有34种，占总物种数的33.3%（表9-5，图9-2）。

表9-5　鸟类栖息地类型分布

栖息地	物种数	比例(%)
森林	76	73.5
湿地	13	12.7
伴人居	34	33.3

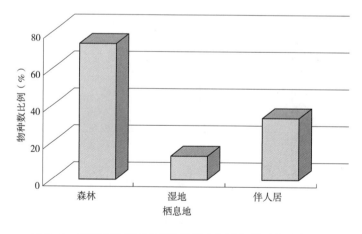

图9-2　各栖息地类型鸟类物种数占调查记录总物种数比例

对记录的鸟类的食性进行分析，其中，以虫食性最多，占调查鸟类总物种数的47.0%，其次是杂食性鸟类，占调查鸟类总物种数的36.3%；肉食性鸟类占11.8%，主要为猛禽以及食水生鱼类的水鸟；植食性物种数最少，仅有5种，占调查鸟类总物种数的

4.9%(表9-6,图9-3)。

表9-6 鸟类食性类型分布

食性	物种数	比例(%)
虫食性	48	47.0
肉食性	12	11.8
植食性	5	4.9
杂食性	37	36.3

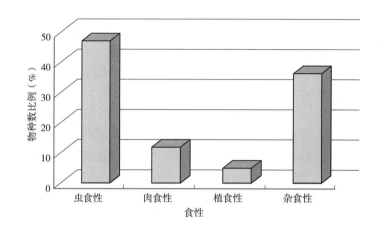

图9-3 各食性类型鸟类物种数占调查记录总物种数比例

(五)生态团组

居留型、栖息地选择类型以及食性能直接反映生态功能的特征。根据鸟类物种的居留型、栖息地类型以及食性等生态位性状对记录的102种鸟类物种进行聚类,可将它们分为A、B等2类一级生态团,并往下细分为A1、B1和B2等3类二级生态团(图9-4)。

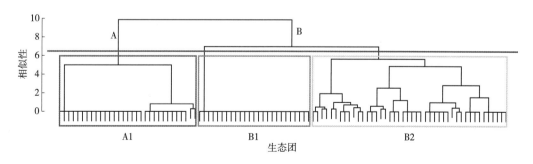

图9-4 鸟类物种生态团划分

1. 一级生态团

在一级生态团划分为2类生态团类型,即生态团A和生态团B。有32种鸟属于生态团A,70种属于生态团B(表9-7)。

表 9-7 鸟类一级生态团不同生态特征物种数

一级生态团类型		A	B	总计
居留型	留鸟	32	57	89
	夏候鸟	0	6	6
	冬候鸟	0	7	7
栖息地类型	森林	20	38	58
	湿地	0	9	9
	伴人居	12	3	15
	广布	0	20	20
食性	虫食性	2	46	48
	肉食性	0	12	12
	植食性	1	4	5
	杂食性	29	8	37
总计		32	70	102

生态团 A 全部为留鸟；食性除了纯色山鹪莺（*Prinia inornata*）、戴胜（*Upupa epops*）为虫食性鸟类，白腰文鸟为植食性鸟类，其他鸟类均为杂食性（90.6%），包括食谷、食果与食虫；栖息地选择类型为森林和伴人居，伴人居鸟类占该生态团鸟类物种数的 37.5%，该类群鸟类活动与人类干扰相关；森林鸟类占该生态团鸟类物种数的 62.5%。该生态团鸟类栖息于森林，也可在人类生活区觅食、活动，因此可将其命名为林缘-伴人居鸟类生态团。

生态团 B 的生态位较生态团 A 宽。候鸟均属于生态团 B，栖息地选择类型主要包括森林与广布类，分别占该生态团物种数的 54.3% 与 28.6%。湿地鸟类只存在于生态团 B（占 12.9%），伴人居鸟类仅 2 种；食性主要为虫食性（占 65.7%），肉食性鸟类次之（占 17.1%），杂食性与植食性鸟类仅占少数。可见在生态团 B 中，虫食和肉食的森林鸟类居多，反映其鸟类组成成分的原生性，可将其归为森林鸟类生态团。

2. 二级生态团

二级生态团中，将一级生态团中的生态团 B 进一步被划分为生态团 B1 和生态团 B2。B1 生态位宽度较小，而 B2 生态位宽度大（表 9-8）。

表 9-8 鸟类二级生态团不同生态特征物种数

二级生态团类型		B1	B2	总计
居留型	留鸟	25	30	55
	夏候鸟	0	6	6
	冬候鸟	0	9	9
栖息地类型	森林	25	13	38
	湿地	0	9	9
	伴人居	0	3	3
	广布	0	20	20

（续）

二级生态团类型		B1	B2	总计
食性	虫食性	25	21	46
	肉食性	0	12	12
	植食性	0	4	4
	杂食性	0	8	8
总计		25	45	70

生态团B1有25种鸟类，均为留鸟，栖息地选择类型为森林，食性全部为虫食性，均为典型的森林鸟，将该生态团归为典型森林鸟类生态团。

生态团B2有45种鸟，包括30种留鸟与15种候鸟，各栖息地选择类型与各食性均有鸟类分布，主要栖息地选择类型为广布（44.4%）与森林（28.9%），食性主要为虫食性（46.7%）与肉食性（26.7%），因此将该生态团归为次生林鸟类生态团。

3. 各级鸟类生态团特征比较

概括各级生态团生态特征，归纳得表9-9。最终将聚类得到的3类生态团分别命名为：林缘-伴人居鸟类生态团、典型森林鸟类生态团、次生林鸟类生态团。

表9-9　各级鸟类生态团特征比较

	生态团		
一级分类（物种数）	A（32种）		B（70种）
主要差异（物种数比例）	杂食性（90.6%） 留鸟（100%） 森林（62.5%），伴人居（37.5%）		虫食性（65.7%），肉食性（17.1%） 留鸟（81.4%），候鸟（18.6%） 森林（54.3%），广布（28.6%）
命名	林缘-伴人居鸟类生态团		森林鸟类生态团
二级分类（物种数）	A1（32种）	B1（25种）	B2（45种）
主要差异（物种数比例）	未分化	留鸟（100%） 森林（100%） 虫食性（100%）	留鸟（66.7%），候鸟（33.3%） 广布（44.4%），森林（28.9%） 虫食性（46.7%），肉食性（26.7%）
命名	林缘-伴人居鸟类生态团	典型森林鸟类生态团	次生林鸟类生态团

（六）鸟类生态群落特征

1. 鸟类生态群落类型

在调查区域共调查到102种鸟类，将调查区域划分为500m×500m网格作为聚类单位，共有138个网格有鸟类记录。以网格内物种个体数比例及记录频次比例为指标，可在空间上将鸟类划分为5类生态群落, 分别为: ⅠA1a、ⅡA1a、ⅡB1a、ⅡB2a 和ⅡB2b(图9-5)。

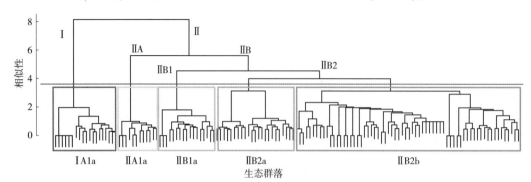

图9-5 鸟类生态群落聚类结果

2. 鸟类生态群落特征

各群落鸟类组成如表9-10示, 其中, 群落ⅡB2b 鸟类物种数最多, 有70种, 隶属9目33科57属; ⅡB2a次之, 有65种, 隶属7目24科49属, 所记录的个体数最多。ⅡA1a 的鸟类物种数最少, 仅有11种, 隶属4目7科9属, 记录的数量及范围最小。

表9-10 鸟类生态群落物种组成

空间群落	目	科	属	种	个体数	记录频次	网格数
ⅠA1a	5	12	19	24	515	60	19
ⅡA1a	4	7	9	11	103	29	12
ⅡB1a	7	17	29	35	292	140	17
ⅡB2a	7	24	49	65	899	265	23
ⅡB2b	9	33	57	70	621	211	67
总计	11	38	74	102	2430	705	138

各生态群落样区平均 Shanon-Wiener 多样性指数、Pielou 均匀度指数、Simpson 优势度指数, 基本呈现一致的变化水平(表9-11)。结果显示, 群落多样性指数、均匀度指数大小排序为ⅡB2a>ⅡB1a>ⅡB2b>ⅠA1a>ⅡA1a; 优势度指数大小排列顺序为ⅡB2a>ⅡB1a>ⅡB2b>ⅡA1a>ⅠA1a。群落ⅡB2a 的各项指数均高于其他群落, ⅡB1a 次之, 另外3个群落的多样性呈现相近水平。多样性指数较大的群落, 其均匀性指数值也较大。均匀性指数略低, 说明各群落生境复杂度和异质性较高。

表9-11 鸟类生态群落结构多样性

生态群落	物种多度	Shanon-Wiener 多样性指数	Pielou 均匀度指数	Simpson 优势度指数
ⅠA1a	2.9474	0.5499	0.1194	0.2969
ⅡA1a	2.1667	0.5468	0.1187	0.3363
ⅡB1a	5.1765	1.2026	0.2611	0.5853
ⅡB2a	7.3043	1.3668	0.2968	0.6490
ⅡB2b	2.8636	0.6372	0.1384	0.3380

对不同生境鸟类群落的物种相似性进行统计(表9-12),结果显示,Ⅰ类与Ⅱ类群落相似性都不超过0.40,A类群落与B类群落的相似性均低于0.50,显著反映鸟类群落物种的空间差异。群落ⅡB2a与ⅡB2a的相似性最大(0.63),含有鸭科、鸫科、画眉科、鸦科、鹰科等共42种鸟类。其他群落间的相似性均较低,表明不同鸟类群落结构具有较大的差异性。

表9-12 鸟类生态群落结构相似性

生态群落	Ⅰ A1a	Ⅱ A1a	Ⅱ B1a	Ⅱ B2a	Ⅱ B2b
Ⅰ A1a	1.00	—	—	—	—
Ⅱ A1a	0.23	1.00	—	—	—
Ⅱ B1a	0.35	0.41	1.00	—	—
Ⅱ B2a	0.24	0.45	0.52	1.00	—
Ⅱ B2b	0.20	0.43	0.50	0.63	1.00

3. 生态团与生态群落的关系

按照物种生态特征(居留型、食性、栖息地)可分为3类生态团,按500m×500m网格内物种个体数比例及记录频次比例划分群落,相同鸟类生态团会分布在不同的空间群落中,相同的鸟类空间群落也会有不同的鸟类生态团。统计各鸟类生态团在不同群落中物种个体数比例(图9-6),可归纳分析各群落鸟类组成的生态特征。

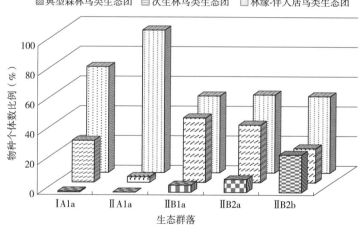

图9-6 各鸟类生态团在不同空间群落中的物种个体数比例

从图9-6中可见,典型森林鸟类生态团的空间分布多样性最低,次生林鸟类生态团次之,林缘-伴人居鸟类生态团的空间分布多样性最高。典型森林鸟类生态团主要分布在群落ⅡB1a、ⅡB2a和ⅡB2b,群落的个体数分布可以反映群落生境的原生性,其栖息地植被原生性顺序为ⅡB2b>ⅡB2a>ⅡB1a。尽管林缘-伴人居鸟类物种仅为33种,但其分布广泛,具有较强的适应性,也说明了本调查区适宜林缘-伴人居鸟类的生存繁殖。群落Ⅰ A1a、Ⅱ A1a反映的主要是林缘-伴人居鸟类生态团的功能特征。群落Ⅱ A1a中林缘鸟类物种个体数占 96.1%，而没有典型森林鸟类的记录。这一现象进一步体现了天然林的破碎化对典型森林鸟类的生存构成威胁，而人类干扰将有可能进一步改变鸟类群落的物种组成。

(七) 鸟类生态群落分布特点

1. 各生态群落记录点的平均海拔

统计各鸟类生态群落记录点的海拔信息，分析不同鸟类生态群落的海拔分布特征 (图 9-7)。

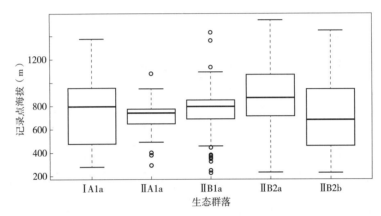

图 9-7　各空间群落记录点海拔

群落 Ⅱ B2b 的海拔中值最低，记录点的海拔跨越的幅度是较大的，说明在低海拔存在森林破碎斑块，森林破碎化严重。森林栖息地的斑块化是导致各群落典型森林鸟类多样性低的关键原因。

群落 Ⅱ A1a 记录点的海拔中值仅低于 Ⅱ B2b，而且记录点相对集中。在低海拔段，人为干扰较大，原生植被受到极大破坏，鸟类生存条件受到极大限制，种类较少，使得其对应的多样性指数较低。随着海拔升高，人类干扰逐渐减少，鸟类物种多样性有所提高。群落 Ⅱ B1a 记录点的平均海拔较高，其多样性也随着升高。Ⅰ A1a 海拔较高，记录点海拔跨幅大，物种生态团主要为林缘-伴人居鸟类生态团，但其物种多样性低，这可能是因为在该群落分布区间坡度较小 (平均为 23.1°)，受人类干扰的威胁。群落 Ⅱ B2a 记录点的平均海拔是最高的，在高海拔地区，植被类型较低海拔丰富，人类活动干扰逐渐减少，鸟类物种数也较多，使得该群落多样性最高。

2. 各生态群落在不同植被类型中的分布

植被的分布本身也是受海拔高度的影响，因此各生态群落分布的海拔高度范围与群落所属的主要生境类型相对应，海拔高度通过对植被垂直分布的影响间接影响着鸟类的垂直分布，而同一垂直带又由于受到地形、干扰等影响，具有多样化的景观类型，因此不同垂直带鸟类群落也相互渗透。

根据鸟类分布记录点的记录频次比例，可归纳生态群落 Ⅰ A1a、Ⅱ A1a、Ⅱ B1a、Ⅱ B2a 和 Ⅱ B2b 的主要生境类型分别为常绿阔叶类型、林缘混交类型、人工林类型、山顶针阔类型和山下混交类型 (表 9-13)。

表 9-13 各空间群落在不同植被类型中的记录频次比例(天然林划分为 A, B, C 三类)

植被类型	ⅠA1a	ⅡA1a	ⅡB1a	ⅡB2a	ⅡB2b
A 针阔混交林	0.0	0.0	0.0	23.0	1.9
B 常绿阔叶林	51.7	44.8	19.3	36.2	23.4
C 常绿、落叶阔叶混交林	11.7	10.3	9.3	6.0	9.1
人工林	21.7	27.6	55.7	26.4	37.8
无林地	15.0	17.0	15.7	8.3	27.7
主要生境类型	常绿阔叶	林缘混交	人工林	山顶针阔	山下混交

群落ⅠA1a、ⅡB2a 的记录点主要分布在天然林(60% 以上)。其中,群落ⅡB2a 中有 23.0% 的鸟类记录点落在针阔混交林,而其他群落无在该地被分布的鸟类记录点或极少。因为天然针阔混交林主要分布在高海拔地区,其树种组成多样、结构层次复杂而使得该群落具有最大的鸟类个体数量和多样性指数。群落ⅡB2a 有 27 种鸟类分布在针阔混交林中,均在保护区内;除灰背燕尾、栗耳凤鹛分布在海拔 900m 以上的区域,其他物种如灰眶雀鹛、栗背短脚鹎、栗耳凤鹛、红耳鹎分布区域在 1100m 以上;其中,白鹇、领角鸮、白尾鹞属于国家二级保护野生动物。

群落ⅠA1a、ⅡA1a 的鸟类记录点主要分布在常绿阔叶林。一般的常绿阔叶林相比其他类型的森林拥有更高的生物量,可为各种食性和各种取食层次的鸟类提供各自的生态位。但在本研究区中,群落ⅠA1a、ⅡA1a 的多样性较低,这可能是因为常绿阔叶林分布的海拔较低,人工林的栽植加强了天然林的破碎化;当地村民对鸟兽的狩猎等人工干扰也是导致该生态群落鸟类多样性较低的直接原因。

群落ⅡB1a 的记录点主要分布在人工林,占 55.7%。多样性指数仅次于ⅡB2a,均匀度相对较高。人工林的物种组成较为单一,以杉木、木荷、马尾松为优势种。低的林冠层盖度使得杉木林、松林下灌草层物种获得了更为充足的光照而生长旺盛,林下拥有较丰富的灌木层物种,这使得其林下层具有更为丰富的食物资源,从而能够支持更多数量的鸟类资源。

ⅡB2b 分布较广泛,在无林地多种土地利用类型中均有分布,在天然林(以 B 常绿阔叶林为主)、人工林与无林地的分布占该群落总记录频次的 34.4%、37.8% 和 27.7%。尽管群落ⅡB2b 具有较高的环境多样性,但鸟类的多样性指数较低,这是因为该群落天然林的覆盖率较低,人工林物种比较单一,而无林地呈斑块化,面积小,多为人类活动区域(住宅用地、水库、水田等),难成系统生境,因此鸟类物种较为单一。

湿地(水田、河流、水库)鸟类主要分布在ⅡA1a 与ⅡB2b,所占比例分别为 13.3% 与 12.0%。湿地鸟类中栗耳凤鹛、白腰文鸟、白头鹎记录频次最多(3 次),记录的个体数也是最多,分别为 37、27、9 只。其中,白鹡鸰、灰背燕尾、普通翠鸟、小燕尾、紫啸鸫、黑背燕尾、红尾水鸲为典型的湿地鸟类,主要分布在河流。白头鹎、白腰文鸟、红耳鹎、鹊鸲、赤腹鹰、棕背伯劳、八哥、画眉、黄鹡鸰是林鸟也是伴人居鸟类,主要出现在水田。

第三节　其他动物

(一) 其他动物组成

调查还发现除鸟类外其他动物(兽纲、两栖纲、爬行纲),共计9目29科84种,其中,两栖纲有2目7科34种,爬行纲有2目9科32种,兽纲有5目12科20种(表9-14)。所有记录中爬行纲和两栖纲动物占主要部分,占近39.5和37.2%;哺乳纲动物占23.3%。两栖纲中主要蛙科动物占优势,占47.1%。爬行纲中以游蛇科动物占优势,占56.3;更为难得的是调查记录到平胸龟,说明区内水环境良好,适宜水生动物的生存。在哺乳纲动物中翼手目动物占较大优势,占3.5%。

表 9-14　其他陆栖脊椎动物组成

纲	目	科	物种数	比例(%)
两栖纲	有尾目	隐鳃鲵科	1	2.9
		蝾螈科	1	2.9
	无尾目	角蟾科	7	20.6
		蟾蜍科	2	5.9
		蛙科	16	47.1
		树蛙科	4	11.8
		姬蛙科	3	8.8
	小计		34	39.5
爬行纲	龟鳖目	平胸龟科	1	3.1
	有鳞目	石龙子科	5	15.6
		蜥蜴科	1	3.1
		蝰科	5	15.6
		眼镜蛇科	2	6.3
		游蛇科	18	56.3
	小计		32	37.2
哺乳纲	食虫目	鼹科	1	0.5
		鼩鼱科	2	1.0
	翼手目	蝙蝠科	1	0.5
		菊头蝠科	3	1.5
		蹄蝠科	3	1.5
	食肉目	鼬科	2	1.0
		猫科	1	0.5
	偶蹄目	猪科	1	0.5
		鹿科	1	0.5
	啮齿目	松鼠科	1	0.5
		鼠科	3	1.5
		竹鼠科	1	0.5
	小计		20	23.3
	合计		86	100

(二) 其他动物数量现状

我们根据采集两栖爬行动物标本或记录的个体数进行优势度等级的划分(表 9-15)，在两栖纲动物中总个体数达到 30 以上确定为优势种，总个体数在 10~29 确定为常见种，总个体数少于 10 的确定为稀见种；在爬行纲动物中总个体数 6 以上的为优势种，总个体数在 2~5 的为常见种，记录数在 1 的为稀见种。区内两栖纲优势物种为沼蛙(*Rana guentheri*)、花臭蛙(*Odorrana schmackeri*)；爬行纲优势种为广西后棱蛇(*Opisthotropis guangxiensis*)、乌华游蛇(*Sinonatrix percarinata*)、蓝尾石龙子(*Eumeces elegans*)。

因哺乳类动物调查并未针对其个体数量现状开展调查，故并未做对哺乳纲动物进行数量优势度等级的划分。

表 9-15　连南大鲵自然保护区两栖爬行动物等级

类别	优势种	常见种	稀见种
两栖纲	沼蛙、花臭蛙	大绿臭蛙、华南湍蛙、棘胸蛙、泽蛙、莽山角蟾	无斑肥螈、桑植趾沟蛙、大树蛙、竹叶臭蛙、宽头短腿蟾、小棘蛙、镇海林蛙、虎纹蛙、小弧斑姬蛙、福建大头蛙、绿臭蛙、中华蟾蜍、竹叶蛙、斑腿泛树蛙、白颌大角蟾、布氏树蛙、粗皮姬蛙、大角蟾、挂墩角蟾、黑眶蟾蜍、牛蛙、饰纹姬蛙、泽陆蛙
爬行纲	广西后棱蛇、华游蛇、蓝尾石龙子	蓝尾石龙子、南滑蜥、蝘蜓、北草蜥、翠青蛇、鹰嘴龟(平胸龟)、崇安斜鳞蛇、环纹华游蛇、颈棱蛇、原矛头蝮	白唇竹叶青、赤链华游蛇、福建丽纹蛇、黑头剑蛇、黄链蛇、烙铁头、铅色水蛇、台湾小头蛇、铜蜓蜥、乌梢蛇、银环蛇、中国石龙子、中国小头蛇、竹叶青、紫沙蛇

(三) 其他动物区系

在动物地理区划上，本区属于东洋界华南区闽广沿海亚区和华中区东部丘陵平原亚区的过渡区域。根据张荣祖对动物地理分布型的划分标准，区内记录的 83 种其他乡土动物(不含外来物种牛蛙)几乎全为东洋界物种(表 9-16)。其中，南中国型占 53.0%，东洋型占 42.2%，记录物种中仅有 4.8% 的季风型和古北型物种(表 9-16)。其中，野猪属于古北型动物，在华南广泛分布；季风型物种为大鲵、中华蟾蜍、北草蜥。

表 9-16　其他动物区系组成

一级分布型	二级分布型	物种数	比例(%)
南中国型	热带	1	1.2
	热带-南亚热带	3	3.6
	热带-中亚热带	18	21.8
	热带-北亚热带	7	8.4
	南亚热带-北亚热带	2	2.4
	南亚热带	1	1.2
	中亚热带-北亚热带	2	2.4

（续）

一级分布型	二级分布型	物种数	比例（%）
南中国型	中亚热带	8	9.6
	热带-中温带	2	2.4
	小计	44	53.0
东洋型	热带-南亚热带	5	6.0
	热带-中亚热带	12	14.6
	热带-北亚热带	9	10.8
	热带-温带	9	10.8
	小计	35	42.2
古北型	—	1	1.2
小计	1	1.2	
季风型	—	3	3.6
小计	3	3.6	
总计		83	100

注：外来种未统计在内。

第四节　珍稀濒危野生动物

（一）珍稀濒危物种

根据调查结果统计，共记录有国家重点保护野生物种 20 种，皆为国家二级，占所有记录物种的 10.6%，其中，鸟纲记录的国家二级保护野生物种最多，有 15 种，占鸟纲记录物种的 14.7%；其次，爬行纲共有 1 种国家二级保护野生物种，占爬行纲记录物种的 3.1%；哺乳纲和两栖纲皆有 2 种国家二级保护野生物种，分别占哺乳纲和两栖纲记录物种的 10.0% 和 5.9%（表 9-17）。

根据《IUCN 红色名录》，共有 10 种物种为国际水平的受威胁物种，占总记录物种数的 5.3%：其中，属于极危（CR）级别的有 1 种，属于濒危（EN）级别的有 1 种，属于易危（VU）级别的有 8 种。不同动物类群的受威胁情况存在较大差异，爬行纲有 6 种受威胁物种（1 种濒危，5 种易危），占爬行纲记录物种的 17.6%；两栖纲有 3 种受威胁物种（1 种极危，2 种易危），占两栖纲记录物种的 10.0%，保护区的主要保护对象大鲵为极危级别的受威胁物种；哺乳纲有 1 种受威胁物种（1 种易危），占哺乳纲记录物种的 5.0%；鸟纲未记录有受威胁物种（表 9-17）。

根据《中国脊椎动物红色名录》，共有 18 种物种为我国的受威胁物种，占总记录物种的 9.8%：属于极危（CR）级别的有 2 种，属于濒危（EN）级别的有 4 种，属于易危（VU）级别的有 12 种（表 9-17）。爬行纲动物的受威胁状况最严重，共有 10 种受威胁物种（1 种极危，3 种濒危，6 种易危），占爬行纲记录物种的 29.3%；两栖纲有 4 种受威胁物种（1 种极危，1 种濒危，2 种易危），占两栖纲记录物种的 13.3%；哺乳纲有 3 种受威胁物种（3 种易危），占哺乳纲记录物种的 15.0%；鸟纲有 1 种受威胁物种（1 种易危），占鸟纲记录物种的 1.0%（表 9-17）。

表 9-17　珍稀濒危物种统计

动物类群		哺乳纲	鸟纲	爬行纲	两栖纲	合计
目		5	11	2	2	20
科		12	38	6	7	63
种		20	102	32	34	188
国家重点保护物种①	二级	2	15	1	2	20
	比例(%)	10.0	14.7	3.1	5.9	12.0
IUCN红色名录②	CR	0	0	0	1	1
	比例(%)	0.0	0.0	0.0	3.3	0.5
	EN	0	0	1	0	1
	比例(%)	0.0	0.0	2.9	0.0	0.5
	VU	1	0	5	2	8
	比例(%)	5.0	0.0	14.7	6.7	4.3
中国脊椎动物红色名录③	CR	0	0	1	1	2
	比例%	0.0	0.0	2.9	3.3	1.1
	EN	0	0	3	1	4
	比例(%)	0.0	0.0	8.8	3.3	2.2
	VU	3	1	6	2	12
	比例(%)	15.0	1.0	17.6	6.7	6.5
CITES附录④	I	0	0	1	1	2
	比例(%)	0.0	0.0	2.9	3.3	1.1
	II	1	10	0	1	12
	比例(%)	5.0	9.8	0.0	3.3	6.5

注：①参考《国家重点保护野生动物名录(2021版)》；

②参考《The IUCN Red List(2020-3版)》，其中，CR 为极危级别，EN 为濒危级别，VU 为易危级别，这 3 个级别的物种总称为受威胁物种；

③参考《中国脊椎动物红色名录》(蒋志刚等，2016)；

④参考 2019 年 CITES 附录中文版。

根据 CITES(《濒危野生动植物种国际贸易公约》)附录，共有 14 种物种被纳入附录名单，占总记录物种的 7.6%，其中，附录 I 物种 2 种，附录 II 物种 12 种(表 9-17)。鸟纲动物纳入的物种数最多，共有 10 种物种纳入附录 II 中，占鸟纲记录物种的 9.8%；爬行纲有 1 种纳入附录 I，占爬行纲记录物种的 2.9%；两栖纲有 1 种纳入附录 I，1 种纳入附录 II，占两栖纲记录物种的 6.6%；哺乳纲有 1 种附录 II 物种(3 种易危)，占哺乳纲记录物种的 15.0%（表 9-17）。

(二) 珍稀濒危鸟类空间分布

1. 国家重点保护物种

从珍稀濒危鸟类物种空间分布来看，区内白鹇分布最为广泛；鹰隼一类在区内分布也比较广泛，中南部多于北部；而鸮形目一些物种则分布较集中，主要集中在中部中山地区；褐翅鸦鹃和小鸦鹃只在保护区东侧林缘出现（图 9-8）。

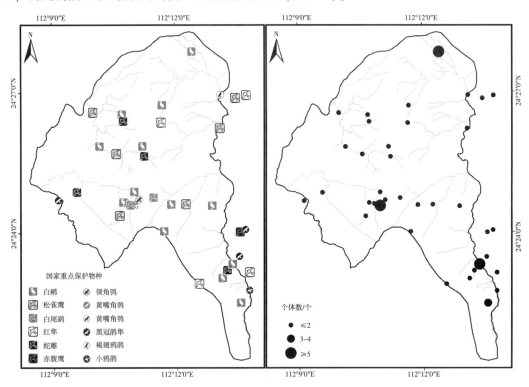

图 9-8　国家二级保护野生物种空间以及数量分布图

从珍稀濒危鸟类物种数量上来看，白鹇的个体数是最多的；其次是一些鹰隼类；然后是鸮形目物种。鹰隼类和鸮形目物种多是单一物种分布，除在同一地点记录 5 只黄嘴角鸮幼崽。而白鹇则多次记录到集群性分布。至于褐翅鸦鹃和小鸦鹃则也是单个记录（图 9-8）。

2. CITES 附录物种

鸟类在 CITES 附录中只记录到附录Ⅱ物种，主要是鹰隼和鸮形目物种，除此之外还记录到红嘴相思鸟和画眉。红嘴相思鸟在区内分布相对集中，主要在中部高海拔山地。画眉却反之，在区内分布比较广泛，除中部山地地区。而且从数量来看，画眉的数量占绝对优势（图 9-9）。

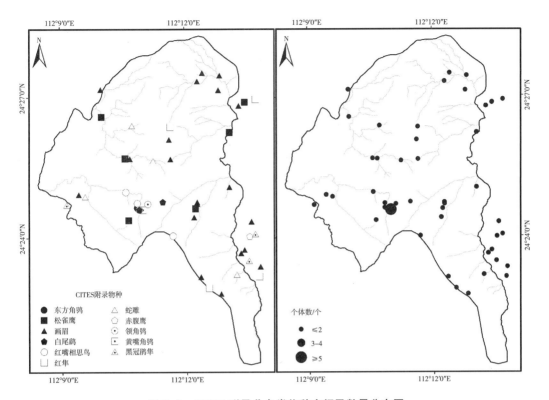

图9-9　CITES附录Ⅱ鸟类物种空间及数量分布图

(三)其他珍稀濒危动物空间分布

区内国家重点保护物种除鸟类外记录点较少,值得注意的是记录到虎纹蛙和平胸龟。区内《IUCN红色名录》中以两栖及爬行动物偏多,且分布较均匀。除此之外还记录到中国特有种海南蓝仙鹟和黄腹山雀(图9-10)。

(四)珍稀濒危鸟类保护

通过统计珍稀濒危物种在原保护区与现在保护区内外分布情况对比可以看出,现保护区范围包含许多原保护区未有珍稀濒危物种。有一些物种资源已经极其濒危,如鹰嘴龟、虎纹蛙、豹猫、獐等。在对珍稀濒危物种的保护需求上,原保护区的范围并不能满足保护需要。

(五)讨论

保护区位于华南区和华中区的过渡区,古北界和东洋界的动物成分在区内都存在,不过以东洋型和南中国型为主,存在部分北方区系物种。其中,兽类几乎全为南方区系物种。鸟类在低海拔(0~1200m)地区北方区系物种比例比高海拔(1200m以上)略高,说明低海拔地区北方物种容易渗入;而在高海拔地区全为南方区系物种,其体现了区内物种的本土性,体现出鸟类在本区分布具有明显的垂直变化。此外,由于本区处于过渡区,导致本土物种在一级区系分类阶元多样性更加丰富。

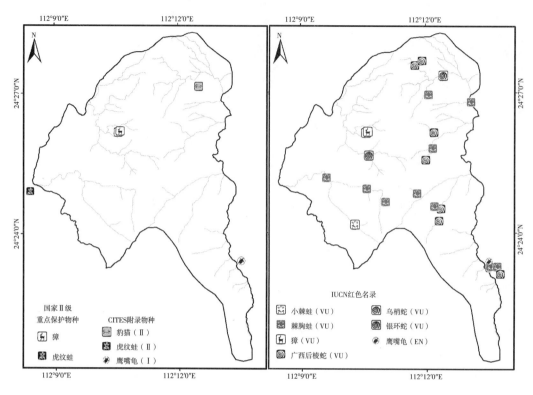

图9-10 其他珍稀濒危动物空间分布

在两栖爬行动物中分别记录到牛蛙、虎纹蛙和鹰嘴龟等含特殊信号的物种，这些物种具有不同的意义。首先，牛蛙作为一种典型的外来物种，其对原生性生态系统具有很大的破坏性，其食性为肉食性，可捕杀其他小型水生动物。这对大鲵及其食物资源具有很大的威胁性。此次记录在保护区最外围区域，这应该给我们一个很大的警醒。防止外来物种入侵大鲵生存的溪流生态系统，避免造成难以想象的后果。野生虎纹蛙和龟鳖类都是近年来被捕杀的重点对象，能在区内记录到这些物种一定程度上说明此地溪流生态系统重要性及价值。

此外，在鸟类中记录较多的湿地鸟类如鹭科鸟类、白尾鹞等以及一些水生动物如喜马拉雅水鼩等，这在以森林生态系统为主的保护区中是很有价值的，说明此处湿地(溪流生态系统)是比较完善、健康的。溪流生态系统物种多样性丰富，使得其价值提高。但对大鲵来说这些物种在食物链位置上与大鲵存在强烈竞争关系。尤其像以鱼蟹动物为食的动物，其不仅仅与大鲵在食性生态位上重合，而且像喜马拉雅水鼩这类水生兽类动物还可以捕食大鲵幼体。对大鲵来说此类动物既是竞争者又是捕食者。尤其是在溪流生态系统中鱼、蟹资源贫乏时，这可能在一定程度上可成为大鲵致危的因素。此次调查在非放流河段中发现一些喜马拉雅水鼩。所以，控制此类动物数量以及溪流中鱼、蟹等资源量就显得很重要。

本区珍稀濒危物种具有一定类群和分布特点。其中，以珍稀濒危鸟类居多，其次是两栖、爬行动物。在鸟类中鹰隼以及鸦形目物种特别丰富，而且分布具有很明显的特点。鸦形目物种集中分布在中部地区。由于中部山地森林覆盖以及森林结构比外围的人工林以及残次林都要好，所以中部可以提供很好的栖息环境。而对于鹰隼一类，需要在空旷的地区捕食，所以其分布主要在林层和森林覆盖率较低地区，整体来看其较为均匀，在整个保护区都有分布。

在兽类动物中记录到有小型珍稀濒危食肉兽以及獐，这些动物在整个森林生态系统中对控制啮齿目数量以及对植物种子的散播具有重要的意义。其记录数很少，主要为粪便和活动痕迹，其栖息地很大程度上都遭到破坏，其种类和数量都存在珍稀濒危性，需加大保护力度。

珍稀濒危物种中两栖、爬行动物除记录有野生大鲵外，还记录到鹰嘴龟、虎纹蛙、小棘蛙、棘胸蛙等珍稀濒危物种。鹰嘴龟和虎纹蛙由于被大量捕捉，现数量锐减。在本区记录到这些物种说明此地溪流生态系统的健康性。由于鹰嘴龟性情凶猛，可捕捉鸟类，主要以鱼、虾、蟹、螺等动物为食，对大鲵来说也是一种竞争者和捕食者。此次调查在野生大鲵分布区域未记录到此类动物。另外，外来物种(牛蛙)的入侵也是不可忽视的问题。

第四部分

大鲵种群

第十章 大鲵生境

第一节 湿生植物

本次调查共设立了 23 个湿地植物调查样方，共记录湿生植物 46 科 100 属 130 种。其中，草本植物占主要优势，占 70% 以上。以生活史区分，又以多年生植物占绝对优势，其次为一年生或两年生（注：包括一年生、两年生、一年生或两年生）。多年生草本对溪流生态系统的维持有重要影响（图 10-1）。

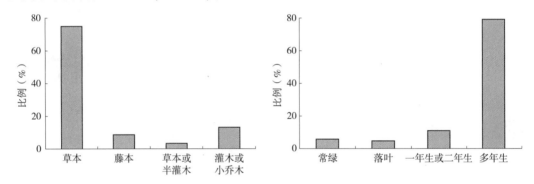

图 10-1 湿生植物生活型统计

在所调查湿生植物中，有接近 20% 的草本具有成丛性的生长特性（图 10-2），其对溪流生态系统中的鱼类繁殖有重要的影响。此外，统计湿生植物的叶形，以类圆形为主，狭长形叶形较少，更重要的是类圆形对水流的阻缓、减缓流速有重要作用（图 10-3）。

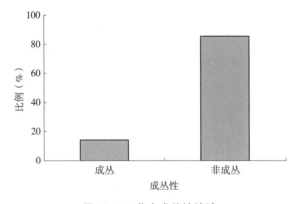

图 10-2 草本成丛性统计

根据调查得到的湿地植物物种进行聚类，可将其分为 5 种群落。其中，排肚片区（A区）分布有 4 种群落，黄连片区（C区）分布了 2 种群落，上洞（B区）和六卜（D区）片区仅有 1 种群落，排肚片区群落多样性最丰富（图 10-4）。

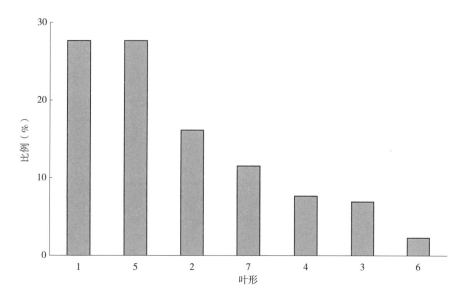

图 10-3 湿生植物叶形

注：1=卵形、宽卵形、圆卵形等；2=椭圆形、长椭圆形、长圆形等；3=心形、卵状心形等；4=三角形、戟形等；5=披针形、阔披针形等；6=楔形等；7=禾叶形、线形等。

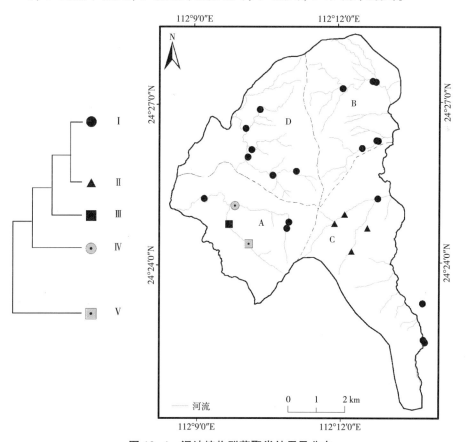

图 10-4 湿地植物群落聚类结果及分布

第二节　鱼类

此次调查共设立了 23 个鱼类调查站点，其中，记录物种数最多为 11 种，最少的为 1 种。由图 10-5 可得，排肚片区(A 区)记录物种数的范围为 2~11 种；上洞片区(B 区)内记录物种数的范围为 4~7 种；黄连片区(C 区)记录物种数的范围为 1~5 种；六卜片区(D 区)记录物种数的范围为 1~3 种。

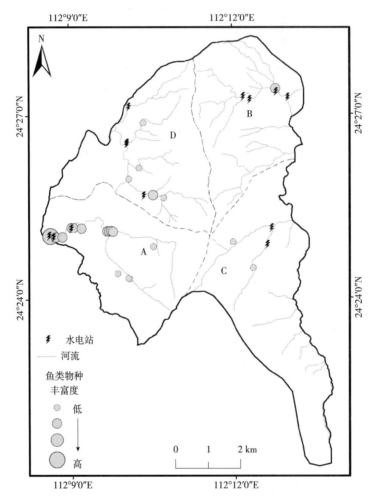

图 10-5　物种丰度及电站分布

通过对此次鱼类物种进行聚类分析，可将其分为 6 类群落(图 10-6)。群落 Ⅰ 在排肚(A 区)和六卜(D 区)片区有分布；群落 Ⅱ 仅在六卜片区有分布；群落 Ⅲ 和群落 Ⅵ 只在排肚片区有分布；群落 Ⅳ 在上洞片区(B 区)有分布；群落 Ⅴ 在黄连(C 区)和六卜有分布。由此可得，在排肚和六卜片区共分布有 3 种群落，而 B、C 区域则分别有 1 种群落。具体分布情况见图 10-6。

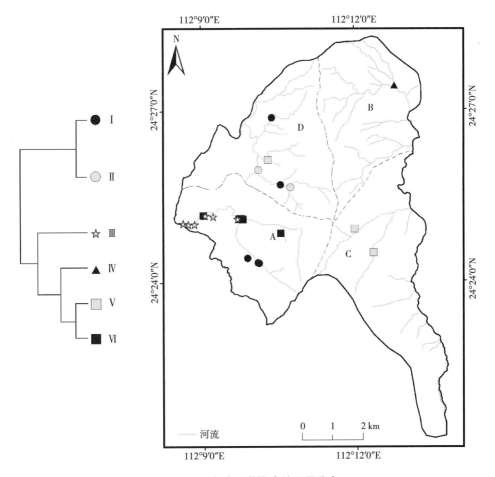

图 10-6　鱼类群落聚类结果及分布

在所有调查物种中，已知产卵类型的 9 种鱼类中，44.44% 为黏性卵，44.44% 为漂流性卵，11.12% 为浮性卵。此外，在所调查鱼类（包括市场调查）中有 9 种鱼类具有经济价值。在市场调查中也发现很多"山沟鱼"（在本次调查物种内）是本区居民食用鱼类。

此外，本次还对溪流电站进行调查。此次调查区域内共有 19 个电站，其中，在排肚片区有 3 个水电站，其分布海拔范围为 425～493 米；在上洞片区有 4 个水电站，其分布海拔范围为 250～728m；在黄连片区有 4 个水电站，其分布海拔范围为 275～783m；在六卜片区有 3 个水电站，其分布海拔范围为 653～782m。

第三节　大鲵栖息地溪流生态系统状况

对发现野生大鲵的排肚河进行水文水质调查发现：相对来说，排肚河径流量较大，流速慢，会有一定量沙石沉积，坡降变化大，水质良好。这些与大鲵对栖息地的选择是分不开的，其为大鲵提供了很好的水环境。此外，调查还发现，区内电站数量较多，主要是无压引水式电站和有压引水式电站。这两种电站共同点在于都会有引水装置，为引水渠或压力管。在下游河段水电站的引水渠或压力管的建设，影响了水流的正常流向，使排肚河中游河段发生断流，只在一些深潭地区有少量积水。这些建设直接改变了排肚河中游的水文特征以及溪流生态系统，使其遭受彻底破坏。

浮游生物作为水环境生物链"最底层"，对整个溪流生态系统的能量以及物质循环都有重要作用。浮游生物是否稳定关系着溪流生态系统的稳定健康的发展。本区调查发现，浮游生物丰富度在各河流(排肚河、龙会河、黄连河、白芒河)基本一致，无显著差别。但在排肚河万坑有一段河流其丰富度和密度相比其他河段较大，主要为菱形藻属，其常被作为有机污染的指示藻类，分析可能是由于驯养池池水有丰富营养物以及在建工程排水流向万坑河段造成。但整体来看，区内水体内环境比较稳定，无高密度爆发现象，保证了水环境的安全稳定。

湿生植物作为初级生产者是整个溪流生态系统的主要能量供应者，除此之外湿生植物的宽大叶片对减缓溪流流速有重要作用。成丛性的湿生植物为鱼类提供躲避空间以及为其鱼卵附着提供条件。多年生、常绿湿生植物缩短了整个溪流生态系统的更新时间，使其更加稳定。整个溪流群落生态多样性并不高，主要是因为溪流河床底质主要是石沙质，生物多样性较低。在排肚河出现3种群落，可能由于排肚河海拔梯度较大，河流较长所致。

作为野生大鲵的主要食物，鱼类的多样性以及丰富度直接关系到区内溪流生态系统中大鲵的环境容纳量。调查发现，排肚河区域物种多样性都高于其他地区，而且群落多样性也是最高的。这为野外大鲵的生存起到关键性作用。此外，当地居民对溪流生态系统鱼类的利用方式主要是食用。在做市场调查时所采集标本与做鱼类调查发现物种基本一致。可以推断出，在鱼类利用上，人类和大鲵存在竞争关系。另外，当地对溪流鱼类的捕获方式主要是使用电鱼器，这对鱼类群落的可持续发展是灭绝性的。此外，电鱼也会对大鲵造成直接伤害。

区内电站数量较多，分布较广，其压力管或引水渠直接改变河流流向，严重影响了溪流生态系统的稳定。对鱼类丰富度和水电站分布图进行叠加分析发现，水电站的存在与鱼类物种丰度以及频度存在负相关关系。另外，水电站还会影响一些漂流性鱼类孵化后"洄游"的生活史，容易使这些物种绝迹。

第十一章　大鲵种群生物学

第一节　生长特点

(一)研究方法

根据保护区不同编号生态养殖池历年来引入大鲵的相关记录,划分年龄组,测量各龄组大鲵的体重、体长,分别进行大鲵年龄-体长、年龄-体重的线性拟合和相关性分析,用以大鲵生长速率的探究。

对饲养大鲵以及野外捕获大鲵体长-体重的测量记录数据进行相关性分析,确定两者关系,建立函数曲线,通过模型评估选择最优函数,比较饲养大鲵与野外捕获大鲵生长曲线的差异。

以年龄组进行体重、体长的频度分组,对不同年龄间大鲵体重、体长进行差异性检验。通过年龄-体长、年龄-体重回归方程,结合各年龄组体重、体长的频度,以及保护区的放流记录,对野外大鲵进行年龄判别。

(二)大鲵生长速率

通过年龄与体长线性分析,发现6龄前大鲵年龄与体长呈正相关,并随年龄增加匀速增长态势(图11-1)。其回归方程为 $y = 12.563x - 0.6094$ ($R^2 = 0.901$),通过回归分析,其 $P = 0.00 < 0.01$,说明该回归方程具有极显著的相关性。

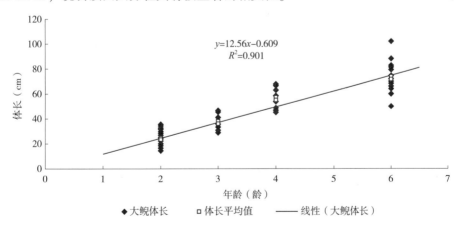

图 11-1　大鲵体长与年龄的关系

通过年龄与体重的线性分析,发现大鲵体重与年龄呈幂函数关系,在幼龄阶段(1~3龄),大鲵体重增长的绝对值较低,生长较为缓慢;在5~7龄阶段大鲵体重增加速率不断提高(图11-2)。其回归方程为 $y = 0.0748x^{3.4766}$ ($R^2 = 0.92$),通过回归分析,其 $P = 0.00$

<0.01，说明该回归方程具有极显著的相关性。

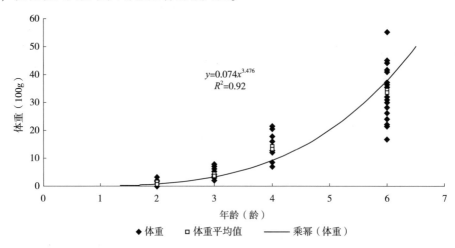

图 11-2　大鲵体重与年龄的关系

(三)生长类型

通过生态池饲养的 153 尾大鲵的实测数据(2014 年采集)进行体长、体重相关性分析，发现其 $P=0(P<0.01)$，Pearson 相关系数为 0.939，差异达到极显著水平。将体重设为因变量，体长设定为自变量，建立回归模型(表 11-1)，通过检验选择最优函数模型。

表 11-1　曲线回归模型的检验结果及参数估计

函数模型	决定系数 R^2	P
线性	0.88	0.00
二次曲线	0.91	0.00
幂函数	0.96	0.00
指数	0.92	0.00
S 曲线	0.91	0.00

结果可见：所有曲线模型的 P 值均为 0.00，说明所构建的方程均具有极显著的相关性。通过对比各函数模型的拟合决定系数，发现幂函数拟合程度优于其他函数模型，作为最佳函数模型，其方程为：$W=0.00003L^{3.24271}$(图 11-3)。

通过野外捕获大鲵的 177 个实测数据(2015—2017 年采集)，进行体长、体重相关性分析，发现其 $P=0(P<0.01)$，Pearson 相关系数为 0.94，差异达到极显著水平。将体重设为因变量，体长设定为自变量，建立回归模型，通过检验选择最优函数模型同样为幂函数(图 11-4)，其方程为：$W=0.00002L^{3.23127}$。

黄真理等(1999)验证了体长-体重幂函数关系式($W=aL^b$)的生物学意义及合理性，式中 a 为条件因子，反映种群所处环境的优劣，可在一定程度上反映生物体的丰满度；b 为异速生长因子，反映生长发育的不均匀性，若 $b>3$，为正异速生长，即体重的增加快于体长的增长；若 $b=3$，为等速生长，则体长和体重等速增加；若 $b<3$，为负异速增长，即体

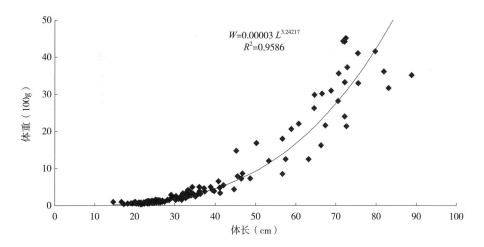

图 11-3 连南驯养大鲵生长类型

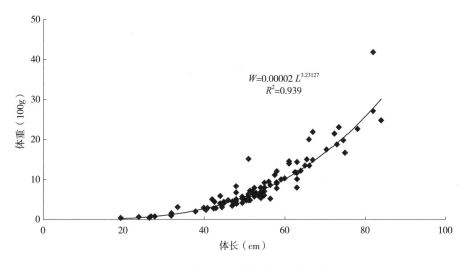

图 11-4 连南大鲵放流种群生长类型

长的增长快于体重的增加。此外不同大鲵种群 b 值还受到了年份、生活阶段等的影响。由体重-体长关系图（图 11-3；图 11-4）可以看出，在生长早期大鲵的体长增长速率快于体重增长速率，而随着大鲵年龄的增长，体重的增加速率是有所提高的。因此，大鲵的生长类型可分为三个阶段，分别是初期的负异速生长，到中期的近等速生长，以及后期的正异速生长。我们建立的体长-体重幂函数关系式显示，保护区驯养大鲵和放流大鲵种群的生长都属于异速生长。相较于驯养种群的异速生长关系，尤其对于体长>40cm 的种群来说，放流种群的体重、体长的异速增长更为明显，放流种群的体长增长明显大于体重增长，这表明驯养种群和放流种群的生存策略有所差异。在食物充足的条件下，大鲵体重与体长近等速生长，放流种群则通过先增长体长来增加自身竞争力。

（四）大鲵年龄判别

以年龄组统计大鲵体重、体长的分布范围（表 11-2），结果显示 2 龄组大鲵的体重范围为 25～260g，体长范围为 14.8～35.2cm；3 龄组体重范围为 245～785g，体长范围 29.2～46.5cm；4 龄组体重范围 710～2155g，体长范围为 45.2～67.4cm；6 龄组体重范围为 1655～5495g，体长范围为 50.2～102.4cm。对不同年龄间大鲵的体重、体长进行差异性检验，结果显示，不同年龄组间大鲵的体重、体长均存在显著性差异（$P<0.05$），因此，我们可以以该统计表作为初步判别大鲵年龄阶段的依据。

表 11-2　连南驯养大鲵各年龄组体重、体长数据统计表

	年龄	尾次	均值	极小值	极大值
体重	2	91	88.57	25	260
	3	29	397.41	245	785
	4	11	1376.82	710	2155
	6	22	3368.41	1665	5495
	总数	153	711.34	25	5495
体长	2	91	24.18	14.8	35.2
	3	29	36.80	29.2	46.5
	4	11	56.43	45.2	67.4
	6	22	73.17	50.2	102.4
	总数	153	35.93	14.8	102.4

注：根据实际情况，本研究使用前述生长模型 $y_1 = 12.563x - 0.6094$、$y_2 = 0.0748x^{3.4766}$（y_1 为体长，y_2 为体重，x 为年龄）分别拟合野外大鲵年龄，结合体重、体长频度分布判断大鲵的年龄，进一步推算其出生年份，结合放流记录进行检验修正，以期达到较高的准确率。

（五）连南大鲵的生长特点

连南保护区生态养殖池的驯养大鲵，6 龄前，年龄与体长呈正相关关系，并随年龄增加呈匀速增长态势；而体重与年龄呈幂函数关系，在低龄阶段增长较慢，体重增长的绝对值较低，随着年龄的增长体重增长速率不断提高，尤其是在 5 龄以后大鲵的体重增长速率显著提高，这有可能是由于 5 龄大鲵开始进入性成熟阶段，需要补充充足的食物以供繁殖器官的生长发育，野外较大个体的体重会因为个体捕食能力的不同而有较大差异。

通过大鲵体长-体重的年龄变化，发现在生长早期大鲵体长增长速率快于体重增长速率，属于负异速增长；而随着大鲵年龄增长，体重增长速率不断提高，属于正异速增长；在中间时段表现为近等速增长。驯养种群与放流种群的生长类型相比较，在食物充足的驯养条件下，大鲵体重与体长近等速生长，放流种群则通过先增长体长来增加自身竞争力。由于异速生长这一特征，大鲵的年龄判别比较困难，不同的学者使用的鉴定大鲵年龄的方法主要有：散点聚集、频度分布、重心聚类法、回归方程等，但是目前对于大鲵的年龄鉴别方法没有达成共识。即便是同样以建立回归方程式的方法判别大鲵年龄，不同的学者也会因为不同的研究样本得到不同的结果。本研究通过回归分析建立了连南大鲵年龄-体长以及年龄-体重方程，结合本保护区各年龄组的体重、体长频度分布进行大鲵年龄判别。该判别方式对于低龄阶段个体较适用，但是对于年龄越大的个体，由于个体的捕食能力等

因素的不同，则有可能会存在低估大鲵年龄的情况，因此在进行野外较大个体的年龄判别时，则需要根据实际情况，结合个体的标志信息以及放流记录推算个体年龄。

第二节　繁殖生物学

（一）研究方法

B超鉴定：随机选择5尾大鲵进行PIT标志后，记录相关体尺信息，通过爱飞纽E-CUBE 9超声诊断系统进行B超检查，保存记录相关图像，根据（宋鸣涛等，1990；杨焱清等，2003；周海燕，2004；李培青等，2010）对性腺发育程度的分类依据（表11-3）进行性腺发育程度的判断。

表11-3　性腺发育阶段

性腺	发育阶段	时间	卵巢形态
卵巢	冬季卵巢	11～1月	浅白色，波浪形扁带状，卵粒灰白色细小
	春季卵巢	2～4月	扁形囊状，宽10～20mm，卵径2～3mm
	产前卵巢	5～7月	布满卵粒，直径3～6mm
	产后卵巢	8～10月	卵巢萎缩，未排除的卵粒液化吸收
精巢	冬季精巢	11～1月	浅黄色，细带状，精细胞为初级精母细胞
	春季精巢	2～5月	呈橘黄色，宽8～15mm，杆状，精细胞为次级精母细胞
	产前精巢	5～8月	米黄色，更粗大饱满，呈香蕉形，精细胞为变态精子
	产后精巢	9～11月	精巢呈肉红色，液化组织块

生理解剖：对于调查过程中发现意外死亡的个体，以及养殖生态池个体，进行形态学解剖，记录性腺器官发育信息、拍照取证，采集性腺细胞室内光学显微镜镜检，判断发育程度。

（二）种群繁殖

至今在野外未记录到大鲵明显的繁殖行为，在河段调查过程也未记录到大鲵的产卵、孵化的幼仔等繁殖现象。

晋升省级自然保护区之后，在保护区内也建设了大鲵重建野外种群种源繁驯基地，主要开展驯化放流野外大鲵个体，并进行大鲵种质资源繁育尝试与研究等工作。直至2019年，首次在保护区的仿生态养殖池中记录到大鲵产卵并成功孵化为幼体（图11-5，彩图11-5），是保护区开展种质资源繁育工作的重要成果。

（三）性腺发育状况

2017年夏季，于连南大鲵自然保护区对野外捕获的32大鲵进行泄殖孔的检查，并尝试采集精液，未记录到大鲵排卵或者排精现象。

2017年8月，在连南保护区捕获5尾大鲵，于连南县人民医院对其进行B超检查（表

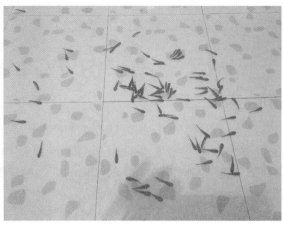

图 11-5　仿生态养殖池中大鲵产卵及孵化幼体（拍摄人：黄畅生）

11-4），B 超结果显示 5 尾大鲵中 4 尾为雌鲵。

表 11-4　B 超检查结果

日期	芯片编号	年龄（龄）	体重（g）	体长（cm）	性别	性腺发育状况
20170819	900038000419455	6	2715	82.0	雄性	产前精巢
20170819	900201708810751	4	885	58.0	雌性	产前卵巢
20170819	900115000076932	6	3745	87.0	雌性	产前卵巢
20170819	900115000076948	7	5730	95.0	雌性	产前卵巢
20170819	—	6	2885	80.0	雌性	产前卵巢

　　B 超记录到雌性大鲵有明显卵粒存在，其半径约为 0.5cm，不同个体间数量有差异（图 11-6，彩图 11-6）；同时，也记录到雄性大鲵个体的左右双侧精巢均发育良好（图 11-7，彩图 11-7）。

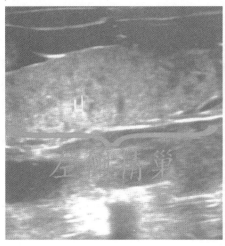
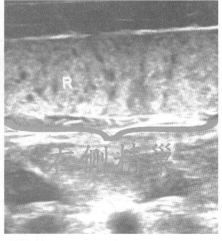

图 11-7　精巢 B 超图

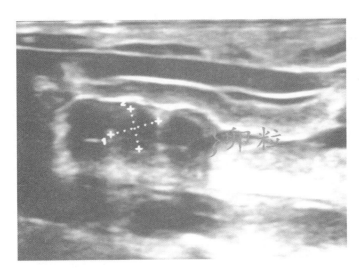

图 11-6　卵子 B 超图

另外，笔者解剖了 4 尾大鲵，其性腺测量指标及表征记录如表 11-5 所示。4 尾大鲵性腺发育程度不同，体重最轻的为 3 龄雌性个体，在繁殖季节，卵巢发育阶段属于 Ⅱ 期卵巢，这表明该个体性腺发育还未成熟；另一尾雌性个体，在 9 月份卵粒已有弥散液化现象，表明对于该尾大鲵来说，9 月份属于繁殖期后期，卵粒未能排出，开始进行自体吸收。两尾雄鲵的精巢，在 8 月份，精巢都已经发育成熟，但是一尾个体（该个体患病致死）的精巢呈现异常状态，为蚕豆状，两侧精巢形态及质量差异显著，另一尾发育正常的雄性大鲵，解剖后发现其精巢为浅黄色饱满的棒状，两侧精巢发育均衡（表 11-5、图 11-8，彩图 11-8）。

表 11-5　大鲵性腺发育解剖观察

解剖日期	年龄（龄）	体重（g）	体长（cm）	性别	左性腺长（cm）	右性腺长（cm）	性腺重（g）	性腺发育状况
20160828	7	6325	95.0	雄	6.0	2.0	22.0	产前精巢（异常）
20170818	7	4810	89.0	雄	11.3	10.5	35.0	产前精巢
20170807	3	455	45.0	雌	8.3	8.3	1.0	春季卵巢
20150900	6	4600	80	雌	—	—	—	产后卵巢

提取上述 2017 年 8 月 18 日解剖大鲵精巢（图 11-9 右上）的内部浅黄色液体，用生物光学显微镜（型号：NiKON ECLIPSE E200）镜检，记录到头并头尾并尾的精子，其头部长约 50μm，尾部长约 150μm。该阶段精子已经成熟，但属于无活力状态（图 11-9，彩图 11-9）。

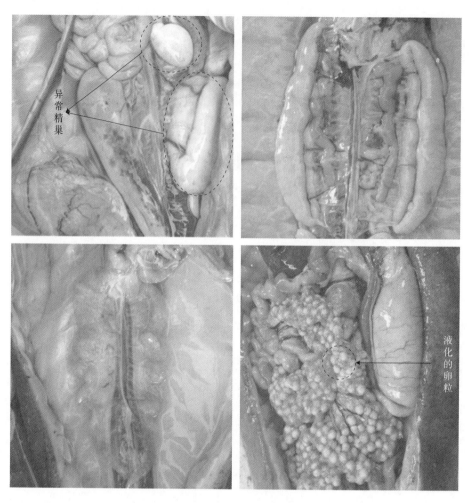

异常精巢

液化的卵粒

图 11-8　大鲵性腺(上为精巢，下为卵巢)

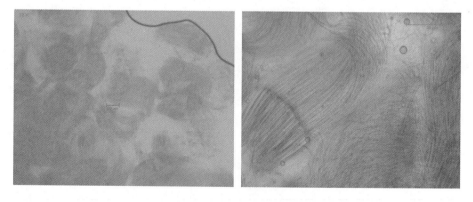

图 11-9　精子的显微成像

第十二章　大鲵种群生态学

第一节　种群结构

目前常用的大鲵性别鉴定方式为：依据繁殖期性成熟大鲵的泄殖孔的形态变化进行鉴定，认为性成熟雄鲵在繁殖季通常泄殖孔周围有橘子瓣状的肌肉突起，且泄殖孔周围有突起的乳白色小点；大多数性成熟的雌鲵无此特征，其后腹部膨胀而松软。但王杰等人认为泄殖孔判别的准确性有待确定，部分性成熟雄鲵在繁殖季节发生泄殖孔肿胀现象。由于判别经验不足，本研究无法直接对大鲵性别进行确切判断，因此仅进行了种群年龄结构的判断。

依据前文建立的年龄判别方式，推算标志个体捕获时的年龄，从而估算 2016 年两个保护区大鲵种群的年龄组成(图 12-1)。

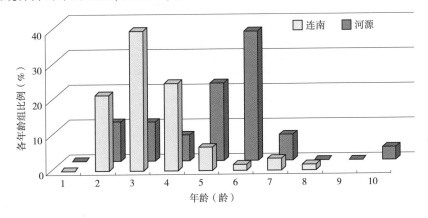

图 12-1　连南、河源大鲵种群结构

连南保护区大鲵种群结构近似为"金字塔"形；河源大鲵种群结构为近似"壶形"。

第二节　生命表

统计不同年度捕获个体，计算种群密度，通过年龄回归方程式以及体重、体长频度分布表，结合保护区放流记录，估算捕获个体的年龄，建立种群动态生命表，计算大鲵逐年存活率以及年度存活率(庞雄飞等，1980；江海声等，1988，1989；俸新辉，2009；康光侠，2011)。以 2008—2017 年连南记录的所有标志个体为基础，整理得到表 12-1，通过年龄判别，估算大鲵在该河段的存活年数，统计各年度存活个体数，连南保护区年龄最大的个体为 10 龄个体。

表 12-1　各年度存活个体统计表

年度	1	2	3	4	5	6	7	8	9	10	种群数量(尾)
2008	5										5
2009	9	5									14
2010	5	9	5								19
2011	8	5	9	5							27
2012	20	8	5	9	5						47
2013	24	20	8	5	9	5					71
2014	13	24	20	8	5	9	5				84
2015	0	13	24	16	8	2	2	2			67
2016	0	0	13	24	16	4	1	2	1		61
2017	0	0	0	7	21	14	3	1	1	1	48

　　根据上述统计表,参考江海声对海南猕猴生命表的绘制方法,整理数据得到如下生命表(表12-2),其中逐龄存活率中2龄大鲵的存活率,通过历年来放流种群放流后两年内的大鲵死亡记录进行了修正。

表 12-2　种群动态生命表

年度	1	2	3	4	5	6	7	8	9	10	年度存活率平均值
2008	100										
2009	100	100									100.0
2010	100	100	100								100.0
2011	100	100	100	100							100.0
2012	100	100	100	100	100						100.0
2013	100	100	100	100	100	100					100.0
2014	100	100	100	100	100	100	100				100.0
2015		100	100	80	100	40	22.2	40			68.9
2016			100	100	100	50	50	100	50		78.6
2017				53.8	87.5	87.5	75	100	50	100	79.1
年际存活率	100	100	100	90.5	97.9	75.5	61.8	80	50		
逐年存活率	100	22.6	22.6	20.5	20	15.1	9.35	7.48	3.74		

　　依据逐年存活率建立连南大鲵存活曲线(图12-2),存活曲线表明连南大鲵放流种群的存活率较低,2龄前大鲵的死亡率较高,2~5龄的存活率稳定在20%左右,5龄后大鲵种群的存活率又开始呈现下降趋势。

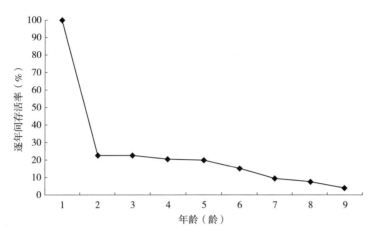

图 12-2　连南种群存活曲线

第三节　种群动态

根据上图统计的各年度存活个体，总计自 2008 年以来，各年度该河段最少存活种群的种群数量(有记录的个体)及其密度(表 12-3)，发现种群数量在 2014 年达到峰值，其密度达到 6407 尾/km²，其后开始下降。

表 12-3　连南大鲵种群数量统计

年份	2008	2009	2010	2011	2012	2013	2014	2015	2016	2017
种群数量(尾)	5	14	19	27	47	71	84	67	61	48
种群密度(尾/km²)	381	1067	1449	2059	3585	5415	6407	5110	4652	3661

据种群动态生命表计算年度存活率，发现在 2014 年之前，适应了溪流环境的大鲵个体年度存活率均为 100%，2014 年之后突然下降至 68.9%，之后其年度间存活率稳定在 70%~80%(图 12-3)。这种种群存活率下降的现象可能与种群密度相关。

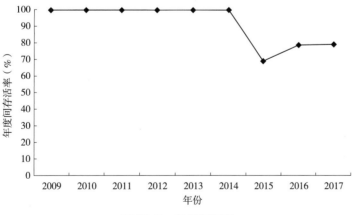

图 12-3　年度存活率

第四节　连南大鲵种群生态特征概况

(1)通过多普勒 B 超检查、生理解剖以及显微镜检等工作，可以初步判断连南大鲵可达到生理性性成熟，6 龄以上的雌性大鲵在夏季可以形成成熟卵粒，但是未记录到排卵现象，而且记录到 8 月底成熟卵粒的自体消化吸收现象，其原因不得而知。繁殖季尚未观测到大鲵的繁殖行为，繁殖季节后其也未见孵化的幼鲵，其原因需要从繁殖行为等其他方面进一步探究。

(2)连南保护区大鲵种群结构，近似为"金字塔"形，河源大鲵种群结构近似为"壶形"，但两个保护区内的幼龄个体都是通过人工放流进行补充的，所以两个保护区种群结构都属于无法自我维持的不健康种群结构。只有通过自然繁殖源源不断地补充幼鲵，才能形成健康的种群结构，因而放流种群自然繁殖的问题亟待解决。

(3)动态生命表在记录种群个体死亡过程的同时，可以表明种群发展的薄弱环节，指导管理者调整保护措施。根据罗庆华等(2009)建立的大鲵野生苗推算资源量的公式，大鲵幼苗在 1 龄和 2 龄的逐年存活率均为 40%，从第三年开始大鲵存活率达到 80%。本研究做出的放流种群生命表表明，连南放流种群在 2 龄前死亡率较高，2 龄后大鲵逐年存活率稳定在 20% 左右，连南大鲵放流种群各年龄段的存活率都低于罗庆华所得出的存活率，其原因可能是由于人工繁殖的大鲵放流后会有一个环境适应的过程，所以在放流的第一年大鲵死亡率较高。尤其对于 5 龄后大鲵，连南种群存活率呈现持续下降的趋势，有可能是随着大鲵年龄的增长大鲵所需食物量增加，再加上河段内大鲵放流数量的不断累积，该栖息地所能提供的食物量不足以支撑大龄大鲵的存续。因而，在大鲵分布的密集区应该给予相应的食物补充，尤其是在繁殖季节，部分成熟大鲵需要补充能量以保证性腺的发育。

(4)2014 年连南大鲵种群数量达到峰值 87 尾，种群密度达到 4.2 尾/100m，其后开始呈现下降趋势。另外，在 2017 年笔者曾在一个约 $10m^2$ 的水潭发现 4 尾大鲵，而且在调查期间记录同类之间"大吃小"(图 12-4、表 12-4)的现象，这也从侧面反映了该调查河段大鲵种群已达到较高密度。

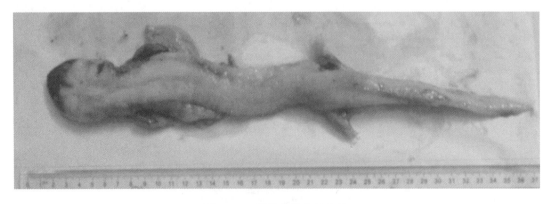

图 12-4　被吞食的大鲵个体

表 12-4　大鲵同类相食记录表

日期	捕食者芯片编号	捕食者 体重(g)	捕食者 体长(cm)	被捕食者 体重(g)	被捕食者 体长(cm)
20170503	900115000076955	1475	67	500	53.0
20170804	900038000419455	2715	82	160	36.5

　　总之，连南保护区在今后的管理当中建议加强繁殖季节对大鲵繁殖现象的跟踪监测，探究大鲵未见繁殖的原因，从根源上改善大鲵的种群结构。目前，保护区大鲵放流种群的密度已经接近饱和，在今后的放流管理中需要进一步扩大保护区范围。另外，应该注意加强对大龄个体的管护，在条件允许的情况下，考虑为其提供食物资源补充，以减少大鲵同类相食的现象。

第十三章 大鲵活动习性

第一节 研究方法

对标志个体的多次重捕记录数据进行整理，统计不同时间间隔重捕获大鲵第 N 次记录与第 $N+1$ 次记录的位点位移，分析不同时间间隔大鲵的河段位移规律。

以一个季度为时间单位统计重捕获大鲵的位移河段，结合不同季节各河段内大鲵记录频次，反映大鲵对各河段的利用情况。

根据水下视频搜索的方法，对发现大鲵的洞穴进行标识，反复巡查标识洞穴，直到 2 天以上未在该洞穴发现大鲵，统计同一个洞穴大鲵的居留时间，以及不同时间同一个洞穴内居留的不同个体，反映大鲵对洞穴的利用情况。

第二节 活动范围

重捕个体 10 天内位移较小（图 13-1），连南保护区重捕个体的平均移动距离为 2m，河源保护区重捕大鲵的平均位移为 10m，此外 10 天内连南大鲵的最大移动距离为 25m 左右，河源的最大移动距离约为 90m，河源保护区大鲵 10 天内的位移变化高于连南。其主要原因可能是：①在栖息地概况中可以发现河源的海拔低、坡降较小，河床较窄，因而河源相比于连南更加便于活动。②调查时间的影响，在河源于夜间进行了样带调查，由于大鲵昼伏夜出的生活习性，使夜间记录的活动更频繁。

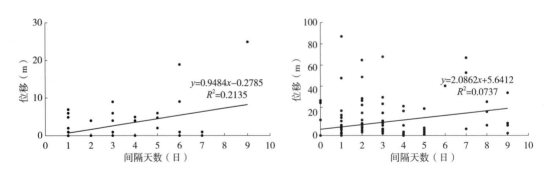

图 13-1 10 天内大鲵的位移距离（左为连南，右为河源）

以河段为单位，记录两个保护区内标志大鲵重捕获时间间隔大于 10 天的河段位移，统计位移河段数的频次比例（图 13-2），结果表明两个保护区的个体主要是在其发现河段内活动，连南重捕个体河段位移为 1 的记录频次为 50% 左右，河源则超过 70%，两个保护区大鲵跨越多个河段的活动位移记录频次比较小。

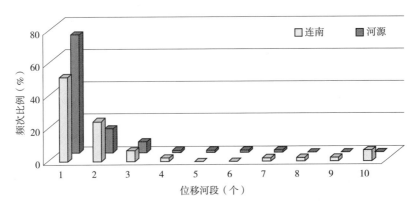

图 13-2　重捕时间间隔 10 天以上的河段位移频次比例

大鲵的活动范围较小，主要是在其发现位点的周边活动，这和一些学者对美洲大鲵及中国大鲵活动范围的研究结果一致。但是在连南保护区个别个体被记录到活动位移超过 500m，这种长距离位移活动主要是在放流后第一次重捕获时被记录到的，这可能是大鲵放流后寻找适宜洞穴的活动过程。

第三节　迁移行为

整理 4 月，6 月，8 月以及 12 月 4 个调查时段的视频搜索记录，以每个调查日内不同河段的所有非重复个体为数据基础，使用江海声（江海声等，1988）对南湾猕猴繁殖季节的统计方法，对有大鲵记录的河段进行频次统计，发现大鲵的主要活动河段集中在第 8 至第 10 河段 150m 范围内。另外发现在 4 月和 12 月大鲵的主要活动集中在第 8 河段，6 月和 8 月大鲵的活动主要集中在第 9 和第 10 河段（图 13-3）。大鲵在 4 月到 6 月期间的主要活动区间向上游迁移约 100m，8 月份到 12 月份期间又向下游迁移约 100m。

另外，大鲵河段记录频次的标准差（图 13-3）表明，在 6 月与 8 月大鲵的河段分布更聚集些，4 月和 12 月大鲵的分布更分散。

以一个季度为时间单位统计重捕获大鲵的位移河段，对于连南保护区，重捕时间间隔小于 6 个月时，位移距离主要以一个河段为主；重捕时间间隔为 9~12 个月时，重捕个体的河段位移较大，且个体的活动差异性大，产生该现象的原因可能是由于间隔时间超过半年，跨越了旱雨季，导致一种季节性迁移行为（图 13-4）。

第四节　恋穴行为

记录水下视频搜索发现的 27 尾重捕个体对洞穴的使用频次，总计观察记录到的 90 尾次大鲵，合计耗时 232 天。统计居留同一洞穴的 25 尾大鲵的持续居留时间，发现它们最短的持续居留时间为 2 天，最长的持续居留 17 天，平均 6 天左右（图 13-5 左），同一尾大鲵居留同一洞穴的时间多为 3~8 天（图 13-5 右）。

另外记录到 2 尾大鲵间隔 13 天分别居留同一个洞穴，其原洞穴居留个体体长 41cm，

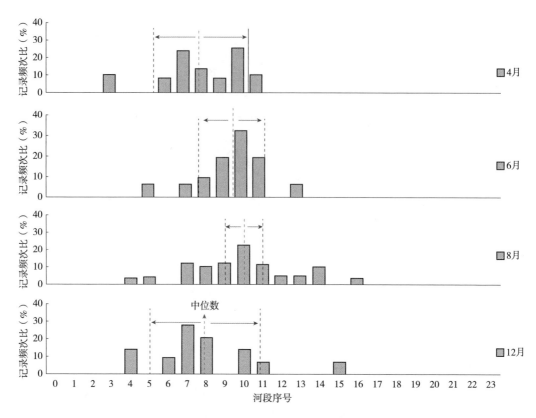

图 13-3　不同月份各河段大鲵记录频次变化

注：记录频次比=每个河段的大鲵记录频次/该河段在本调查阶段的调查频次×100%。

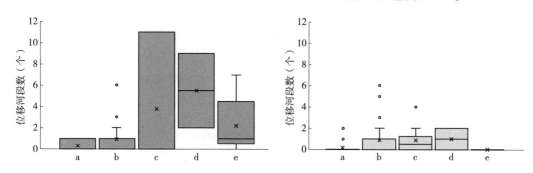

图 13-4　重捕时间间隔 10 天以上的位移河段数

注：a=3 个月，b=6 个月，c=9 个月，d=12 个月，e>12 个月；左图为连南，右图为河源。

体重为 285g，其后占据洞穴的个体体长 48cm，体重 450g。

统计连南保护区同一个调查阶段(7~15 天)，同一河段记录的标志大鲵个体数(图 13-6)，发现在一个调查阶段内在同一个河段内可以记录到多尾大鲵，而且在实际调查过程中同一天内曾在一处较宽河段上下游 10m 范围记录到 4 尾大鲵，表明大鲵虽然有恋穴行为，但没有较明显的占域行为，或者说其占据的领域范围较小。该现象也印证了大鲵对栖息地具有一定的选择性，在某些适宜的河段分布较聚集的现象。

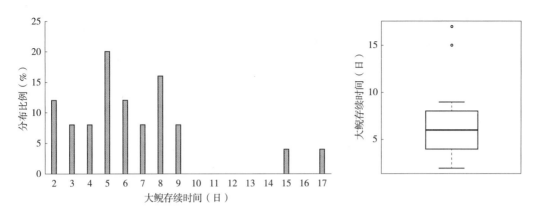

图 13-5　同一洞穴大鲵存续时间

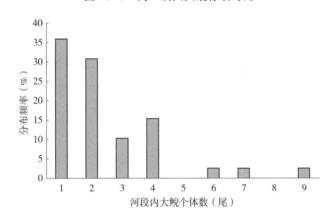

图 13-6　各河段大鲵记录的分布频率

第五节　大鲵的活动习性概述

（1）隐鳃鲵科 3 个物种活动位移以及活动范围的相关研究表明，隐鳃鲵的活动范围较小。其中，Burgmeier 等（2011）借用无线电遥测技术追踪美洲大鲵，发现其平均移动距离为 28m，另外其上下游移动无明显差异。我们的调查结果与其结论基本一致，放流大鲵选定居留区域后，移动距离很小。尽管随着重捕间隔时间加长，个体位移会有所增加，但是大部分个体的移动范围都在 2 个河段内。

（2）第四章栖息地气候图显示，4 月和 12 月的降水比 6 月和 8 月要少，相对来说 4 月和 12 月代表旱季，水量较小，河床裸露比较大，河段上可供大鲵所选择洞穴更少一些，大鲵分布更分散；6 月和 8 月代表雨季，水面宽，河段上适合大鲵居留的洞穴更多，因此有更多的大鲵可以聚集分布在栖息环境最适宜的河段。另外，我们看到 4 月和 12 月大鲵的主要活动分布于第 8 河段，而在 6 月和 8 月的雨季大鲵的主要活动于第 10 河段，主要分布河段上移约 100m。根据统计的河床信息，第 8 河段河床宽度为 5.9m，第 9、10 河段河床分别为 9.7m 和 7.9m 宽，在雨季由于 9、10 河段河床更宽，相对水流稍平缓，也可以为大鲵提供更多的栖息洞穴，因而更适合大鲵活动。Taguchi（2009）对 200 尾日本大鲵进行了为期一年的追踪发现，繁殖前日本大鲵平均向上游迁移 200m，繁殖后又平均向下游迁移 200m，迁移多发生在 8 月下旬至 9 月上旬，在冬季和春季日本大鲵基本是处于不移动状态。其所得结果和我们的结果相一致，而且在 6—8 月大鲵的河段分布更密集，这有可能是和大鲵的繁殖聚集有关，所以连南保护区大鲵的迁移行为有可能也属于繁殖迁移，但是我们未记录到繁殖相关现象，需要在 6—8 月加强对繁殖行为的观察，在 9 月和 10 月加强对 7~10 河段的繁殖现象的监测。

（3）Horchler（2010）根据对 11 尾美洲大鲵十年后的重捕记录发现，美洲大鲵有归家行为，有 1/3 个体仍在原区域被捕获。本研究通过分析连南 27 尾重捕个体的洞穴居留记录发现，同一洞穴的使用平均频次为 5 次（5 天），大鲵在同一河段的存续最多达到 17 天，表明放流种群有一定的恋穴行为。但是我们记录到间隔 13 天时间内同一洞穴先后有两尾大鲵居留，后居留的个体要比前一个体形更大，有可能是两个个体对该洞穴产生了竞争行为，同时表明了大鲵对洞穴具有一定的选择性。

综上所述，大鲵对栖息地具有一定的偏好性，表现出一定的恋穴行为，当其选定栖息洞穴后，活动范围主要固定在洞穴周边。因此，对于大鲵分布密集的河段，尤其是 8~10 河段，要加强监测管理。而且大鲵在旱季和雨季之间的迁移现象可能跟大鲵的繁殖有关，应该在 6—8 月加强对相关河段大鲵活动行为的跟踪监测。

第五部分

保护管理

第十四章　保护区历史与现状

第一节　保护区历史

2000 年，连南县农业局获悉在该县香坪镇排肚村有人发现国家重点保护野生动物、我国特有的珍稀物种——大鲵，立即派人进行调查，并报县政府同意，建立连南大鲵县级保护区。

2003 年，被确定为清远市市级保护区。

2004 年，与华南师范大学生命科学学院、广州大学、华南濒危动物研究所等单位合作开展保护区科学考察，并在清远市人民政府、连南县人民政府和广东省海洋与水产保护区管理总站的领导和参与下对该保护区进行建设规划。

2007 年 1 月，经广东省人民政府批准升格为广东省省级自然保护区。

2008 年 7 月，经广东省机构编制委员会办公室批准设立连南大鲵省级自然保护区管理处。

2009 年 4 月，清远市委组织部任命保护区管理处主任，同年 10 月组建管理处机构。

连南大鲵省级自然保护区管理处为广东省海洋与渔业厅所属的副处级事业单位，核定编制 6 名。2019 年 4 月，王炜强为保护区主任，同年 10 月保护区管理处组建完成。2012 年事业单位机构改革，保护区管理处核定为公益一类事业单位，机构级别和编制数不变。2018 年机构改革，保护区划归省林业局管理，其他不变。

2008—2015 年进行了 7 次大鲵的野放工作，建立了迁地保护种群。

2015 年，建立了大鲵野外生态驯养基地，从 2019 年起野外大鲵成功产卵并孵化出大鲵幼苗。

2009 年，建设排肚村到管理处综合楼长约 4 千米的上山道路

2013 年 2 月，投资 180 多万元建筑面积约 573 平方米的保护区综合楼建成投入使用。

2014 年 11 月，投资 60 多万元的保护区万坑监测站投入使用。

2017 年 5 月，投资约 40 万元的三家冲活动板房投入使用。

2016 年 11 月~2017 年 5 月，由连南县政府出资 70 多万元对保护区综合楼到三家冲长约 5.5 千米的巡护道路进行维修改造，整平路面后铺设石块。

2018 年，投资 35 万元在保护区综合楼建设宣教室。

2019 年，聘请专业公司对保护区进行勘界，确定了保护区边界范围，并在边界和核心区树立界碑界桩，制作了保护区矢量地图。

第二节　保护区现状

机构设置和人员配备　2008 年 7 月 10 日，广东省机构编制委员会办公室以粤机编办

〔2008〕192 号文批准成立连南大鲵省级自然保护区管理处，为副处级事业单位，并核定事业编制 6 人。2012 年 2 月，广东省机构编制委员会办公室以粤机编办〔2012〕55 号文《印发广东省海洋与渔业系统国家级省级自然保护区管护机构分类改革方案的函》将保护区管理处定性为公益一类事业单位。2018 年机构改革，保护区管理处划归广东省林业局管理，其他保持不变。目前，保护区管理处除在编人员外，另聘请了 8 名管护人员驻守保护区 3 个管护点。

经费投入　每年由省、县财政投入 150 万元作为直接管理和管护人员的工资，连南县、广东省海洋与渔业局厅、广东省林业局近 10 年共计投入约 820 万元用于保护区的基本建设和日常管护等。

边界划定和林地管理权属　保护区已经在保护区边界主要地点树立了界碑，进一步明晰保护区界限。保护区范围的林地主要为集体所有，保护区主管部门已经与林地所有者签订了相关林地管理权转让协议。

基础工作　①自建立保护区以来，清远市和连南县两级政府和广东省海洋与渔业厅等相关主管部门，多次制定和发布有关大鲵和大鲵保护区保护和管理的通告、规定等，联合开展了多项工作。进行资源本底调查，初步掌握了保护区大鲵种群分布和生态习性等，同时掌握其栖息地状况，为制定和执行有关的保护策略、制度奠定了良好的基础；②与华南师范大学生命科学学院建立大鲵研究长期合作关系，并建立野外观察站；③在资金和人力短缺的条件下，协调有关工作，通过渔政队伍，加大执法力度，避免对大鲵的误捕和伤害；④结合有关工作，加大对保护区及其周边环境的监测，做到科研先行、监测连贯。

管理条件　本保护区地处偏远山区、社区人口基本为瑶族，这里的老百姓为人朴实、信赖，遵守相关的法律法规意识明确，这为保护区管理提供了很好的群众基础。

保护区已经开展初步的资源调查和建设规划，建立了野外观察站，为今后的大鲵等资源的监测、管护奠定了一定的基础。

第十五章 主要保护措施

第一节 积极建立和晋升保护区

连南县政府和主管部门对大鲵的保护十分重视。自 2000 年在连南县发现国家重点保护野生动物、我国特有的珍稀物种——大鲵（*Andrias davidianus*）后，连南县农业局高度重视，组织开展科学考察，报县政府同意，建立了连南大鲵县级保护区。2003 年该保护区晋升为清远市市级保护区。

为了进一步了解大鲵种群及其栖息地状况，2004 年，自然保护区与华南师范大学生命科学学院、广州大学、华南濒危动物研究所等单位合作开展保护区科学考察，认为连南大鲵自然保护区是广东目前唯一能确认的大鲵野外分布点。为了更好地保护该珍贵的大鲵种群，在清远市人民政府、连南县人民政府和广东省海洋与水产保护区管理总站的领导和参与下对该保护区进行建设规划，2007 年 1 月经广东省人民政府批准该保护区升格为广东省省级自然保护区。

建成保护区后，连南县政府将区内正在开工的电站停建，保证现保护区内溪流生态系统的完整，避免区内的环境受到破坏。现保护区范围已将原生大鲵主要栖息的三家冲段溪流纳入核心区范围内，严格保护起来。同样进入保护区进行鱼类、石蛙等野生动物捕捉的行为已被遏制；区内 90% 以上的天然林被纳入保护区的核心区和缓冲区内进行保护。保护区对区内天然植被、野生动植物物种的保护发挥了重要作用，保证了区内大鲵所栖息的溪流生态系统的多样性、稳定性和完整性。

第二节 开展保护区基本建设

保护区管理处自组建以来，克服困难，投入大量资金进行基础设施建设，努力改善保护区管护、科研监测、办公等条件。经过多年努力，先后修筑了管护道路，修建了万坑亚管护综合楼、万坑和三家冲监测站，建设了大鲵重建野外种群种源繁驯基地，开通了水电，改变了保护区一穷二白的状况。但至今，保护区的基础设施的建设仍有需要进一步改善完备的地方，例如，保护区的界碑界桩设立并不完善，许多区域仍未埋设界碑或界桩；保护区的科教宣传设施也并不完备。

保护区经过十多年的建设，基础设施的建设已基本满足开展保护管理工作，但保护区的能力建设不只限于硬件建设，保护区工作人员和管护人员的素质、保护思路、新技术应用等方面的"软能力"建设对保护区的发展更重要。当前，保护区工作人员、管护人员队伍中人才匮乏，急需引入相关人才和对现有保护区工作、管护人员开展培训，提高保护区的核心竞争力，为保护区开展资源监测、了解掌握资源变化状况和保护效果提供技术支撑。

第三节　积极开展科学考察和资源监测

(一) 科学考察

自晋升为省级自然保护区之后，连南大鲵保护区开展了一系列建设和保护管理、资源监测、走访社区等工作。通过走访调查发现，在保护区周边的香坪、大麦山、涡水乡镇的起微山、离北坳顶、楼台山、平坑尾、五海顶等一带历史上都有野生大鲵的分布，历史上大鲵在保护区周边的分布区域面积超过200km^2。

为了摸清保护区周边大鲵分布、栖息地质量、生物多样性等情况，科学决策，协调发展，连南县人民政府和保护区管理处邀请了华南师范大学生命科学学院共同开展保护区及其周边综合科学考察，为扩大大鲵种群栖息地、开展功能区划、总体规划等提供科学依据。

(二) 监测设备与人员培训

由于保护区缺乏专业技术人员，缺少监测技术、设备和工具，同时投入科研监测的专项经费并不多，造成保护区开展大鲵资源及其他野生动植物资源的监测工作难以规范化、制度化。

同时，由于缺乏开展人员培训的经费，至今保护区尚未对保护区人员开展培训。特别是在保护区管护人员中大部分人的学历为中专或初中，他们可以很好地完成保护大鲵、区内生态环境的任务，但是由于缺乏相关知识和培训，他们对于如何开展科学、规范、有效的监测没有系统概念，难以获得系统的数据，难以为保护区管理者进行决策、制定保护策略或行动提供系统数据作为参考。

(三) 社区共管建设

保护区密切与周边社区沟通，特别是保护区每年会安排一定经费给排肚村村委会开展社区共管工作。保护区建立至今，与社区关系融洽，社区居民也拥护保护区的保护工作，保护区未曾与周边社区发生任何冲突。虽然如此，但是保护区如何利用自身优势，带动周边社区的经济发展仍是保护区工作者必须考虑的问题，因为只有通过保护区引导周边社区开展生态经济发展，周边社区才会有更高的积极性参与保护区的保护工作。

由于保护区管理处本身没有执法队伍，没有执法权力，所以保护区建立以来，积极与当地镇、村政府、派出所、森林公安和县渔政大队沟通合作开展综合执法。首先，常组织县渔政大队、县森林公安、乡镇派出所开展联合执法，查处偷捕、贩卖野生动物和乱砍滥伐林木等违法行为；至2011年起，管理处联合香坪镇政府，在保护区主要路口设立综合执法站，聘请4名治安联防队员24小时值班，对进出保护区的车辆、人员进行检查，以确保区内森林资源、野生动植物和生态环境的安全。但由于缺乏专项经费的支撑，无专门的综合执法经费支撑长期、持续的执法工作；此外，综合执法站治安联防队员并不是固定的职位，他们同时还要肩负其他岗位的工作。鉴于这些客观条件，综合执法站的作用并未充分发挥。

(四)数字化平台建设

连南大鲵省级自然保护区依托华南师范大学生命科学学院空间生态实验室支持，已开展建设数字化保护区平台建设，以提高管理能力。该平台通过运用 3S 技术功能，已建立涵盖连南大鲵省级自然保护区及其周边社区相关信息数据库，包括自然环境数据（地形、地貌、森林、植被、生物多样性数据等）和社会经济数据（居民点、土地利用等），而且根据数据的不断更新对数据化平台进行不断的更新。该数字化平台搭建对保护区开展资源监测、管护数据的管理与存储具有重要的实用意义，为保护区开展相关管理工作提供了一个重要的工具。但是，保护区工作人员中尚未有人员完全掌握该技术，难以完成数字化平台的管理和更新工作，同样该平台也没有完全发挥其在协助解决保护区实际工作中的作用。

第四节　开展引种繁育

(一)栖息地现状及评价

建成保护区后，已将正在开工的电站停建，保证现保护区内溪流生态系统的完整，避免区内的环境受到破坏。

现保护区已将原生大鲵主要栖息的三家冲段溪流纳入核心区范围内，得到了严格的保护。同样，进入保护区进行鱼类、石蛙等野生动物捕捉的行为已被遏制；区内 90% 以上的天然林被纳入保护区的核心区和缓冲区内进行保护。保护区对区内天然植被、野生动植物物种的保护发挥了重要作用，保证了区内大鲵所栖息的溪流生态系统的多样性、稳定性和完整性。

但现保护区范围仅包含了该山脉区域的 1 个集雨区，其中，该集雨区内的河流中仅有 65% 左右的溪流河段的坡降适宜大鲵栖息，长度仅约 6.5km，适宜大鲵的栖息地十分有限。此外，由于大鲵的生活习性及溪流环境的特点，区内溪流对大鲵野外种群的容纳量十分有限。根据最小存活种群的理论，一个种群若仅需短期保护（50 代）需要 50 个个体，而长期保护（500 代）则需要 500 个个体。所以，根据现有保护区的面积不足以承载最小存活种群的大小，需要扩大保护区，增加适宜大鲵栖息区域的面积，增加保护区的环境承载量。

(二)原生种群现状及评价

在 2007 年晋升省级自然保护区之后，保护区的管护人员在三家冲河段 5 次记录到大鲵的野外个体。但由于保护区同时也在进行大鲵野外种群的重建工作，现尚未有充分的证据清晰证明这些记录的野外个体是原生种群。

对原生种群大鲵所在的三家冲河段需要加强溪流环境、溪流栖息物种和大鲵种群的监测管护。应该通过采取无损伤的方法采集该河段不同记录大鲵个体的组织，通过现代的分子生物学建立原生大鲵中个体的遗传信息库，并与全国已有的遗传信息库进行比对，可以作为该地区发现大鲵个体是否属于原生大鲵的证据之一。

(三)野外重建种群现状及评价

为增加保护区内大鲵资源，加快大鲵资源的恢复，保护区成立以来，分别在 2008、

2010、2013 和 2015 年多次在保护区内开展大鲵增殖放流活动，开展大鲵野外种群的重建工作。此外，保护区内也建设了大鲵重建野外种群种源繁驯基地，主要开展驯化放流野外大鲵个体；进行大鲵种质资源繁育尝试与研究等工作。

2008—2016 年，一直对放流增殖的大鲵种群开展监测工作，最新的监测结果显示，万坑河段的野外大鲵种群数量约在 48±3 尾，证明该野外大鲵重建种群已趋于稳定，在万坑河段建立的重建种群基本成功。

根据集合种群的理论，栖息地斑块面积是决定某物种灭绝概率大小的重要指标。现有保护区仅包含一个集雨区，仅有一个重建种群，这对于长期保护大鲵来说是不够的，需要扩大保护区的范围，增加大鲵适宜的栖息地斑块和面积，并通过新的重建种群，使得区内大鲵的种群数量得到恢复壮大。

（四）成功重建种群的经验

保护区自 2005 年就开始在万坑河段开展建立重建种群的尝试，至今已成功建立在万坑栖息的大鲵野外重建种群。该重建种群的成功建立，为扩大自然保护区范围、重建野外大鲵种群、提高该区域大鲵种群数量提供两个重要的可行性依据，一方面说明了区域内河段自然环境符合大鲵野外种群的重引入与重建；另一方面也说明了保护区已积累了重建野外大鲵种群的经验与技术。

基于此，扩大保护区范围，增加适合大鲵栖息的斑块，可为成功壮大野外种群数量提供客观条件。

（五）成功实现大鲵繁育

人工开展大鲵驯养繁殖的技术已经十分成熟，在全国已经形成了庞大的人工养殖群体。保护区技术人员除了建立野外重建种群之外，在保护区内也建设了大鲵重建野外种群种源繁驯基地，主要开展驯化放流野外大鲵个体，并进行大鲵种质资源繁育尝试与研究等工作。直至 2019 年，首次在保护区的仿生态养殖池中记录到大鲵产卵并成功孵化为幼体，是保护区开展种质资源繁育工作的重要成果，为开展大鲵野外资源的恢复壮大提供重要的种质资源。可以通过人工放流等保护工程，进行野外大鲵种群的重建，恢复大鲵的野外资源量。

第十六章 大鲵保护技术总结

第一节 大鲵引种技术

(一)大鲵苗种的选择

1. 大鲵苗种的来源

由于大鲵苗种价格相对贵，不少准备养殖者担心苗种问题。尤其是目前大鲵苗种市场不规范，还有受高利润的驱使，有人用蝾螈等非大鲵苗种欺骗养殖者。作为保护区重引入的大鲵苗种质量更加需要保证，因为这直接影响到重引入的效果和放流地的生态环境。

同时，大鲵的种苗来源一定要符合有关规定。在考察大鲵苗种的来源时，一定要做到"三看"：一看供种单位证照是否齐全。根据《中华人民共和国野生动物保护法》规定："驯养繁殖国家重点保护野生动物的，应当持有许可证"。所以养殖大鲵前必须先向有关部门申请获取养殖许可证。凡从事野生动物养殖经营，除有工商营业执照、税务证照外，还需要野生动物驯养繁殖许可证。野生动物经营核准证。二看有无稳定的办公、生产、实验场地。三看有无完善的售后服务，包括提供市场信息及完整的技术资料，进行技术指导，所签的协议书或合同均具法律效力，对提供的品种承担责任等。

2. 规格

我们的实验结果显示，体长和体重较小规格的大鲵，其放流后的死亡率较高。体长和体重较小规格的大鲵，在运输过程中死亡率是体长和体重规格大的4.5倍。体长和体重较小规格的大鲵，进行芯片标记的死亡率是体长和体重规格大的8倍左右。这说明体长和体重与运输过程中、进行芯片标记的大鲵死亡率有着直接关系。

规格较小的大鲵因自身弱小，对环境的适应能力较差，不管是否进行芯片标记，其死亡率都较高。相对于规格较大的大鲵，进行芯片标记时，规格小的个体其伤口的表面积占身体的总表面积比例比较大，加上幼小个体的抵抗能力不强，规格小的大鲵更容易伤口感染。

体长体重规格小的大鲵，其抵抗能力较差，在运输过程中，更容易因路途颠簸等原因出现不良的应激反应，容易导致个体的死亡。

3. 大鲵外部基本形态特征

大鲵基本形态为：未脱鳃的1龄幼鲵质量好的表现为外鳃暗红或同正常体色，并且无损伤，如若发现有外鳃损伤的苗种，则容易感染细菌，难以养活。1龄以上优良大鲵要求：外部无损伤，无畸形。有尾目中的小鲵科、蝾螈科等种类与大鲵极为相似，如果大鲵苗种来源不明，要注意与其他几种有尾目动物进行鉴别，表16-1列出了它们的形态学鉴别方法。图16-1是畸形大鲵与正常体形大鲵的形态比较。大鲵体形不正常的，在苗种的选择过程中应不予选取。

表 16-1　几种形态相似的有尾目动物与大鲵的形态学鉴别

形态特征	中国大鲵	小鲵	蝾螈	美国隐鳃鲵	日本山椒鲵
眼睑	无	有	有	无	无
体侧纵行肤褶	有	无	无	有	有
腹部颜色	灰白	浅褐	橘红色	灰白	灰白
头部形状	半椭圆	椭圆	头部较尖	半椭圆	半椭圆
四肢蹼	无	有	有	无	无
尾巴	短	长	长	短	短
皮肤疣粒	成对	无	无	无	单个

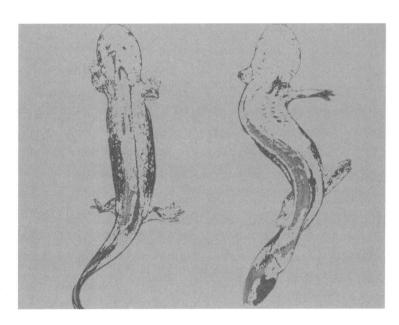

图 16-1　体形正常、畸形大鲵形态的比较(左边为正常、右边为 S 形)

4. 活动频率

用手搅动，大鲵苗种四肢在水底爬动有力，尾巴在水中摆动快。将水放干后，让其在盆中爬动，行动敏捷者为优良鲵种。同时，可以观察大鲵的进食情况，优良大鲵苗种摄食迅速。活动频率是判断大鲵苗种质量重要的标准之一。

5. 观察有无病症

大鲵抗逆性较强，一般无疾病。但随着养殖规模的扩大和生活环境的人为改变，加上人为管理不善，大鲵的病害日益增多。一些大鲵苗种由于饲养管理不善，感染病害，影响了质量。具体观察方法是：大鲵四肢不肿，腹部不膨大胀气(腹部胀气为腹水病)，未脱鳃稚鲵(1~10 月龄)腮丝 3 对完整，鳃上无水霉寄生，体表无白点，体型不偏瘦，具备这些特征的苗种可初步定为优良苗种。在人工养殖条件下，常见疾病(病症)有以下几种。

①腹胀病(又称腹水病)：个体浮于水面，行动呆滞，不摄食，眼睛变浑，腹部膨胀。

解剖检查，发现腹腔积水，肺部发红充血。②腐皮病（又称皮肤溃烂病）：体表有许多油菜籽或绿豆粒大小的白色小点，并逐渐发展成白色斑块状；随着病情的发展，白色斑块进一步腐烂成溃疡状。③水霉病：病鲵体表开始时能见灰白色斑点，菌丝继续生长长度可达3cm，如棉花絮在水中呈放射状，菌丝体清晰可见。④烂尾病：大鲵患此病初期，尾柄基部至尾部末端，常出现红色小点或红色斑块，周围皮肤组织充血发炎，表皮呈灰白色。

（二）动物电子芯片标记技术

1. 大鲵标记的影响因子

对比分析了大鲵的体长和体重规格及注射环境对大鲵标记死亡率的影响。结果显示，体长和体重规格较小的大鲵，标记大鲵的死亡率是没有标记大鲵死亡率的5.2倍。而对于体长和体重规格较大的大鲵，标记大鲵的死亡率和没有标记大鲵的死亡率接近1:1。也就是说，当大鲵规格达到一定标准时，进行芯片标记对大鲵的存活率没有影响。

标记环境也是影响大鲵死亡率的一个因子，在开放的环境下进行芯片标记比在封闭的环境下进行标记的大鲵死亡率要高。河源大鲵的标志过程是在养殖场内进行的，标记后在消毒过的养殖池休养，注射环境相对封闭；连南大鲵的标志过程是在保护区里进行的，环境相对开放，同时因为是刚放流不超过一个月，大鲵对于一个新环境还处于适应阶段，可以认为标记前后的生长环境差异较大，大鲵可能接触到更多的细菌（而且在一个新环境，抵抗力较差），伤口感染而致使死亡的可能性大大提高。所以，进行芯片标记时，要选择一个相对比较封闭的空间；同时，保证大鲵标记前后所生活的环境差异性不太，减少大鲵因环境的不适应而引起伤口感染或其他不良应激反应。

由于在进行大鲵芯片标记的时候，往往影响的因子是多方面的。所以，在对单因子的分析后，对标记中各影响因子进行主成分分析，结果表明，大鲵标记中影响大鲵死亡率的主要决定因子为运输时间、平均体长、平均体重、标记环境4个因子，这个结果和进行单因子分析时是相吻合的。这个分析说明，在进行大鲵芯片标记时，为了保证大鲵的存活量和标记质量，要考虑标记大鲵的规格，进行标记的环境情况及运输时间等各种因素。

2. 大鲵标记注意事项

（1）选择最佳的标记部位和角度

大鲵虽然全身肌肉柔软，进针的部位多，但实践证明，给大鲵注射的最佳部位是在尾部肌肉。因为，在给大鲵前部注射时，大鲵容易将头伸过来咬人，而躯干部是大鲵的内脏器官分布区，尾部则容易进针，且安全。

大鲵由于皮肤很薄，进针容易，但大鲵个体大，为软骨动物，受刺激时反应强烈，容易使注射角度偏斜，造成注射不到位。正确方法是：待大鲵安静不动后，手握注射器，将针头固定牢固，再使针头与大鲵体表呈45°快速进针。待电子芯片注射入大鲵体内，再轻巧收针。

（2）大鲵标记的实际操作

大鲵活动能力强，具有喜静怕惊、喜暗怕光等特性，受到刺激时反应强烈。在给大鲵注射芯片时，除了要保证大鲵的安全外，也要防止大鲵咬伤人。在注射的时候，先将注射器准备好，然后把大鲵从池中捉起，再放入塑料大盆中。此时，辅助人员要防止其爬出盆外，待其安静，用一块手帕打湿，盖到大鲵头部上，可以有效防止其掉头咬人和翻动躯体，然后进行注射。

注射后用碘酒涂抹伤口处，防止伤口感染。然后，把大鲵投放到经过消毒的池中，观察一段时间，待大鲵恢复正常后方可放流。

(三) 大鲵苗种的运输

1. 大鲵苗种运输的影响因子

体长和体重规格较小的大鲵，在运输过程中死亡率比体长和体重规格大的要高，约为4.5倍。规格小的大鲵，其抵抗能力较差，在长途运输过程中更加容易因为运输水温、水质的变化等而引起不适，严重的甚至死亡。

大鲵运输死亡率与运输时间成正比，运输用的时间长，其死亡率也相对较高。广州至河源距离有200多千米。从广州到河源大鲵自然保护区全程可走高速，路况较为简单，用时大概是4h；但是从广州到连南县城，一路上多坡度、多拐弯，路况复杂，且路途较到河源远，用时要6~7h，同时连南大鲵省级自然保护区距县城有78km，保护区又位于深山之中，目前车辆不能直达，还要步行1h左右的山路才能到达保护区。综上所述，路况的复杂，运输时间相对较长，这可能是致使运往连南大鲵省级自然保护区大鲵运输途中死亡率增高的重要原因。

综上所述，影响大鲵运输的主要因素就是运输的线路(包括路况和用时)、大鲵的体长、体重规格。适宜长途运输的大鲵要求规格较大，在条件允许的情况下，尽量缩短大鲵运输用时。

2. 大鲵苗种运输技术

大鲵苗种的运输要综合考虑运输前的准备、装车、运输箱设计、路况、运输时间、时间、动物的应激行为等。

(1)运输前的准备

①运输前要准备相关的证件

饲养、经营或运输单位，必须到动物检疫部门申报运输动物检疫，涉及出县、出市、出省运输的，应当取得相应级别动物检疫部门的检疫证明。

②待运大鲵的饲养管理

待运的大鲵要进行严格的检疫挑选，对一些瘦弱、病残个体及时处理，以免运输中死亡及影响其他个体的健康。水产动物在运输过程中由于环境的不适会分泌大量的黏液和排泄物污染水质，使水中的细菌大量滋生，这时如果水产动物体内留有未消化食物或未排泄的粪便，细菌就会趁机在消化道内大量繁殖，使水产动物感染疾病。所以通常在运输前对水产动物进行暂养或先行清肠(运输前饲喂)，使其消化道内食物及粪便排空，以减少运输中对水的污染，降低水产动物在运输中的代谢率。大鲵运输前，一般要停食一周以上，这对大鲵苗种顺利运输到新环境和大鲵的生长有很大好处。运输的前几天，要求将待运大鲵苗种根据车辆容量大小分栏分群饲养管理，以便陌生的混合动物建立新的群体序列，减轻运输中的应激，以防在运输过程中相互咬伤。

③天气状况

根据当天气候状况决定是否可以调运，刮风、下雪、下雨，特别炎热或特别寒冷的天气，不宜长途运输动物。

（2）装箱

大鲵装箱的时候，不能直接用手碰触大鲵身体，因为人的体温高，直接碰触大鲵身体会增加大鲵的应激反应，造成路途大鲵的不适甚至死亡。可以用网把大鲵从饲养池中捞起来，捞的时候动作不能野蛮，以免惊吓了大鲵，使大鲵产生激烈应激反应。动物运输，从运输前、运输中、引入新环境等各个过程都要注意防止或者减弱动物的应激反应。

应激反应，是指机体对外界或内部的各种非常刺激所产生的非特异性应答反应的总和。如果动物受到应激的刺激强度过大或时间过长，超过机体的耐受力，就会发生一系列病症，称为应激性疾病。应激反应分为三个阶段：警觉期，这是应激的最初反应，机体进行防御动员，肾上腺髓质部大量释放激素，刺激机体储存的能量释放。表现呼吸加快，心率加速等，来应付紧张状态。抵抗期，这是应激的适应阶段，机体的新陈代谢同化作用占优势，生理趋于稳定。衰竭期，如果应激持续或累加，机体的反应程度急剧增加，异化作用占主导地位。出现营养不良，体重下降，机体贮备耗竭，新陈代谢出现不可逆变化，适应机能破坏，最终导致动物死亡。

在本次放流运输中，是利用网兜进行大鲵的装箱，整个过程中没有发现大鲵有过于强烈的应激反应，可见该装箱的方法是可行的。

（3）运输箱及运输密度

大鲵苗种的运输箱一般采用泡沫箱就行。泡沫箱价格低廉，表面光滑且具有一定的弹性，可防止在运输过程中因汽车急刹、汽车拐弯等因素大鲵与运输箱相碰撞，使大鲵受伤。

本次运往连南大鲵省级保护区和河源大桂山大鲵保护区的大鲵苗种数量分别为200尾、610尾。使用的运输箱全部为泡沫箱，每个运输箱装大鲵50尾，运输箱规格为：外长58cm、外高22cm、外宽35cm、内长53cm、内高16cm、内宽29cm，计算得运输箱的内底面积为0.1537m^2。

根据前人经验，大鲵运输的密度为100kg/m^2以下，温度20℃以下，大鲵运输过程的存活率极高（陈永乐，2008）。运往连南大鲵保护区的大鲵个体平均体重为39.61±1.34g，经计算，运输密度为12.89kg/m^2左右，远远低于100kg/m^2；运往河源大桂山大鲵保护区的大鲵平均体重为147.84±3.53g，运输密度为48.09kg/m^2左右，也低于100kg/m^2。

大鲵的运输密度不能单纯考虑大鲵的体重与底面积之间的关系，还应该考虑一个运输箱里大鲵的个体数，如果一个箱里大鲵的个体数量太多，会使每尾大鲵所占的空间减少，大鲵的需氧量会受到影响，从而应激反应加强，大鲵代谢率加快，水温也会随之上升，进而进一步影响大鲵的健康状态。大鲵个体数量大，大鲵个体间也会互相挤压。

本次试验中大鲵运输过程中的死亡率都较低，由此可见本次试验使用的运输箱及运输密度是较可行的。

（4）装车

装车前必须先认真检查好运输车辆，如车厢底板是否有突出的铁钉，四周护栏是否牢固，车辆动力机械运转是否正常等。根据季节气候，要随时配备各种用具，如汽车要配备顶篷。在寒冷的冬季，车的前面及两侧都要有遮挡物。消毒先用清水冲洗好车厢底板、顶篷、四周护栏及车轮，待自然干燥后，再用1%~2%的烧碱溶液喷洒消毒60分钟，最后用清水冲洗干净。笼子等装载设备也要做好消毒工作。

装完车后，要仔细检查车尾门及两侧护栏是否稳妥，以防路途出现意外。

（5）运输途中的要求

应激是养殖业生产中的大敌，它严重影响动物的健康和生产性能，尤其公路运输造成养殖者重大经济损失。然而运输途中小动物应激反应在许多情况下并不直接可见，因而人们对应激所采取的措施还重视不够。再有公路运输途中的应激常是多因子形成，带有客观性和突发性。如强烈的灯光，周围车辆喇叭鸣叫，突然发生交通事故、车辆堵塞不能正常行驶，都是造成应激的因素。故长途运输必须选择驾驶技术熟练，有经验的2名司机轮流开车。还要挑选1~2名工作责任心强，并有押运经验的人担任押运员，以便能随时看好运输途中的动物。

司机驾驶车辆要平稳，转弯、上下坡要减速，途中尽量少停车和不急刹车。押运员随时仔细观察动物运输状况，若发现互相挤压或其他问题，要立即采取措施解决。炎热的夏天运输，要注意车体加快散热。寒冷的要注意篷布封严，需要驳船运载的，要注意船舱内部空气流通顺畅。若运输时间超过24h才能达到目的地，停车后要仔细地观察动物有无挤压或其他异常现象。起运前同样要仔细观察后才可继续行驶。

3. 水温、水深、水质的要求

大鲵对温度敏感。低温可以降低运输过程中大鲵的能耗，提高运输存活率。大鲵运输水温要比养殖水温低，具体低多少要视运输路途的长短而定，一般比养殖水温低1~2℃即可。运输箱所加的水先用冰调节，而不是直接往装有水和大鲵苗种的运输箱中加冰，因为冰为固体，在运输过程中如果路况复杂发生急刹车等情况的话，冰块会与大鲵身体产生碰撞，从而致使大鲵受伤甚至死亡。水温的调节是逐级下降的，不能骤降。本次试验采用先用冰调水，然后往装有大鲵的运输箱里逐渐加水，保持温度的平缓下降。

运输时，运输箱里的加水要少放，遮过大鲵身体即可，一般以5cm左右水深为宜，少加水一方面可以减少运输的费用，更重要的是可以保证运输中水体的溶氧量，大鲵对氧气要求比较高，正常的生长环境大鲵的对水体溶氧要求为最适水中溶解氧5mg/L以上。

运输用水，应用大鲵生活的养殖场的水，这样可以避免大鲵因更换水质不适应。

4. 到达目的地后的注意事项

到达目的地后，进行缓慢温度过渡，分多次少量加注养殖池水，经数小时观察如无不适反应，可转入养殖池中，并于当晚投喂少量鲜饵，刺激大鲵尽早开食，亦可减少大鲵在新环境中的不安躁动，利于尽快适应。

大鲵运往河源、连南两地保护区后，当天晚上都没有直接进行放流，而是保证运输箱的温度情况，用将要放流的溪水进行水温的缓慢过渡，第二天才放流。

（四）大鲵引种死亡观察

1. 标记大鲵对死亡的影响

①大鲵规格与大鲵死亡率的关系

为了研究大鲵规格对大鲵死亡率的影响，将河源和连南放流没有进行芯片标记的大鲵死亡率进行统计（排除芯片标记这个影响因素），并加上两地放流大鲵的规格数据，整理得大鲵规格与大鲵死亡率的数据如表16-2。

表 16-2　未标记大鲵规格与大鲵死亡率的关系

规格编号	平均体长（cm）	平均体重（g）	总数（尾）	死亡数（尾）	死亡率（%）
LNDN	20.43±0.25	39.61±1.34	162	20	12.35
HYDN	29.89±0.37	147.84±3.53	512	18	3.52

注：LNDN 代表连南放流大鲵；HYDN 代表河源放流大鲵。以下同。

由于进行了大鲵的标记，把标记的数据也加入进行分析统计得表16-3。

表 16-3　大鲵规格与大鲵死亡率的关系

规格编号	平均体长（cm）	平均体重（g）	标记环境	标记数（尾）		未标记数（尾）		死亡率（%）	
				总数	死亡数	总数	死亡数	标记死亡率（%）	未标记死亡率（%）
LNDN	20.43±0.25	39.61±1.34	1	38	12	162	20	31.58	12.35
HYDN	29.89±0.37	147.84±3.53	2	100	4	512	18	4.00	3.52

注：标记环境中1、2分别代表开放与封闭。以下同。

在没有进行芯片注射的情况下，规格较小的大鲵死亡率比规格较大的大鲵死亡率要高，LNDN 死亡率是 HYDN 的 3.5 倍（表16-2）。

连南放流的大鲵中标记大鲵的死亡率比未标记的高出许多，达到 2.6 倍（表16-3）。而河源放流的大鲵中标记大鲵的死亡率和未标记的相差不大，只差 0.08%。标记个体中连南的死亡率又比河源的高出很多，接近 8 倍；未标记的个体中连南的死亡率也比河源的高，但是只有 3.5 倍。经过比较可以说明，在连南放流的标记大鲵的死亡率除了大鲵规格影响之外，还有其他因子影响。

两个放流地的大鲵标记时的环境不相同，连南的是在开放的环境中进行标记的，而河源的大鲵是在封闭的环境中进行标记的。这可能是标记大鲵的死亡率的另一个影响因子，下面会针对该问题做进一步统计分析。

所以，在这里进行大鲵规格与大鲵死亡率的关系分析的时候，我们应该只考虑未标记大鲵的规格与死亡率的关系。规格小（LNDN）的大鲵其死亡率是规格大（HYDN）的大鲵死亡率的 3.5 倍。并且通过对体长进行差异显著性检验，$p < 0.05$，两组体长明显存在差异；通过对体重进行差异显著性检验，$p < 0.05$，两组体重明显存在差异。这进一步说明大鲵的体长、体重等规格指数是影响放流大鲵死亡率的一个因子。

②标记环境与大鲵标记死亡率的关系

标记环境不同，大鲵进行标记的效果也不同：在开放的环境下进行芯片标记，大鲵的标记死亡率比在封闭的环境下进行标记的大鲵死亡率要高得多，接近8倍，说明标记环境是影响大鲵死亡的另一个因子之一（表16-4）。

表16-4 标记环境与大鲵标记死亡率的关系

规格编号	标记总数(尾)	死亡数(尾)	标记环境	标记死亡率(%)
LNDN	38	12	1	31.58
HYDN	100	4	2	4

2. 运输对大鲵死亡的影响

①大鲵的规格与大鲵运输死亡率的关系

对两个不同规格的大鲵运输死亡率进行比较，得出结果如表16-5所示。

表16-5 大鲵的规格与大鲵运输死亡率的关系

规格编号	运输总数(尾)	死亡数(尾)	平均体长(cm)	平均体重(g)	运输死亡率(%)
LNDN	200	3	20.43±0.25	39.61±1.34	1.50
HYDN	610	2	29.89±0.37	147.84±3.53	0.33

从表16-5中可以看出，体长和体重规格较小的大鲵(LNDN)，在运输过程中死亡率比体长和体重规格大(HYDN)的要高，约为4.5倍（表16-5）。并且通过对体长进行差异显著性检验，$p<0.05$，两组体长明显存在差异；通过对体重进行差异显著性检验，$p<0.05$，两组体重明显存在差异。这进一步说明体长体重和运输过程中大鲵的死亡率有着直接的关系。

②运输时间长短与大鲵运输死亡率的关系

由于两个放流地距离供源地的距离不一样，而且路况也不尽相同，所以把运输路线不同下大鲵运输死亡率进行分析比较，其结果如下表16-6所示。

表16-6 运输时间长短与大鲵运输死亡率的关系

规格编号	运输总数(尾)	死亡数(尾)	运输路线	运输用时	运输死亡率(%)
LNDN	200	3	1	约8h	1.5
HYDN	610	2	2	约4h	0.33

注：运输线路中1、2分别代表广州—连南与广州—河源。

连南的运输死亡率是河源的4.5倍，而从广州到连南需用时约8h，而到河源只约需4h（表16-6）。由此得出，大鲵运输死亡率与运输时间成正比，运输用的时间长，其死亡率也相对较高。

3. 标记对大鲵影响综合比较

将标记中各影响因子的数据汇总分析如下表16-7所示。

表16-7　标记中各影响因子

地点	标记与否	总尾数	标记环境	运输用时(h)	投放环境	平均体长(cm)	平均体重(g)
连南	标记	38	2	8	1	20.43	39.61
	未标记	162	1	8	2	20.43	39.61
河源	标记	100	3	4	2	29.89	147.84
	未标记	512	1	4	2	29.89	147.84

注：标记环境中1、2、3分别代表未有标记、开放与封闭；投放环境中1、2分别代表人工控制与野外环境。

对表16-7中的6个因子进行主成分分析(表16-8)，前2种主成分的累计贡献率达到91.56%，故选用其进行分析。在第1主成分中的运输用时、平均体长、平均体重，第2主成分中的标记环境，这4个因子的权系数绝对值大于0.9。这表明大鲵标记中影响大鲵死亡率的主要决定因子为运输用时、平均体长、平均体重、标记环境4个因子。

表16-8　因子(主成分)负荷矩阵

主成分	总尾数	标记环境	运输用时	投放环境	平均体长	平均体重
1	0.681	0.121	−0.977	0.711	0.977	0.977
2	−0.681	0.991	−0.191	−0.303	0.191	0.191

(五)大鲵引入技术总结

大鲵的重引入是引入到一个曾经有过大鲵分布的地方，是一个开放的野外生境，与一般的养殖场养殖和仿生态养殖都有着本质上的不同，是能快速恢复和发展野生大鲵资源的重要途径。因为引入的是野外开放生境，可控性较差，所以，大鲵的引入技术要综合考虑放流地的地理结构概括、水温、气温、引入时间以及引入后的管理等因素。

1. 引入地选择

大鲵对栖息地环境的要求很高，放流地点符合大鲵生长要求。在人工野外放流前，渔业部门要对放流地地理生态学方面的特性进行详细的调查研究。在地理学方面，需要了解气候、水域理化特性(水温、水质、溶氧等)等因素；生态学方面，应查明放流水域中大鲵所有发育阶段所需饵料的储备情况，水域有无可能的竞争者和敌害对象等生物因子，要查明大鲵生命周期(繁殖、幼体发育、越冬、度夏)中各个阶段的各种生态条件。

大鲵在野外栖息洞穴处的水深、洞口宽、水流速度和河底的组成是影响大鲵选择洞穴的主要因子，而海拔高度和洞口高度对其影响不大(宋鸣涛，1982；刘宝和，1990)。大鲵的栖息河流可分为溪流、U形河流、平底型河流和暗河4种类型，而且大鲵对其栖息洞穴的质量要求较高(陶峰勇等，2004)。

(1)连南大鲵省级自然保护区

连南是广东唯一发现有野生大鲵的地方，在2008年4月曾放流过一小批子二代大鲵，没有出现不良反应。由此可见，此地适宜大鲵的生长。

(2)河源桂山大鲵市级自然保护区

早在 2003 年 9 月就在保护区里放流了一批子二代大鲵，放流的子二代大鲵生长态势良好，活动生猛，成活率达 95% 以上。至 2008 年 7 月，大鲵的平均体重已达 3000g，比放流时增加了近 30 倍，最大的个体重量达 6500g，体长达 98cm。放流试验的成功表明保护区的环境也是适合大鲵生长的。

2. 引入季节

广东大部分地区 6-9 月气温都比较高，而且这时段也是暴雨多发月份。清远连南大鲵省级自然保护区和河源桂山市级大鲵自然保护区的大鲵放流区域，一年四季水温基本上在大鲵生长的适应温度范围。但是洪水是引入大鲵的一个重要威胁。引入的大鲵一般个体较小，如果引入期间突发洪水，大鲵将有可能被洪水冲走。

2008 年，农业部开展主题为"保护水生动物、建设生态文明"珍稀水生动物增殖放流活动，广东省大鲵增殖放流活动是该活动的一个重要组成部分。10 月 8 日，大鲵运到河源，在河源市桂山大鲵自然保护区增殖放流大鲵 610 尾，其中注射有芯片的大鲵 96 尾（在养殖场一共注射了 100 尾，未运输前死亡 4 尾）。10 月 17 日，在清远连南大鲵省级自然保护区也开展了大鲵增殖活动，放流大鲵 200 尾。

2008 年 11 月在连南进行的调查中发现，在 11 月份连南曾发生洪水，洪水发生前后进行大鲵活动观察时能观察到的活动大鲵的数量相差很大，结果如图 16-2 所示。

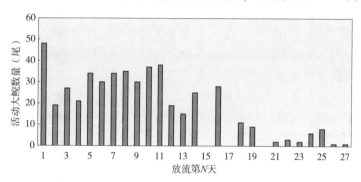

图 16-2　连南大鲵活动观察

图中 X 坐标为放流后的第 N 天，即以 10 月 19 日为第 1 天，11 月 14 日为第 27 天。Y 坐标为当天观察到的活动大鲵数量。第 15 天、第 17 天、第 20 天因大雨放流区域水体浑浊无法观察，没有记录。

放流后第 15 天保护区下雨发洪水，总体而言，洪水过后能观察到的大鲵数量呈急剧下降趋势，连续几天，观察到的大鲵数量都很少。下大雨前的 14 天能观察到的活动大鲵数量平均是每天 29.4 尾，但是洪水之后（以第 21 天之后数量作为统计），能观察到的活动大鲵数量平均为每天 3.3 尾，洪水前能观察到的数量是洪水后的将近 9 倍。

11 月 9 日在连南放流点发现一尾大鲵被洪水冲卡在过漏器（主要放流点用沙石水泥筑有水坝，防止大鲵逃离放流区域，在水坝上有网格的过漏器，用于排水）中了，身体已变形，被卡出不少痕迹。同时，在 11 月份连南的调查中，在距离放流点很远的下游发现了放流的大鲵（下游有一个很高的水电站水泥堤坝，如果不发洪水，大鲵不能越过堤坝）。

综上，洪水后放流区域观察到的活动大鲵数量急剧下降，其原因可能是一些大鲵被洪水冲走，大鲵分布分散，有些甚至逃逸出了放流区域。同时，洪水也可能使大鲵与石头等发生碰撞，使大鲵受伤。由此可见，洪水是大鲵放流后的一个重要威胁，在选择放流时间时要充分考虑到当地的气候情况，避免大雨暴雨多发期。

3. 放流后的管理

在放流后的前期及大鲵摄食的旺季，要及时人工投放一些小虾等食物到放流区域，以保证大鲵的正常生长。

放流后的最初几天，要安排专人看护，发现在水边停留的大鲵，要及时将其移到有遮拦物的地方，如果因为洪水等原因，大鲵逃逸放流区域的，应捕捉回放流区域，避免遭受敌害。如果发现放流的大鲵有不适应的症状要及时处理。同时，做好防盗工作，严防有人破坏。2008年11月，在连南参与的大鲵放流后调查中发现，一些大鲵被洪水冲走远离放流区域，在征得专家及相关领导的同意下，调查队员及时把大鲵捕捉回放流区域放生。把逃离放流区域的大鲵捕回放流区域，这主要是考虑到远离放流区域保护区人力不足，一些区域还不能经常地及时巡逻，远离放流区域的大鲵遭受病害等也不能及时被发现处理。

同时，由于一些区域的监测很难到位，逃离放流区域的大鲵也容易遭受人为的误伤或者不法分子的捕猎。2008年7月，在河源桂山大鲵市级保护区的再次放流前期调查中，在该保护区的上游区域(因保护区人员的不足，上游区域较少巡逻)，发现有不法分子留下的猎捕大鲵的竹笼。所以，防盗工作不容忽视。

河源桂山大鲵市级自然保护区安装了卫星电视接收器和野外高清红外线监控摄像头等设备，为全天候观察大鲵生长、活动情况和保护区的安全等情况提供了极大的方便。在大鲵保护区里，不管有没有安装监控设备，都要有专人及时巡查。

做好防盗工作的同时，要大力开展生态保护宣传，提高人们的江河生态保护意识，增强大鲵资源的再生能力，促进保护与利用的和谐发展。

4. 主要结论

本文主要探究适宜作为引入苗种的大鲵规格，研究动物电子芯片标记对大鲵的影响，寻找合理可行的大鲵苗种运输方法。通过讨论分析，得出以下主要结论。

通过研究发现，平均体重规格40g以下的人工繁殖子二代大鲵苗种不适宜野外放流。在大鲵苗种选择中，要选择体重规格较大的个体；在本研究中，平均体重规格在147g以上的适宜作为引入苗种。

大鲵标记中影响大鲵死亡率的主要决定因子为运输用时、平均体长、平均体重、标记环境4个因子。本次研究表明，平均体重在147.8±3.5g，平均体长达到29.9±0.4cm这个标准时，芯片标记对大鲵存活率没有明显的影响。大鲵进行芯片标记时，应选择相对比较封闭的环境，减少伤口感染的可能性；保证标记前后大鲵生活的环境差异不大，避免大鲵因处于新环境不适应。

大鲵进行运输时运输水温要比养殖水温低1~2℃，在本次放流活动中，我们调节水温的方法是逐步过渡水温法，避免水温骤变，刺激大鲵；大鲵的装箱是用网兜捕捞大鲵，避免了人体和大鲵的直接接触；试验证明，大鲵没有出现不良的应激反应。由此可见，水温调节和装箱的方法都是可行的。本次使用的运输箱全部为泡沫箱，每个运输箱装大鲵50尾，内底面积为0.1537m^2，运输密度为低于50kg/m^2，在运输过程中没有发现大鲵身体与箱体碰撞擦伤，也没有发生大鲵相互挤压、咬伤等现象。由此可见，本次试验采用的运输箱和运输密度是合理的。

第二节　大鲵的放流评价及种群管理

1. 栖息地选择

在进行大鲵的野外放流之前，必须要对放流地进行评估。大鲵原生栖息地特征的研究可以为大鲵放流地的选择提供标准。野生大鲵主要分布于山地丘陵地区的溪流河谷中，属于典型的全水栖型类群，其对栖息环境要求较高。

大鲵曾广泛分布于珠江、长江、黄河三大流域，比较其中几个大鲵主要的原生分布区，发现各分布区的栖息河段具有一些共同特征（表16-9）。其栖息河段水质良好，pH范围为5~8.8，主要为6~7，溶解氧大于5.0mg/L，另外其硬度、氮磷等指标一般都可以达到国家饮用水水源Ⅱ类水质标准以上。

表 16-9　大鲵栖息地环境指标统计表

分布区	海拔（m）	坡降	年平均气温（℃）	水温范围（℃）	年平均降水量（mm）	流速（m/s）
安徽霍山县	600±100	0.06~0.2	15.2	5~25	1419	
贵州贵定县	1250±150		13.9	14~22		
河南卢氏县	1100±400	0.002~0.03	12.7		733	
湖南桑植县	435±215		16	9~22	1400	0.33±0.08
山西垣曲县	910±420		14		780	
陕西太白县	900±100	0.06~0.12	7.6	2~20	630~1000	0.3±0.05
广东连南县	1275±275	0.24±0.2	19.1	7~21	1930±386	0.4±0.7
广东河源市	233±233	0.07±0.12	21.2	10~25	1788±314	

广东省两个保护区的相关物理环境指标都在大鲵的可适应范围内。从海拔、水温、气温等因素可以看出，连南保护区相较于河源大鲵保护区更适宜作为大鲵的栖息地。而且连南保护区作为大鲵的原产地，仍存在野生大鲵。连南保护区的放流河段也曾分布有野生大鲵个体，因此理论上连南保护区完全具备野外放流大鲵的条件。

与大鲵其他栖息地相比，广东连南大鲵省级自然保护区的降雨量和坡降要明显偏大，连南保护区河流的流速也远远高于其他保护区。因而连南大鲵在栖息地的选择方面倾向于海拔较低，坡降小，夏季水面较宽的河段。在雨季水面较宽、坡降较小的河段对由于降雨增加的水量有一个缓冲作用，水流速度的变化相对较小，可以形成相对稳定的环境，对大鲵活动产生的影响也就相对较小；另外，连南大鲵主要分布在低海拔区，主要是由于连南保护区海拔较高的河段存在更多的小陡坡，障碍了大鲵向上游扩散。

而对于河源保护区，其平均海拔较低，坡降较小，水量也小，因而海拔对河源大鲵的分布影响较小，河源大鲵更倾向选择那些底质为沙石质、水位较深、河床裸露比较小的河段。因为该保护区河段底质以沙质为主，沙质底质的栖息环境易浑浊，且沙质河段形成的可供大鲵栖息的洞穴较少，因此大鲵更倾向选择沙石质底质的河段。其次河源保护区的水量较小，平均水深 0.2m 左右，尤其在河段上游平均水深为 0.11m，甚至无法为大鲵提供合适的栖息环境，因而大鲵选择水深较深的河段。而河床裸露比较小意味着河段栖息洞穴的微环境稳定。不同分布区的大鲵对栖息河段的选择会因当地的环境差异而有所不同，因此，对于放流地的选择要根据实际情况进行评估选择，既需要为大鲵提供足够的栖息洞穴，又需要考虑稳定的栖息环境。

2. 个体生长

在探讨大鲵体长与体重关系的研究方面，本研究的结果与葛荫榕等（1995）、王文林等（1999）、王启军等（2012）的研究论述观点基本一致，体长体重均呈幂函数关系，但条件因子 a、异速生长因子 b 等有所不同（表 16-10）。

表 16-10　不同大鲵种群体重与体长幂函数关系比较

研究学者	葛荫榕等	王文林等	王启军等	本文
回归方程	$W=0.057L^{3.004}$	$W=0.000068L^{3.0257}$	$W=0.0001L^{2.867}$	$W=0.00003L^{3.24271}$（驯养大鲵）
大鲵来源	大鲵野外种群	人工驯养的野生大鲵	人工驯养大鲵	$W=0.00002L^{3.23127}$（放流大鲵）

葛荫榕等和王文林等研究的大鲵样本均来源于河南卢氏县的野生大鲵，葛荫榕等人是对在野外发现的 300 尾野生大鲵进行测量并分析研究，王文林等人则是将野外捕获的 1~3 龄幼苗进行人工驯养后做相关分析，二者得到的 b 值相似，均接近于 3，说明其研究的野生大鲵近似为等速生长。王启军等人对驯养大鲵进行测量分析，得到的 b 为 2.867<3，说明其研究的大鲵为负异速生长。本文分析连南驯养种群相关数据，得到的 b 为 3.2427>3，放流种群的 b 值为 3.2313>3，都为正异速生长。体长-体重幂函数关系式显示，保护区驯养大鲵和放流大鲵种群的生长都属于异速生长。相较于驯养种群的异速生长关系，尤其对于体长>40cm 的种群来说，放流种群的体重体长的异速增长更为明显，放流种群的体长增长明显大于体重增长，这表明驯养种群和放流种群的生存策略有所差异。在食物充足的条件下，大鲵体重与体长近等速生长，放流种群则通过先增长体长来增加自身竞争力。

3. 种群繁殖

由于大鲵属于昼伏夜出的动物，其产卵以及卵的孵化都是在洞穴内进行的，并且繁殖季节野生大鲵精巢、卵巢成熟率低（阳爱生等，1981），成熟高峰期有所差异，导致在野外很难发现大鲵繁殖现象，因而有关大鲵野外繁殖的报道非常少，目前，对于大鲵繁殖方面的研究以养殖状态下的记录为主。对于性腺发育程度进行判断的主要方式有解剖，B 超检查，以及显微观察等方式。

一些学者通过解剖划分大鲵性腺的发育阶段，认为完全成熟的卵子直径 4~5mm，精巢均长为 50mm 左右，最宽处约 20mm（宋鸣涛等，1990；肖汉兵等，1995）。本研究通过解剖记录了 4 尾大鲵性腺的发育状况，根据肖汉兵等对大鲵性腺发育的阶段进行了划分：体重最轻的一尾 3 龄雌性个体，在繁殖季节，卵巢属于 II 期卵巢，性腺发育未成熟；另一尾雌性个体，在 9 月卵粒已有弥散液化现象，表明 9 月该尾大鲵处于繁殖后期，其卵粒未能排出，开始进行自体吸收；2尾雄鲵的精巢，在8月都已经发育成熟，但是一尾个体（该个体患病致死）的精巢呈现异常状态，左侧精巢长约6cm，右侧精巢长约2cm为蚕豆状，2侧精巢形态及质量差异显著；另一尾发育正常的雄性大鲵，两侧精巢发育均衡，每侧长10~11cm，表明该种群部分个体性腺发育成熟。

杨焱清等（2003）、李培青等（2010）通过彩色多普勒B超成像技术，对大鲵活体进行性腺发育的检测，记录到了卵粒以及精巢的B超影像，以此判断大鲵繁殖前期卵粒的大小及精巢的大小是否达到成熟状态。本研究通过B超技术，记录到雌性大鲵腹部有明显卵粒存在，其半径约为0.5cm，不同个体间数量有所差异（图11-6）；同时，也记录到了雄性大鲵的左右双侧精巢，B超影像显示其发育均衡。

另外，有些学者还通过组织切片的方式，对大鲵性腺细胞的发育阶段进行分类（周海燕，2004；肖汉兵等1995）。我们通过解剖采集发育正常的雄性大鲵精巢内的精子，观察到头并头，尾并尾的成熟精子，其发育阶段处于排精前期，为无活力的成熟精子（解剖前已经连续多次尝试采集精液未果）。

解剖、B超检查以及显微镜检的结果都表明，该保护区部分放流个体达到生理性性成熟。对大鲵繁殖行为的报道主要是以养殖状态下的研究为主，通过跟踪，记录到大鲵有推沙、冲凉、求偶以及雄鲵的护卵行为（刘懿，2008；吴峰，2009；于虎虎，2012；徐文刚等，2013；徐文刚，2013）。但是本研究尚未发现繁殖行为、卵带或者孵化的幼鲵等证据证明放流大鲵能自然繁殖。

在野外条件下难以见到隐鳃鲵的繁殖现象，其影响因素较多，包括大鲵调查的方法、调查环境（流水冲击）以及大鲵自身的繁殖特征，包括性腺发育成熟度、雌雄大鲵的繁殖时间差异等都会影响大鲵的繁殖，需要进行一一排查。

4. 种群存活

放流种群的存活率是影响其种群结构的重要因素，也是评估大鲵野放成功与否的重要指标。大鲵存活率的研究主要是在养殖条件下对幼龄大鲵进行的研究，驯养大鲵在3龄之前死亡率较高，且不同的饲养密度会影响幼鲵的成活率。罗庆华等（2009）根据湖南张家界大鲵的研究建立了大鲵野生苗推算资源量的公式，该公式显示1~2龄大鲵的存活率为40%，从第三年开始大鲵的成活率稳定在80%。Zhang L等（2016）在秦岭山脉的黑河流域和东河流域分别释放了15尾和16尾大鲵亚成体，通过手术植入了无线电遥测设备，进行了1年的监测，发现术后得以充分恢复的野放大鲵亚成体（3~5龄）一年内的存活率可以达到50%。

本研究建立了连南大鲵种群动态表，通过计算逐年存活率绘制了存活曲线，结果表明，连南大鲵放流种群的存活率较低，2龄前大鲵的死亡率非常高，2~5龄大鲵的存活率稳定在20%左右，5龄后大鲵种群的存活率又开始呈现下降趋势。连南大鲵放流种群各年龄段的存活率都低于罗庆华所得出的存活率，造成这个现象的原因可能是因为人工繁殖的大鲵，放流至野外会有一个环境适应的过程，尤其在放流的第一年，大鲵对于野外环境的适应能力弱，捕食能力差，再加上一次性放流密度大，放流位点集中，放流河段无法为如此高密度的大鲵群体提供必要的食物，导致死亡率较高。其次在大鲵5龄后，种群的存活率又呈现下降趋势，可能是由于大鲵在5龄之后，体重加速增长，对食物和栖息地的需求也日渐增加，再加上河段内大鲵放流数量的不断累积，该栖息地所能提供的食物量不足以支撑足够多的大龄大鲵的存活。

5. 种群密度

种群密度可以反映该种群的资源状况，尤其对于濒危的动物，其种群数量的多少及变化是制定保护策略的重要依据。

在国内的研究中，一些学者对不同地区大鲵种群的密度进行了调查评估（宋鸣涛等，1989；刘诗峰等，1991；郑合勋等，1992；罗庆华等，2009），发现近年来大鲵的野外种群密度不断减少（表16-11）。

表 16-11 不同地区的大鲵种群密度统计

地点	时间	种群遇见率（尾/km）
陕西省太白县	1989	7.9~67.6
陕西湑水河流域	1991	56.7~247.6
河南卢氏县	1992	1~28.8
湖南桑植县	2009	0.9

2000 年之后大鲵野外种群密度下降明显，张红星（2013）总结陕西省大鲵野外资源量分布密度为 0.2~1.4 尾/km，认为该野外种群资源量难以形成繁殖群体。通过放流，两个保护区大鲵种群密度不断增大，2014 年连南保护区调查河段的密度达到峰值，为 42 尾/km，随后种群密度下降稳定在 30 尾/km 左右，至 2017 年，连南大鲵野外种群的最小密度达到 26 尾/km。造成该现象的原因可能是该河段可提供的食物资源不足以支撑更高密度的大龄大鲵的生存，而且在该调查区大鲵种群呈聚集分布模式，因而在某些适宜河段，大鲵密度更高，已达到该河段大鲵种群的最大环境承载量。

6. 活动习性

了解动物的活动范围、活动特征等生活习性，可以作为调节种群密度，调整大鲵监测计划的依据。在活动习性研究方面，中国大鲵的研究相对较少，仅郑合勋（2006）通过无线电追踪设备跟踪记录了 4 尾大鲵的活动，发现大鲵的平均家域面积为 34.75m²。Taguchi（2009）对 200 尾日本大鲵进行了一年的追踪，发现日本大鲵在繁殖前向上游迁移平均约 200m，繁殖后又向下游迁移平均约 200m，这种繁殖迁移多发生在 8 月下旬至 9 月上旬，日本大鲵在冬季和春季基本都处于不移动状态。Hillis 等（1971）对美洲大鲵的家域范围进行研究，发现美洲大鲵家域范围比较小，平均半径为 10.5m。Peterson（1987）同样发现美洲大鲵的平均移动距离很小，并且一些重捕个体有稳定地占用同一洞穴的现象。Humphries 和 Pauley（2005）发现美洲大鲵平均移动距离为 35.8m。

我们的研究结果基本也表现出同样的规律。连南大鲵在选定栖息洞穴后，表现出一定的恋穴行为，活动范围较小，主要固定在洞穴周边，旱季大鲵的河段分布较分散，雨季大鲵的河段分布更聚集些，雨季较旱季大鲵的主要活动河段上移约 100m。其主要原因可能是由于某些河床较窄的河段，雨季水量较大，流速较快，旱季分布于该河段的大鲵很难在该河段继续生存，因此上移至河床较宽的河段。而对于河床较宽的河段，尽管在旱季已被其它大鲵占领,其原有大鲵密度已经较高,由于雨季水量大,水面变宽,增加了该河段的大鲵承载量,允许其他大鲵居留。而当旱季来临时,水量减少,该河段承载力下降,故一些上移的大鲵又下移至下游河段。

综上所述,我们从栖息地选择、个体生长、种群繁殖、种群存活、种群密度以及大鲵活动习性方面对大鲵放流种群进行评价,评价的框架如表16-12所示。

表16-12　放流种群监测评价流程图

	广东两个放流种群	原生种群报道
栖息地	连南海拔:1275±275m;坡降0.24±0.2;河源海拔:233±233m;坡降0.07±0.12	海拔范围:200~1500m;坡降0.002~0.12
个体生长	异速生长	异速生长
繁殖	达到生理性性成熟,未见繁殖	有记录到卵带,幼鲵
存活率	2~5龄20%左右,5龄后存活率继续下降	1~2龄40%左右,3龄后存活率80%
种群密度	最大种群密度42尾/km;2014年后稳定在30尾/km	2000年前1~247尾/km;2000年后0.2~1.4尾/km
活动习性	恋穴行为,活动范围小;具季节性迁移行为	家域行为,活动范围比较小;具繁殖性迁移行为

7. 主要结论

连南保护区和河源保护区基本的物理环境指标都在大鲵的可适应范围内。连南大鲵聚集分布于海拔较低、坡降小、夏季水面较宽的河段;河源大鲵更倾向选择那些底质为沙石质、水位较深、河床裸露比较小的河段。

连南保护区大鲵的生长类型属于异速增长,在低龄阶段体重增长较慢,随着年龄的增长体重增长速率不断提高。驯养种群和放流种群的生存策略有所差异,在食物充足的驯养条件下,大鲵体重与体长近等速生长,放流种群则通过先增长体长来增加自身竞争力。

通过解剖、B超检查以及显微镜检三种方式,记录到的结果表明,部分放流大鲵已经达到生理性成熟。本研究在调查过程中尝试搜索卵带,采集精液,但是尚未发现卵带或者孵化的幼鲵等,也未记录到繁殖行为等证据证明放流大鲵能够自然繁殖。

本研究建立的生命表表明,连南大鲵放流种群2龄前死亡率较高,2龄后放流种群的存活率趋于稳定,约为20%,低于Zhang L根据一年内监测的十几尾3~5龄放流大鲵的存活率(50%),也低于罗庆华所得出的野外大鲵各年龄阶段的存活率。

2014年连南保护区调查河段的密度达到峰值,为42尾/km,之后连南大鲵的种群密度下降稳定在30尾/km左右,至2017年,连南大鲵野外存活的最小种群密度达到26尾/km。相较于目前大鲵的野外资源密度0.2~1.4尾/km,在某种程度上,保护区实现了种群资源量的恢复。

连南大鲵表现出恋穴行为,活动范围较小,10天内平均活动位移小于10m。同时,连南大鲵表现出季节性迁移的活动特点,雨季较旱季的主要活动河段上移约100m,小于日本大鲵的繁殖性迁移(200m)。

第十七章　保护对策

第一节　保护区综合评价

(一) 自然属性

典型性　连南大鲵省级自然保护区创建于 2000 年。该保护区及其周边大鲵种群，是至今为止我国还能在野外发现大鲵的少量分布点，也是大鲵这一我国特有的珍稀濒危物种自然分布的南界之一。这个分布点如今已严重的岛屿化，与其他分布点(区)严重隔离。

脆弱性　由于长期受到人类活动的干扰，连南大鲵省级自然保护区及其周边的森林植被已经出现一些人类干扰下的植被群落类型，如常绿落叶阔叶林植被类型在低海拔区域的出现等；这里的地质条件也反映了一定的脆弱性，这里出露的岩体主要为花岗岩、变质岩、砂岩等，很多山体由大小不一的球状花岗岩杂乱堆积而成，物理和化学风化明显，这些都反映了该区域的脆弱性。

多样性　经过种群遗传学和地质史的研究，连南大鲵种群属于珠江单元。珠江的形成早于长江和黄河，又由于有云贵高原的阻碍而与长江和黄河分离，由此产生早期大鲵种群分化成珠江单元和长江、黄河单元，并独自演变形成具有一定的遗传结构特征的单元。珠江单元的大鲵种群与其他地理种群有显著的遗传差异。因此，本地区的大鲵对于大鲵物种的遗传多样性具有重要意义。

连南大鲵省级自然保护区及其周边林区，不仅仅有大鲵在这里生息繁衍，同时还有獐、白鹇、领角鸮、虎纹蛙等珍稀野生动物在这里生息繁衍。据初步调查，就在这里记录野生脊椎动物 5 纲 23 目 78 科 216 种、野生维管束植物共 141 科 416 属 860 种。其中，蕨类植物共记录 20 科 37 属 58 种，裸子植物共记录 5 科 6 属 6 种，被子植物共记录 116 科 373 属 796 种。如果考虑到在不大的调查强度下记录这样的物种数，可以认为这里的生物物种多样性是丰富的。

保护区从海拔 400m 到海拔 1500m 以上，高差超过 1000m，加上这里属于中亚热带，随着海拔的升高，大大丰富了这里的景观和群落的多样性。

稀有性　连南大鲵保护区的大鲵是至今在野外可看到的大鲵种群中分布最南端的种群之一，这本身显示了其稀有性，而且这里还有多种珍稀濒危物种，其中，大鲵、虎纹蛙等 22 种为国家二级保护野生物种；大鲵、鹰嘴龟被列入 CITES 公约附录 I，虎纹蛙、松雀鹰、豹猫等 12 种被列入 CITES 公约附录 II。在植物方面，细茎石斛、建兰为国家一级保护野生物种，福建柏、红椿等 26 种为国家二级保护野生物种；金线兰、桫椤等 11 种植物被列入 CITES 附录 II；另外，还记录有中国特有种 40 种。这些充分反映了这里生物物种的稀有性。

自然性　由于大鲵主要栖息地都在海拔 1000m 以上，这个海拔范围受到人类活动干扰较少，植物物种和植被类型基本保持了其原生性，而且这里的大鲵种群由于长期与其他种群隔离，形成了自己相对独特的稳定的遗传多样性，这些都反映了该保护区的自然性。

（二）可保护属性

面积适宜性　保护区的大小以能满足保护对象正常繁衍生息为前提，与周边社区的经济建设和发展取得平衡为目标。大鲵对栖息地选择较为专一、活动区域限于相对高海拔的沟谷溪流及周围。连南大鲵保护区将该区域已经确认和可能分布有大鲵的沟谷溪流涵盖在内，而且基本以山脊作为保护区界限，加上外围有大面积的广东省重点生态公益林，因此认为目前保护区的面积还是基本合理的。同时，这个区域把该地区主要的典型生物群落包括在区内，达到了既保护大鲵种群，又保护它们的栖息地的目的。

科学价值　大鲵是体形最大的两栖类，它属于由水生脊椎动物向陆生脊椎动物过渡的类群，是研究动物进化的极好材料。大鲵对水环境的依赖非常强，迁徙能力较差，地理上的空间隔离更利于大鲵形成独特的种群间遗传多样性，因此它还是研究遗传多样性问题的一个好材料，此外，大鲵的性别决定方式较为复杂，它也是研究基因型和环境型性别决定的共同分子机制的好材料。与其他两栖类动物比较，大鲵的心脏构造特殊，已经出现了一些爬行类的特征，因此，是研究两栖动物和爬行动物系统发育的重要材料。由于大鲵珠江单元与其他单元的分化明显，而且在珠江单元中，连南种群又是最为孤立的种群，因此，它在研究大鲵物种演化、生态适应等方面具有重要意义。

社会和经济价值　该保护区所在地，连南县香坪镇经济落后、特别是排肚村村民受教育水平普遍较低，这里交通不便、信息闭塞，严重影响了当地生产和生活方式。通过建立保护区，引入新的理念、信息和技术，推动当地社区经济发展具有重要意义。

在广东，连南是目前唯一能确认的大鲵野外分布点，连南大鲵的命运就是广东野生大鲵的命运，如果能够加大保护力度，有效地保护和管理该大鲵种群，促进该种群的恢复和发展，将可以避免在广东野生动物灭绝物种名单中新增一个物种，这对于广东野生动物保护具有重要的社会意义。

（三）保护管理基础

历史沿革　连南大鲵保护区最早成立于 2000 年，行政上归属县农业局管理，日常工作由广东省渔政总队连南大队负责。2003 年经清远市人民政府批准升格为清远市级保护区。

机构设置和人员配备　目前保护区人员 2 人负责日常工作，3 人专职管护野外大鲵，使得大鲵有一个相对安全的生活环境。但保护区缺少相应的执法人员。

边界划定和林地管理权属　保护区已经在 5 个主要地点树立了界碑，进一步明晰保护区界限。保护区范围的林地主要为集体所有，保护区主管部门已经与林地所有者签订了相关林地管理权转让协议。

基础工作　①自建立保护区以来，清远市和连南县两级政府和有关主管部门，多次制定和发布有关大鲵和大鲵保护区保护和管理的通告、规定等，联合开展了资源本底调查，初步掌握了保护区大鲵种群分布和生态习性等，同时掌握其栖息地状况，为制定和执行有关的保护策略奠定了良好的基础;②与华南师范大学生命科学学院建立大鲵研究长期合作关系,并建立野外观察站;③在资金和人力短缺的条件下,协调有关工作,通过渔政队伍,加大执法力度,杜绝对大鲵的误捕和伤害;④结合有关工作,加大对保护区及其周边环境的监测,做到科研先行、监测一贯。

管理条件 本保护区地处偏远山区,社区人口基本为瑶族,这里的老百姓为人朴实,信赖和拥戴党和政府,遵守相关法律法规的意识明确,这些为保护区管理提供了很好的群众基础。

保护区已经开展初步的资源调查和建设规划,建立了野外观察站,为今后的大鲵等资源的监测、管护奠定了一定的基础。

第二节 保护目标

(一) 总体目标

建立健全保护区组织管理机构、规章制度、保护管理体系,完善基础设施建设,开展全面的科研和宣教工作,使保护区内的大鲵种群及其栖息的水生生态系统得到有效保护,各种野生动植物资源得以恢复和发展;正确处理眼前与长远、局部与整体的利益关系,尤其要妥善处理自然保护与周边地区、资源开发、当地经济建设的关系,促进该地区的民族团结、社会稳定、区域社会经济的繁荣发展。

(二) 近期目标

遏制保护区野生大鲵及其栖息地生态系统及生物多样性遭受破坏的趋势,实现生态资源的正向积累和生态服务功能的逐年增强,完善保护区管理体系,加强配套设施和基础设施建设。具体目标为:

(1)开展野生动物特别是大鲵的救护、繁育工作,遏制大鲵种群下降趋势,使大鲵种群得到一定的恢复和发展。

(2)开展大鲵种群重建恢复工作,丰富大鲵遗传多样性。

(3)建立高效的保护区组织管理机构,培养造就思想素质好、业务能力强的管理和技术队伍。

(4)在保护区的扩建片区建立起必要的基础设施和配套设施,形成有效的管理机构,使保护区自然资源得到有效保护。

(5)完善保护管理体系,初步建立科研监测体系和宣传教育体系。

(三) 远期目标

在自然资源得到有效保护、特别是珍稀濒危野生动植物资源得到恢复和发展的前提下,区内自然资源得到合理适度的开发利用,使保护区的自养能力达到较高水平,促进保护区、社区自然保护事业和社会经济的可持续发展,并最终实现基础设施先进,保护管理体系完善,科研与宣教工作充分开展,社会经济有较大发展,达到国内先进水平的自然保护区。具体目标为:

（1）逐步在保护区核心区和一部分缓冲区清除已建拦水坝、引水渠和引水管等人工水利设施，恢复大鲵野外种群栖息地的自然状态。

（2）开展科学监测和研究试验，特别是开展对大鲵及其栖息地生态系统的监测及研究；完善野生动植物和生态环境因子监测网络。

（3）逐步回收林地使用权，停止人工林的种植砍伐。采取人工抚育方式，逐步恢复保护区内天然植被。

（4）引进专业人才，加强技术人员培训，加强对外交流。联合国内外大专院校、科研院所共同开展相关科研及监测工作，解决保护区亟需解决的保护应用问题。

（5）积极开展宣教工作和社区共管工作，使保护区社区群众在文化生活和经济收入水平方面都有一定提高。积极引进资金，发展多种经营，逐步提高保护区的自养能力。

第三节　保护空间布局

（一）区划原则

整体性原则　该保护区的保护对象大鲵种群及其栖息地作为一个整体进行保护，不能因为顾此失彼，降低保护效果，有利于保证生态系统完整，保护对象有适宜的生长、栖息环境和条件。

连续性原则　该保护区的保护对象是大鲵种群及其现实的和潜在的栖息地连片保护，对于连片区域中部分不理想或质量不高的生境辅以人工修复，加速大鲵栖息地的恢复和发展。

有效性原则　功能区的划分应力求完整、务实，有利于对保护对象进行重点保护，保持大鲵栖息地的完整性；尽量隔离或减轻不良因素的干扰和破坏，核心区外围有较好的缓冲条件；有利于自然保护工作的开展，便于各项管理措施的落实。

功能区边界划分原则　以地形、溪流、林缘、道路等界线为主，使功能区有明显的边界。

建立协调发展的保护管理体系的原则　既有利于全面保护自然生态环境和自然资源，也有利于保护区的长远发展。

（二）区划依据

依据《中华人民共和国自然保护区条例》《中华人民共和国水生动植物自然保护区管理办法》《自然保护区工程总体设计标准》《广东连南大鲵省级自然保护区四至范围及功能区调整可行性科学考察报告》等，结合保护区建设的性质、目标、大鲵种群及其栖息地质量、植物群落以及动物分布与活动区域，并考虑当地自然保护区业务主管部门和有关地方政府的意见和建议进行保护区功能区划。

第十八章　保护区能力建设

第一节　保护管理建设

(一) 保护的原则和目标

1. 保护原则

(1)坚持依法保护的原则。认真贯彻执行国家有关自然资源保护的方针、政策、法律、法规和广东省地方政府的有关规定，依法对保护区内各种自然资源、自然景观和生态系统实行严格保护；

(2)坚持全面保护、科学管理、重点突出、合理布局的原则；

(3)坚持森林生态系统自然演化规律的原则；

(4)坚持生态恢复和经济发展相协调的原则；

(5)坚持保护管理方案先进性、可操作性的原则；

(6)坚持与保护区已建工程相衔接，不重复建设的原则。

2. 保护目标

通过保护区的保护管理建设，使大鲵种群及其栖息地得到有效保护，使以大鲵为代表的珍稀濒危野生动物资源得到恢复和发展，并探索合理利用自然资源的有效途径，促进自然生态系统进入良性循环与自然演替，达到人与自然的共生、和谐。

(二) 保护措施

1. 贯彻执行有关政策、法规

严格贯彻执行国家和广东省有关自然保护的政策、法规、条例，使自然保护区的管理尽快走上法制化、规范化轨道。

2. 建立健全规章制度

建立健全自然保护区各管理岗位的岗位和目标责任制，严格管理、明确责任、奖优罚劣。

3. 完善健全保护管理体系

建立健全保护区管理处—管护站—管护点三级垂直保护管理体系，管理处—渔政执法—森林公安组成的管理执法体系，严格落实各方的责任义务，完善健全全面、合理、机动的保护管理体系和队伍。

4. 编制保护区管理计划

保护区管理计划是保护区开展各项工作的指导性文件，对于保护区的有效管理具有十分重要的现实意义，成为当前国际上衡量保护区管理水平的重要指标。必须在对保护区历史和现状资源、社会经济状况等进行全面系统调查的基础上提出科学、合理、规范的管理实施方案和计划，使保护区的管理工作有的放矢、有条不紊。

5. 制定保护区管理办法

按照有关自然保护区管理规定，争取当地政府支持，组织渔政、林业、环保等部门行政领导、保护区领导干部及专业技术人员、执法人员等组成的项目组，在充分调查、研究、咨询、论证的基础上，尽快制定出自然保护区管理办法，做到依法保护、以法治区、有法可依、有章可循。

6. 完善保护管理设施、设备

完善大鲵等野生动物资源管护、环境资源监测等设施设备，提高保护管理成效。

7. 加强保护力度

加强对出入保护区人员的检查，严查捕杀大鲵等珍稀濒危野生动物资源的行为，保障保护区内野生动物及其栖息地的安全和发展。

8. 发挥社区在保护中的积极作用

在建立健全专业保护管理队伍的同时，对保护区内及周边地区群众进行宣传教育，提高群众的保护意识。在此基础上，订立乡规民约，组织区、社联防队伍，进行群护群防。

9. 加强科学交流与学习

科研监测一方面是保护区利用的一种独特方式，另一方面是加强保护区科学保护与管理的有效手段。因此，在保护的基础上，应提高保护区的科研监测水平，加强国际合作，引进国外的先进科学技术与保护管理经验。

(三) 主要保护对象保护规划

1. 大鲵种群保护

(1) 大鲵救护中心

大鲵救护中心用于紧急救护及医疗大鲵等保护区野生动物，规划设立于保护区万坑亚管护站内，配备相关救护设施、设备及办公设备，并配备具有专业兽医及疫源疫病防治知识的医务人员和技术人员，满足其正常需要。

(2) 种群生存力保护

加强对保护区大鲵种群资源及其栖息地的管护力度，降低其受到的人类干扰，保障和维持大鲵种群的健康发展。以现有万坑亚管护站的驯养种群作为基础，对在野外存活 2~3 年的健康个体，逐步移居至六卜、上洞和黄莲等片区，形成 4~5 个大鲵野外亚种群，逐步恢复当地溪流的野外种群数量，增强大鲵种群的野外生存力。

(3) 种群遗传多样性保护

保护区核心区特别是三家冲(1 号驻点)禁止采用任何增殖放流措施，保证区内原生种群基因免受污染。在核心区以外的溪流增值放流时，应对引入的大鲵个体做遗传识别，建立放生大鲵的个体遗传科学档案及数据库，为保护区大鲵的科学监测提供重要参考，保证群内大鲵的种群遗传多样性。

(4) 警示牌

警示牌用于警示破坏大鲵等珍稀濒危野生动物资源等的违法行为，及警示破坏保护区内森林资源等的违法行为，采用大型钢架薄铁板制成，设立 10 块。

（5）监控摄像及预警

在排肚村万坑亚管护站站址建立大鲵保护管理监测系统，运用视频监测系统、预警监测系统和通信设备等实时掌握保护区重点管控区域的动态，坚决杜绝大鲵分布区域内的人类活动。

2. 栖息地保护

（1）移除拦河坝与引水管

为恢复大鲵野外种群栖息地，根据大鲵原生栖息地的特点，逐步在保护区核心区和一部分缓冲区清除已建拦水坝、引水渠和引水管等人工水利设施，恢复大鲵栖息地的自然状态。

（2）加强栖息地管护力度

进一步加强相关保护管理措施，加大保护力度，对大鲵赖以生存的溪流环境进行严格保护管理，保障其溪流水生生态系统的物种多样性和稳定性。

（3）加强人工林种植及砍伐管理

由于历史原因，保护区尚有部分林地使用权归个人所有。对这些林地应与个人签署协议由保护区统一管理，或采取种植与砍伐报备的方式规范保护区内人工林管理。对保护区内的林木所有权采取赔偿赎回或到期回收等多种方式逐步收回集体或国家所有。

（四）保护管理设施建设

1. 保护管理体系建设

保护区分三级管理：管理处—管护站—管护点。

（1）保护管护站区划：主要是完善功能区区划，进行分区管理，分级保护。保护区设万坑亚1个管护站。

万坑亚管护站，位于香坪镇排肚村，下辖三家冲（1号驻点）和万坑（2号驻点）2个管护点和1座森林防火视频监控系统野外监控塔。

（2）管护站建设：每个管护站规划建筑面积200m²，内设办公室、会议室、环境宣传室、卫生间和职工活动用房等，房屋为框架结构。万坑亚管护站要满足科学考察、生态旅游、生态环境保护宣传教育基地等需续建。

（3）管护点建设：为提高保护管理效率，加强对大鲵野外种群的保护及监测，在三家冲（1号驻点）和万坑（2号驻点）设立2个管护点。万坑（2号驻点）管护点已建，建筑面积230m²，框架结构；三家冲（1号驻点）规划建筑面积150m²。

2. 界碑、界桩和标牌

为了明确保护区范围和功能分区界线，需设置必要的界碑、标桩、标牌。界碑等均采用坚固耐用材料制作，字目应明确、通俗易懂、准确简练。

（1）界碑：为了提示进入保护区的人员，也为了宣传保护区的相关法律和规定，在与保护区边界附近的自然村和人为活动较多的地区修建保护区界碑，共10座。

（2）界桩：界桩分为保护区区界界桩和功能区界桩。保护区的区界性界桩是标明自然保护区的边界。因此，区界性界桩主要设置在保护区周边相邻边界上。界桩规格和界桩之间的距离等按《自然保护区总体规划标准》的要求结合保护区公益林管理，采用钢筋水泥柱，在保护区边界上每隔 0.5km 设置 1 根，计 94 根。

此外，为明确标注核心区和缓冲区界，在核心区和缓冲区界线上每隔 1km 设界桩一根，共需设核心区界桩 45 根，缓冲区界桩 48 根，共计 93 根。

（3）标牌：标牌包括标志牌和解说性标牌。标志牌是为标志保护区界限，沿保护区边界四周设区界性标志牌 10 块，用大型钢架薄铁板制成；解说性标牌供宣传和介绍情况所用。解说性标牌采用大型钢架薄铁板制成，设置 10 块。

界碑、界桩、标牌建设规划详见表 18-1。

表 18-1　碑、桩、标牌建设规划表

名称	数量(块)	作用	材料	规格
界碑	10	指示性、限制性	砖混基座、面饰大理石	400cm×300cm×50cm
界桩	187	指示性、限制性	钢混	10cm×10cm×100cm
解说性标牌	10	解说性	钢板	300cm×200cm×3cm
标志牌	10	指示性、限制性	钢板	300cm×150cm×3cm

3. 森林防火规划

（1）防火措施

①以防为主，搞好护林防火的宣传教育工作。保护区的每位工作人员，既是森林的管理员，又是防火的宣传员。要认真宣传国家关于保护生态环境的指示精神，宣传《森林法》、《森林防火条例》等法律法规，宣传护林防火的好人好事及典型经验，介绍森林防火、扑火的基本知识和护林防火的规章制度。

②建立有效的防火制度和应急机制。建立护林防火责任制度是保护好自然资源免遭危害的保证。保护区在落实区内护林防火责任制度、巡护瞭望制度、火情报告制度、奖惩制度的同时，还要与当地政府、周边村委会合作，共同制定护林防火联防制度等。

③严格控制火源。防火期严禁野外烧荒弄火，严禁个人在野外烧饭、取暖和吸烟弄火。防火期内，行驶在保护区的各种车辆必须安装防火设备，严防喷火、漏火。在非防火期内，如果天旱久晴、气温连续上升、刮大风的天气应采取严格控制火源，加强巡逻检查、实行临时防火戒严等措施。

（2）建设内容

①建立健全护林防火组织系统。在保护区管理处设立护林防火指挥机构，配备专职人员负责护林防火工作，并以保护管理处工作人员为核心组建兼职扑火队伍，同时配备相应的扑火设备，如防火指挥车和森林消防车、风力灭火机、扑火组合工具、摩托车等。同时与当地政府和社区群众共同建立区域性的护林防火联防组织，互通情报，互相支援，共同作好联防工作。为提高扑火队伍的扑火能力，还须定期进行防火知识和灭火技术培训。

②林火预测预报系统。为贯彻"预防为主，积极扑救"的防火方针，规划建立计算机林火预测预报信息系统。主要建设内容是计算机及其外设的硬件配置和林火预测预报信息系统软件的应用。其原理是通过保护区可燃物、易燃物和历年火情资料，并结合天气情况进行火险的预测预报。

③森林防火视频监控系统及森林资源监测体系建设。目前保护区还依然存在部分人为活动比较多的区域。为加强森林火险的预防监控和森林资源的监测，规划在保护区新建4座野外视频监控塔。

④林火隔离网建设。为防止森林受火灾危害，在居民点附近和大片面积的纯人工林、人工林与草坡交界处、面积较大的草坡等区域，利用木荷和白桂木等耐火的乡土树种营造宽10m的生物林火隔离带。

⑤防火设备配备。保护区内一旦发现森林火灾，需要立即采取措施，予以扑灭。为此，保护区管理处配置森林防火车辆2辆，车载电台2台；其他设备还需风力灭火机10台、扑火装备35套、消防人员装备35套（表18-2）。

表18-2　防火设备清单

序号	项目	合计	管理处	管护站	管护点
1	防火宣传车(辆)	1	1	0	0
2	防火车辆(辆)	2	0	2	0
3	车载电台(台)	3	1	2	0
4	风力灭火机(台)	10	0	5	5
5	扑火装备(套)	35	5	20	10
6	消防人员装备(套)	35	5	20	10

4. 森林病虫害防治规划

由于历史的原因，保护区及其周边有部分人工林，提高了发生森林病虫害机会，因此需要予以重视。

病虫害防治坚持"预防为主、综合防治"和以生物、物理防治为主，化学防治为辅的原则。根据保护区病虫害的实际情况，防治规划如下。

(1)查清害虫种类、发生面积、危害程度等基本情况，建立保护区病虫害目录档案。

(2)建立预测预报GIS系统，进行定点、定位、定时观测，对主要害种生活史、习性、生物学特性及发生、发展规律进行系统研究，开展预测预报工作。

(3)作好病虫害发生发展的动态规律预测预报工作，防治措施采用生物防治为主，化学防治、物理防治为辅的综合防治措施。在保护区内设置病虫害预测预报点，定期观测，及时防治。同时加强外来种苗的检疫工作，杜绝病虫害的侵入和蔓延。

(4)引进和采用国内外先进技术，提高对病虫害的综合防治能力，并配备防治喷药车、喷雾器、打药机等设备，培养专、兼职防治技术人员。

5. 外来物种防控

外来物种对生态系统安全构成巨大威胁。在保护区周边的金棕藤等外来物种对原生生态系统具有潜在干扰风险。规划尽快清除外来物种，建立完善的外来物种监测和检疫制度，加强物种检测、检疫、防控和监测。

(五)保护管理工程

1. 大鲵种群监测系统

建立及完善"水下摄像—芯片标记—DNA个体识别"的种群监测体系，为掌握区内大鲵种群状况提供翔实的科学依据。在排肚村万坑保护站站址建立大鲵保护管理监测系统，运用视频监测系统和预警监测系统等实时掌握保护区重点管控区域的动态，坚决杜绝大鲵分布区域内的人类活动。

2. 大鲵野外种群恢复工程

以现有万坑亚管护站的驯养种群作为基础，对在野外存活 2~3 年的健康个体，逐步移居至六卜、上洞和黄莲等片区，逐步恢复当地溪流的野外种群数量，增强大鲵种群的抗干扰能力。

3. 大鲵栖息地恢复工程

为恢复大鲵野外种群栖息地，根据大鲵原生栖息地的喜好，逐步在保护区核心区和一部分缓冲区清除已建拦水坝、引水渠和引水管等人工水利设施，恢复大鲵栖息地的自然状态。

4. 种质资源管理工程

对现有引入个体做遗传识别，根据现有的遗传多样性对今后引入的个体遗传本底科学选择，以保证种群的遗传多样性，保证本地种群基因免受污染作为指导原则。

5. 植被恢复工程

为恢复自然森林植被，根据因地制宜、适地适树的原则，在人类活动较严重的实验区实施植被恢复。坚决禁止天然林砍伐，停止人工林的种植，使天然植被逐步恢复。在实验区内的荒草地或荒废人工林，适当人工种植梅花或桃花等观赏性植物，营造山村景观，逐步形成生态旅游效益。

6. 护林防火工程

新建 4 座森林防火视频监控及森林资源监测野外监控塔，保护区管理处配置防火宣传车 1 辆，森林防火车 2 辆。

7. 病虫害防治工程

保护区及其周边有部分人工林，森林病虫害风险较大，为了保护生物多样性，病虫害防治是关键，为此，规划配备喷药车、高压打药机各 1 台。

第二节　科研监测建设

(一)任务与目标

(1)建立完善的科研监测网络，摸清大鲵等珍稀濒危野生动物的分布、生存方式、栖息地状况、适应环境能力及其活动规律、生活习性，为大鲵等珍稀濒危物种生存状况的风险评估及预警，为保护区的保护成效及保护规划目标的评估，为珍稀濒危动物的拯救及其恢复和繁衍提供科学的数据和决策依据。

(2)积极开展综合性科学研究，探索大鲵迁地种群野外繁殖状况、栖息地选择等保护区亟需解决的保护应用问题，为保护区更好实现对大鲵及其栖息地的保护提供重要的科学基础。

(3)开展社区经济与保护区可持续性发展关系的研究，寻找在周边社区有效开展保护工作的科学方法。

(二)科研监测的原则

(1)保护与发展相协调的原则。紧密围绕保护和发展的需要而开展项目研究,为保护、管理、开发及资源持续利用服务。

(2)以具有本区域典型特征、有代表性的自然资源与自然环境及珍稀濒危野生动物为主要对象开展科研监测活动。

(3)野外调查、监测与室内研究分析相结合的原则。选择有代表性的区域,布设调查路线,选取调查点与监测点,运用科学的方法和现代的监测技术,客观准确地记载野外调查、监测数据,科学系统分析资料,掌握保护区内主要保护对象种群变化规律,生态系统的演替与进程,为科研计划的实施提供依据。

(4)宏观与微观相结合、自然科学与社会科学相结合、生态学与社会经济学相结合的原则。保护区是一定区域内宏观系统的整体。保护区内的科研项目既要对保护区的整体进行宏观研究,又要深入细致地进行保护单元的微观研究,使科研目标明确,内容丰富。同时,要结合社会学、生态学、经济学和民族学等学科,实现保护区社会效益、生态效益、经济效益同步增长。

(5)科学性、先进性和实用性相结合的原则。科研项目要立足于高标准、高起点、高要求,力求科技领先、技术先进,同时,又要切合保护区保护、发展的实际需要。

(6)积极寻求国内外合作研究项目,锻炼培养科技队伍,促进科研水平的提高。

(三)科研和监测建设项目

1. 科学考察、监测项目

(1)野外大鲵种群固定样线监测。在保护区4个片区布设5条野外大鲵种群监测样带,通过搜查、标记和DNA个体识别等方法掌握大鲵野外种群的数量、分布、种群结构和野外繁殖等基本状况。

(2)壶菌等两栖类感染源监测。通过对保护区及周边地区大鲵及其他两栖类取样分析,检测其体内壶菌等感染源的情况,实时监测区内两栖类的个体及种群健康。

(3)生态环境因子监测。通过建立气象监测站、水文监测站等设备设施采集保护区内生态环境因子数据,分析其对大鲵及其栖息地的影响,为自然保护和管理提供科学依据。

(4)生物群落监测。利用红外线相机或其他手段,对保护区河流、水潭的水生生物,包括大鲵的食物和天敌及其他两栖生物进行监测,为保护管理工作提供可靠的科学数据。其监测样带与大鲵种群固定样线一致。

(5)珍稀濒危野生动植物监测。利用遥感、影像、音频等监测信息和现代电算技术开展区内其他珍稀濒危野生动植物监测,为保护管理提供科学依据。

2. 科学研究项目

(1)大鲵迁地种群野外繁殖条件研究。观察在保护区内的大鲵迁地种群是否有繁殖行为,研究探索影响大鲵野外繁殖的生态因子。

(2)大鲵适生栖息地选择研究。研究不同河段大鲵分布、种群状况等信息以及其所在位置的水文等信息,通过分析二者的关系,探究大鲵适生栖息地选择问题。

（3）大鲵人工繁育技术研究。研究、探索大鲵繁育方法、繁殖材料的储藏技术、大鲵幼体驯化技术等。

（4）珍贵乡土树种、民族药用植物的综合利用研究。

（5）经济动植物综合开发利用研究。

（6）社区可持续发展研究。

在当地自然、社会环境下，在小范围内选择一些具有代表性的群体，研究最佳的社区共管方式，以实现保护与利用、保护与发展相协调。

3. 科研与监测设施建设

（1）规划在连南大鲵省级自然保护区管理处办公楼新建科研与资源环境监测中心（与管理处办公楼合建），建筑面积 500m²，包括信息处理中心（含大鲵野外种群监测、珍稀濒危动植物监测）、标本室、中心实验室、动植物检疫室、档案室、图书情报室及网络维护等，并配备相应的科研监测设备。

（2）规划在保护区建立 3 个气象监测点，分别在东坡和西坡各建立 1 个气象中心站，在三家冲管护点（1 号驻点）设立山顶气象中心站；在保护区内河段修建 6 处水文观测点，在万坑亚管护站河段、三家冲管护点（1 号驻点）河段和万坑管护点（2 号驻点）河段分别设置西坡和东坡的水文观测点。

（3）建立信息管理决策系统。建立生物多样性保护信息系统和保护区地理信息系统。生物多样性信息系统包括环境因子信息系统、生态系统信息系统、濒危物种信息系统、分类标本收藏信息系统和遗传资源信息系统。通过收集、处理有关生物类群的空间分布数据，借助 GPS、计算机技术，建立生物类群的地理信息系统。

（4）购置水下摄像机、生物标记仪器、GPS 等大鲵种群监测亟需的仪器设备。

（5）对于大鲵 DNA 个体识别的测序工作，两栖类细菌感染状况等保护区无法独立完成科研监测工作，可通过与科研院所合作或购买社会服务等方式完成。

4. 科研队伍建设

（1）稳定现有队伍，引进专业人才。通过建设和完善科研设施，提高科研人员待遇，提供优惠条件等途径稳定现有的科技人员，吸引大专院校优秀毕业生和有经验的专业人员到保护区来工作。同时，可邀请国内外科研机构、高等院校的专家与科研人员来保护区开展科学研究、教学实习和技术培训。

（2）加强科研人员培训。以保护区为主体，通过请进来、派出去的办法，有计划地培养保护区的科技力量，提高保护区科研人员的业务水平。

（3）制定人才培养计划，提高科研人员的政治和业务素质。尽快培养出一批结构合理的科研骨干力量，鼓励在职继续教育，提高队伍素质。

（4）在科研人员中建立激励机制。把个人的工作业绩与个人的切身利益挂钩，把科研成果与职称、职务的晋升以及专业技术培训挂钩；对于做出重大科技成果的科研人员，给予奖励。

5. 科研组织管理

科研组织管理是合理组织研究课题，实现科研计划的保证。为此，需建立如下规章制度：科研经费专项使用制度；科研仪器、设备及用品使用制度；科研安全与资料管理制度；成果鉴定、评审和验收制度；课题研究人负责制度等。保护区的常规性科研项目由保护区科研监测科统一组织，国家下达项目或国内外协作项目采取课题项目负责人制度。

6. 科研档案管理

（1）档案内容

①科研规划及总结，包括中长期规划和年度计划、专题研究计划、年度科研总结、科研成果报告等。

②科研论文及专著，包括在国内外各级各类学术及科普刊物上发表的论文、文章及著作。

③科研记录及原始资料，包括野外观测记录、巡逻记录、课题原始记录、统计资料及图纸、照片、声像资料等。

④科研合同及协议等。

⑤科研人员个人工作总结材料。

（2）档案管理

①确定专人管理科研档案，实行档案管理岗位责任制。

②加强科技管理，建立科技档案管理制度。所有科研项目均纳入科技管理，建立专项科技档案，实现信息化管理。

③建立科研人员每年编写科研报告制度。将科研工作中发现的问题、取得的成果定期报告，以便尽快将科研成果应用于管理实践。

④完善档案收集及借阅制度，坚持按章办事，加强档案服务。

⑤建立档案管理规范制度。实行科学、规范的档案管理，统一规格、统一形式，统一装订、统一编号。对以往缺损的资料设法收集补齐。

⑥建立严格的保密制度。严格保密措施，确保科研档案不遗失或损毁。

（四）科研和监测工程

1. 科研和监测设施

规划在连南大鲵省级自然保护区管理处办公楼新建科研与资源环境监测中心（与管理处办公楼合建），建筑面积 $500m^2$，并配备相应的科研监测设备。

2. 监测工程

（1）生态环境监测

通过提供、分析影响生态环境的主导因子的基础数据，为自然保护和管理提供科学依据。规划在保护区西坡和东坡分别建立1个气象中心站，在三家冲管护点（1号驻点）建立山顶气象中心站；在万坑亚管护站河段、三家冲管护点（1号驻点）河段和万坑管护点（2号驻点）河段修建6处水文观测点，分别为西坡和东坡的水文观测点。

（2）固定样带监测

对保护区河流、水潭的水生生物，包括大鲵的食物和天敌及其他生物类群进行监测，为保护管理工作提供可靠的科学数据。其监测样带与大鲵种群固定样线一致。

3. 建立数字化信息管理系统

建立生物多样性保护信息系统和生物地理信息系统。生物多样性信息系统包括环境因子信息系统、生态系统信息系统、濒危物种信息系统、分类标本收藏信息系统和遗传资源信息系统。通过收集、处理有关生物类群的空间分布数据，借助 GPS、计算机技术，建立生物类群的地理信息系统。

第三节　宣传教育建设

(一)对周边社区群众的宣传教育

1. 组织宣传教育队伍

组织专门的宣传教育队伍，通过各种形式向社区群众宣传《野生动物保护法》《渔业法》《森林法》和《自然保护区条例》等有关野生动物保护和环境保护的法律法规、规章制度、方针政策和地方政府公告，增强保护区人员和社区群众野生动物保护的意识，使社区群众充分理解自然保护的重要性与必要性，并自觉地配合保护区的工作。

2. 建立宣教中心

在保护区内建立宣教中心。内设多功能展示厅、宣讲厅等，利用声光电等高科技手段进行生态布展，形象生动地展示保护区野生动植物资源状况，宣传自然保护知识。

3. 建立标本馆

在保护区内建立野生动植物标本馆。通过收集和展示保护区建立以来所保存的保护区内野生动植物标本，结合带有趣味性的小故事，形象生动地展示保护区内的生物多样性资源和生态系统，宣传野生动物的保护理念，增强人们的环境保护意识。

4. 制作视听材料

视听材料是公众了解保护区的直观材料。专门制作一套全面介绍保护区自然资源、自然环境、科学研究等情况的宣传品，出版图面和文字宣传材料以增进公众对保护区的了解与认识；制作一套介绍保护区自然资源和自然环境、珍稀、濒危野生动植物的录像片和幻灯片，向保护区内周边地区居民、中小学生播放，既可以提高保护区的知名度，还可以逐步地使人们增加对大自然的了解，并自觉加入到保护大自然的队伍中来。

5. 印发宣传单

宣传相关法律法规、野生动物保护、生态环境保护等知识，提高周边社区人民的保护意识。

6. 宣传牌

在保护区周边居民点和人类活动较为频繁的区域设立宣传牌，宣传以大鲵为主的珍稀濒危野生动物及其栖息地保护的必要性，提高周边社区人民的野生动物保护、森林防火和环境保护意识等。

宣传牌采用大型钢架薄铁板制成，设立 10 块。

(二)对外宣传

1. 建设自然保护区网站

设计并开通连南大鲵省级自然保护区网站，内容包括可以公开的保护区生物资源状况、保护区管理工作状况、保护区风景与生物图片库等，让外界更多的人了解保护区的现状和相关知识，扩大保护区的影响面。提供公开版的生物多样性数据库链接，对大鲵等珍稀濒危物种的相关信息进行科普宣传，并提供部分实时更新监测动态。以大鲵等物种为旗舰种，通过发布视频、动画等媒体形式，进行网络宣传活动，唤醒公众对珍稀濒危物种的保护意识。通过互联网等国际性宣传媒介对保护区进行宣传介绍，让更多的人了解连南的资源，从而吸引更多的人前往参观、考察，进一步提高保护区的知名度。

2. 通过媒体进行宣传

结合有一定知名度的报纸、杂志创办或合办专刊专栏，扩大保护区在社会上的影响。广泛组织相关媒体的新闻记者前来拍摄、采访，利用宣传机构反映保护区工作成就、保护区工作人员的面貌、保护对象的状况等。充分利用移动通信手段，实现在移动端上对保护区基本信息、保护对象及典型生态系统相关信息的科普、查询和互动宣传。设立连南大鲵省级自然保护区微信公众号，定期发布保护区的生物、生态信息和生态环保资料，吸引更多公众关注粤北山区生态保护工作。同时，充分发挥舆论监督作用，利用报纸、电视、广播等传媒报道保护大鲵等野生动物资源、依法处理破坏大鲵及其栖息地行为，起到威慑作用。

3. 社区宣传教育

与保护区周边乡镇中小学共建生态文明学校，保护区派专人任生态文明学校的环境教育辅导员，建立定期宣教制度，向社区的孩子教授自然保护知识，树立环境保护意识。

通过华南师范大学生命科学学院教学共建基地的平台，积极推动周边社区学生与珠江三角洲地区学生的交流。采用"引进来、走出去"的方式，一方面增加城市居民对粤西北生态保护、山区扶贫的关注，另一方面增强山区村民对当地生态保护责任的使命感。

积极开展环境日、植树节、野生动物保护宣传月、爱鸟周等内容为主题的夏令营活动，寓教于乐，创造自然保护的良好氛围。

与中小学、高校和科研院所共建教学实习基地，定期进行淡水溪流生态环境保护实践活动，开设淡水溪流生态实地考察课程，每年冬、夏可举办生态冬令营、夏令营。编制保护区相关科普教材，建立配套培训教室和实验室，提供教学实习的硬件设施和条件。

(三) 社区培训

(1) 加大对周边社区群众的法制教育，详细耐心地向群众解释阐明《中华人民共和国野生动物保护法》《中华人民共和国自然保护区管理条例》《中华人民共和国环境保护法》等政策性法律法规的条文规定，使法律、法规深入人心，形成群众知法守法、依法办事的良好局面。

(2) 协助社区政府搞好对社区群众的文化教育和农业专业技术培训，使每个农民都能掌握一种以上实用技术，为社区群众提供和推广先进、实用的科技成果，使社区群众尽快脱贫致富。

(四) 宣传教育工程

1. 宣传教育基础设施

(1) 建立生态环境宣教培训中心，与综合办公楼合建，建筑面积 $150m^2$。

（2）组织拍摄、印刷、出版保护区专题画册和光盘等 5000 册。

（3）建设自然保护区网站、开通及维护微信公众号等。

2. 职业培训

（1）开展职工业务培训，尤其是管理、巡护培训。

（2）对植物、动物野外监测的人员进行专业培训。

（3）其他科研、监测项目的技术人员的轮训和不定期技术培训。

（4）对周边政府干部、村民进行政策法规、环境保护、科技知识的培训。

第四节　基础设施建设

（一）局、站选址

1. 局址

（1）局址选择：综合考虑保护区资源管理、对外交流、人才引进、后勤保障及家属子女的就业、就医、上学等因素，规划将保护区管理处建于连南县三江镇。

（2）建设规模：新建管理处综合办公楼 2000m²，框架结构，其中办公用房 1000m²，科研监测中心 500m²，职工食堂、职工活动中心、车库、仓库、配电室、传达室等附属建筑 500m²。

2. 站址

管护站为保护区的二级管理机构。如前所述，规划新建 3 个管护站，平均建筑面积 200m²，总计管护站站房建筑面积 600m²。

3. 管护点

建立 2 个管护点，万坑（2 号驻点）管护点已建，建筑面积 230m²，框架结构；三家冲（1 号驻点）规划建筑面积 150m²。

（二）供电与通信

1. 供电

（1）局址：新建管理处综合办公楼所需电力供应直接由当地电网连接。安装变压器 1 台，容量为 800kVA。供电线路采用地下埋铺，长度为 2km。

（2）万坑亚管护站：所需电力供应直接由当地电网连接。安装变压器 1 台，容量为 800kVA。供电线路采用地下埋铺，长度为 3km。

（3）其他管护站：鉴于管护站用电容量不大，故直接由附近乡镇公共电网接入，每个新建管护站架设输电线路 1km，共计 3km。

（4）管护点：2 个管护点无法就近接电，供需配备小型水力发电设备 2 套，每个新建管护站架设输电线路 2km，共计 4km。

2. 通信

管理处和 4 个管护站可直接接乡镇电话网，但需架设共计 5km 电话线，安装电话 6 部。考虑保护区地处山区，管护点与管理处、站之间距离远、交通不便，连接电话线成本高，近期仅考虑为满足管护和巡护、防火的需要，管护站、管护点之间采用无线通信联系，即在保护区制高点建基地发射台1座，在管理处设基地台1个，并相应配备无线电台和对讲机。管理处、管护站各配1台无线电台，共计5台；对讲机管理处2部、管护站4部、管护点2部，共计8部。

(三) 生活设施

1. 供水与排水

(1) 供水：管理处生活用水可接三江镇所在地的自来水管网。万坑亚管护站下辖的2个管护点生活用水可利用山泉和山中溪流解决，为保证用水卫生清洁，管护站(点)需新建过滤池4个。

(2) 排水：管理处生活污水可接三江镇公用污水处理网。各管护站(点)排污经化粪池处理后排除，故新建化粪池4个。

2. 电视

为了使管护站职工能收看国内外新闻，丰富业余文化生活，规划每个管护站(点)各配备卫星电视接收设备1套，电视机1台。

(四) 交通、办公设备

1. 交通工具

鉴于保护区地处山区，交通不便，且目前交通工具缺乏，为保证巡逻管护和定点观测的需要，拟配备一定数量的交通工具。为此，规划管理处配备业务用车2辆，配备摩托车4辆；管护站配备摩托车16辆。

2. 办公设备

为保证日常办公需要并提高办公效率，管理处及各管护站(点)配备一定数量的办公设备(表18-3)。

(五) 基础建设工程

1. 局址建设工程

新建管理处综合办公楼2000m²(含办公用房、科研监测中心、职工食堂、职工活动中心、车库、仓库、配电室、传达室等附属建筑)，框架结构。

2. 基础设施建设

新建3个管护站，平均建筑面积200m²，总计管护站站房建筑面积600m²；新建1个管护点，三家冲(1号驻点)规划建筑面积150m²。

3. 供电与通信工程

(1) 供电

①局址供电：安装变压器1台，供电线路2km，采用地下埋铺。

②万坑亚管护站：安装变压器1台，供电线路3km，采用地下埋铺。

③管护点：安装小型水力发电设备2套，新架设输电线路4km。

（2）通信

管理处、管护站需架设共计 5km 电话线；建基地发射台和基地台各 1 座。

表 18-3 保护区办公设备配备表

名称	单位	数量	管理处	管护站	管理点	备注
业务车	辆	2	2	0	0	
摩托车	辆	20	4	16	0	
GPS	部	22	4	12	6	
对讲机	个	8	2	4	2	
电话	部	6	2	4	0	
计算机	台	20	8	4	0	
复印机	台	2	2	0	0	
传真机	台	2	2	0	0	
打印机	台	3	3	0	0	
办公家具	套	14	8	4	2	
会议室家具	套	2	1	1	0	
音响设施	套	2	1	1	0	会议室用
档案柜	个	24	12	8	4	
空调	台	18	10	8	0	
电视机	台	8	2	4	2	
生活器具	套	6	0	4	2	

第五节 多种经营建设

根据《中华人民共和国自然保护区管理条例》，自然保护区应属国家事业单位，其事业费由政府预算支出，自然保护区的主要任务是保护自然资源。然而，在目前政府预算有限的情况下，保护区也可根据自身的资源特点，在实验区因地制宜地开展多种经营，为保护区建设发展积累资金，提高自然保护区可持续发展的能力和从业人员的经济收入。

（一）建设原则

坚持"保护第一"的原则 多种经营必须限制在实验区，不得在核心区和缓冲区进行，不得对保护区的生态环境、自然生态系统构成危害。

有利于保护管理的原则　经营项目必须在维护保护区各项建设的前提下，因地制宜地开展经营，经营活动不得妨碍保护管理工作的正常开展。

不破坏动植物资源和景观的原则　保护区内开展的经营活动，要有益于生态系统各组成成分的调节适应能力和整体负荷补偿能力。经营要在一定的范围内规定适度和规模。

因地制宜，突出本地优势的原则　利用保护区丰富的动植物资源，开展国有、集体、个人相结合的多渠道、多形式的经营方式。

坚持以市场为导向和和因地制宜，开放搞活的原则　多种经营项目的选择应立足区内的资源优势，以市场为导向选择发展潜力大，效益好的项目。在经营管理上，要坚持市场经济的运营机制，切实做到与市场接轨。

坚持科技进步的原则　多种经营的开发必须以科技为本，提高从业人员素质，提高生产力，提高产品的市场竞争能力。

(二) 生产方式和组织形式

1. 生产方式

多种经营生产方式的选择，应有利于促进当地的经济发展和生产力水平的提高，为此兼顾国家、集体、个体三者利益，采取保护区与社区集体、个体以及混合经济等多种经济成分相结合的生产方式。

2. 组织形式

由保护区多种经营主管部门提出项目申请报告，作出项目建议书和可行性研究报告，报保护区管理处核实批准后进入实施阶段，保护区管理处指定或委托处办公室组织负责监督项目实施的过程。

(三) 多种经营项目和生产规模

1. 种质基地建设和人工养殖业

由于该保护区地理位置偏僻，交通设施较为落后，受人类的干扰强度较低。而且，保护区有丰富的珍稀野生动植物种质资源，适宜利用建立种质基地，进行珍稀动植物的繁育，发展低密度、无公害的人工养殖业，促进保护区的发展和带动周边地区的发展。

2. 绿色种植工程

保护区内森林郁郁葱葱，气候宜人，环境优越，是人们理想的自然乐土。规划利用保护区适宜的气候，洁净的环境，因地制宜开发绿色种植工程。主要种植具有本地特点的经济作物等，种植过程杜绝使用无机肥，避免人为污染，为社会提供绿色食品。

(四) 多种经营管理

在保护区统一领导下开展多种经营，同时必须按章办事，项目经充分论证，编制项目建议书和可行性研究报告，报主管部门审批后方可实施。

多种经营项目启动资金以贷款或自筹为主，积极拓宽筹资渠道。

在经营上根据市场经济的要求，通过招投标，采取承包、租赁、联营等多种方式，也可采用公司+农户的分散生产加工、公司集中包销的方式，以有利于社区农民致富。

多种经营人员原则上不列入编制，从业人员以合同工和临时工为主。

保护区对社区农民开展多种经营生产给予必要的技术指导和市场信息咨询，以降低农民生产风险。

（五）可持续发展工程

1. 大鲵野外驯化工程

为恢复保护区大鲵野外种群数量，在维持保护区生态环境稳定的前提下，对大鲵进行救护和野化训练。配备急救室、观察室、实验室、食料房、种苗池、饲养池、幼苗池等，共计500m²，配备必要的仪器、设备。

2. 社区服务工程

利用保护区水产养殖技术优势，创新稻田养鱼模式，改进技术措施，提高稻田养鱼经济效益，帮助周边社区改进养殖技术，增加农民收入。创新鹰嘴龟繁育试验及生态养殖模式，加快开发棘胸蛙、大鲵等人工养殖，实现鹰嘴龟、棘胸蛙、大鲵等养殖可持续发展，带动山区农民增收致富。

3. 品牌推广工程

利用保护区天然、无公害的环境优势，加快周边社区农副产品的品牌推广工作。特别是帮助周边社区有机稻、稻田鱼等具有地方特色产品的市场推广。

第六节　社区共管建设

（一）社区共管的原则和目标

1. 原则

（1）在保护自然生态系统不被破坏的前提下，发展社区经济。

（2）各项建设项目安排在保护区的实验区或区外的周边地区。

（3）项目开展有利于引导农民参与保护区管理和脱贫致富。

（4）有利于安定团结和经济发展，兼顾各方利益和优势互补的原则。

（5）规划项目要尊重当地传统文化，发展要既有利于资源保护和恢复，又要符合社区发展需要和国家与区域的产业政策。

2. 目标

结合国家精准扶贫的相关政策，充分利用区内的资源优势，带动周边社区的社会经济发展，带动社区群众脱贫。通过社区共管，充分发挥保护区的技术、信息和资金优势，建立保护区与周边社区融洽的伙伴关系，取得社区政府的配合和社区群众的支持，提高社区群众的自然保护和环境保护意识，协调人民群众生产生活与自然保护的关系；通过帮助社区发展经济和公益事业，逐步减少社区对保护区野生动植物资源的依赖，逐步缓解乃至最终消除保护区自然保护工作的压力。

（二）社区共管建设

1. 成立社区共管委员会

共管委员会领导和成员由保护区管理处、县渔政大队、乡镇政府和周边村委会领导和群众组成。管委会负责协调和处理保护区和周边社区的重要事务。

2. 建立社区共管小组

在社区共管委员会的领导下，各周边村委会建立共管小组。小组领导由管护站站长、村委会主任、派出所所长组成，成员由管护站、村委会有关成员以及巡护员和村民组成。

3. 共管职责

（1）制定"保护公约"。由社区共管委员会制订"保护公约"，规范周边社区群众与保护区有关的生产、生活等方面的乡规民约、规章制度，明确保护区与社区的责、权、利关系，及时协调保护区和社区的利益关系。

（2）建立乡、村级联络员制度。通过联络员做好保护区与社区信息的及时沟通，确保有关工作的顺利进行。

（3）建立示范项目。根据保护区及周边社区的实际情况，有针对性地建设多种经营、生态旅游示范项目等，引导和带动社区群众共同致富。

（4）提供技术、资金支持。保护区可利用自身的技术、人才优势，配合当地政府为社区群众推广实用科技成果，提供科技培训和技术指导，使社区群众掌握一门以上的实用技术。

4. 社区共管项目

（1）社区科技培训工程：发挥保护区的科技、人才优势，帮助社区群众提高科学文化素质，实现科学致富，规划实施社区科技培训工程，利用保护区宣教中心的设施，由保护区配备专门的科技人员，定期对社区群众进行科学种植、养殖、自然保护等知识的培训，提高社区群众的整体素质，以促进自然保护与社区共同发展。

（2）绿色种植工程：保护区内森林郁郁葱葱，气候宜人，环境优越，是人们理想的自然乐土。规划利用保护区周边社区适宜的气候、洁净的环境，开发绿色种植工程。主要种植亚热带水果和经济作物等，种植过程杜绝使用无机肥和化肥农药，避免人为污染，为社会提供绿色食品。

（3）生态旅游服务：为增加社区群众就业机会，提高收入水平，改善生活条件，规划结合保护区生态旅游工程，结合瑶族同胞的民俗特色，开展"农家乐"旅游项目，由保护区提供客源，社区群众提供吃、住等服务项目，使游客领略保护区优美的自然风光和体验人与自然和谐共存的理想生活方式。

第七节　管理机构与能力建设

1. 组织管理结构

（1）组织管理机构设置原则

按照《自然保护区工程建设标准》（试行）有关规定，结合保护区当前和长远工作的重点和要求，本着高效、精干、合理的原则。和体现保护区管理的科学性、整体性和先进性的原则，进行组织机构设置。

（2）组织管理机构

保护区管理机构内设置包括办公室、财务科、保护管理科、科研监测科、社区共管科和宣传教育科等职能机构。根据机构设置原则，保护区管理机构的任务与职能如下。

①办公室：参与政务、处理日常事务、人事工资、职工培训、档案管理、公文撰制、信息联络等。

②财务科：财务、基建管理、预算决算、物资后勤、计划报表等。

③保护管理科：资源保护、护林防火、区界维护、林政管理等。

④科研监测科：科技咨询、技术设计、专题研究、资源监测等。

⑤社区共管科：多种经营、养殖业生产。

⑥宣传教育科：负责自然保护区的宣传、教育和培训工作，通过各种媒介对保护区的职工、周边社区，以及全社会进行有关自然保护区各项法规的宣传教育，增强民众保护生态环境的意识。

2. 内部管理体系

（1）管理处

①贯彻落实国家及地方有关自然保护区的方针、政策、法律和规范；

②组织、制定、实施保护区的近期和远期发展规划，制定、实施保护区的各项管理制度、规定和措施；

③全面负责保护和管理好保护区的自然资源、自然环境和历史文化遗迹；

④负责对外业务联系（包括协调与当地政府、群众团体的关系，批准对外合同、协议，外出考察、学术交流等）；

⑤做好职工的思想政治工作和文化、业务素质培训和教育工作；

⑥指导协调监督检查各职能部门的工作，决定干部任免和职工的表彰、奖励与处分。

（2）管护站

①负责制定管护区域工作计划，落实各项管护措施；

②执行保护法规，对管辖范围进行定期巡护，发现问题要及时处理，重大案件要及时上报；

③参与科研监测、调查、收集和整理本站科研资料。

3. 人员配置

（1）人员编制原则

①精兵简政原则

减少非直接参加保护及管理工作的人员数量，经营性单位的人员编制除管理人员外不列入保护区编制；

②"精干、实用、高效"原则

采用"定岗、定职、定员、兼职"的定编方法和"因事设岗、因岗定人"的用人制度。

（2）人员编制

保护区规划总编制15人，另外聘用巡护人员20人（表18-4）。

表 18-4　保护区规划人员编制表

岗位	现有职工	规划职工	在编
领导岗位	2	2	√
办公室	1	1	√
财务科	1	1	√
保护管理科	1	2	√
科研监测科	0	1	√
社区共管科	1	2	√
宣传教育科	0	2	√
保护管护分站站长	0	4	√
在编合计	6	15	√
外聘巡护人员	8	20	
总计	14	35	

4. 能力建设

（1）人才资源

①有计划地培养保护区的科研力量，通过请进来、派出去的办法提高保护区科研人员的业务水平。

②通过提高人才待遇，完善保护区专业人才引进后勤保障政策及措施，增加保护区吸收大专院校、科研院所毕业生的吸引力。对现有职工不断进行专业技术培训，逐步壮大保护区专业队伍。同时，邀请国内外高等院校、研究机构专家与科研人员来保护区开展科学监测和研究。

③注重提高科研人员的政治和业务素质。制定符合实际的人才培养规划，尽快培养出一批结构合理的保护区技术骨干力量。鼓励在职深造，树立优良学风，倡导上进和钻研精神。

④积极开展面向保护区周边群众、中小学的科学普及工作，激发人们热爱自然、探索自然的兴趣，增强保护环境的自觉性与积极性。

（2）掌握本底、依法管理

①开展土地利用现状、权属等全面调查，摸清本底。充分掌握保护区的动植物资源状况，并进一步利用 3S 技术等建立起保护区数字化平台，摸清保护区资源。

②在清楚掌握本底资源的情况下，做到与周边土地权属清晰，无土地权属争议，可为保护区依法管理、协调当地社区关系等奠定基础，提高保护管理工作与周边社区经济发展的协调性。

参考文献

阿力木江·克热木，2015. 普氏野马空间行为研究及生境适宜性评价［D］. 北京：北京林业大学.

艾为明，敖鑫如，2006. 人工繁殖大鲵性腺组织学观察［J］. 水利渔业，26(5)：37-38.

卞伟，1997. 大鲵生物学及人工养殖技术［J］. 渔业信息与战略，(10)：11-19.

陈锡沐，张常路，李秉滔，1994. 广东车八岭国家级自然保护区种子植物区系研究［J］. 广西植物，24(4)：321-333.

陈永乐，2008. 南方水产养殖实用技术［M］. 广东：南方日报出版社.

陈云祥，阳爱生，江辉，等，2006. 大鲵性腺成熟度的外部感官鉴别［J］. 水生态学杂志，(6)：52-52.

俸新辉，2009. 人工控制的海南坡鹿(*Cervus eldi hainanus*)种群动态研究［D］. 广州：华南师范大学.

戈峰，2008. 现代生态学［M］. 第 2 版. 北京：科学出版社.

葛荫榕，郑合勋，李继海，1995. 大鲵年龄与生长的初步研究［J］. 河南师范大学学报(自然科学版)，23(1)：59-63.

葛荫榕，郑合勋，1994. 大鲵的自然繁殖周期［J］. 河南师范大学学报(自然科学版)，(2)：67-70.

郭永灿，李廷宝，仓道平，2005. 中国大鲵生殖生理研究进展［J］. 生命科学研究，9(2)：99-104.

何杰坤，郜二虎，等，2018. 中国陆生野生动物生态地理区划研究［M］. 北京：科学出版社.

胡小龙，1987. 安徽大别山区大鲵的生态研究［J］. 安徽大学学报(自然科学版)，1：69-73.

黄华苑，2002. 中国大鲵循环系统的解剖与组织学研究［D］. 桂林：广西师范大学.

黄文新，2005. 湖南通道侗族自治县种子植物区系研究［D］. 长沙：湖南师范大学.

黄真理，常剑波，1999. 鱼类体长与体重关系中的分形特征［J］. 水生生物学报，04：330-336.

季必金，熊源新，郭彩清，等，2008. 贵定岩下大鲵自然保护区苔藓植物的物种组成［J］. 山地农业生物学报，27(1)：33-41.

江海声，练健生，冯敏，等，1998. 海南南湾猕猴种群增长的研究［J］. 兽类学报，(02)：21-27.

江海声，刘振河，袁喜才，等，1988. 海南岛南湾半岛野生猕猴的繁殖研究［J］. 兽类学报，8(2)：105-112.

江海声，刘振河，袁喜才，等，1989. 猕猴(*Macaca mulatta*)生命表研究［J］. 动物学报，

（04）：409-415.

蒋志刚，马克平，韩兴国，等. 1997. 生物多样性研究丛书：保护生物学［M］. 杭州：浙江科学技术出版社.

蒋志刚，2014. 保护生物学原理［M］. 北京：科学出版社.

解焱，李典谟，Mackinnon J.，2002. 中国生物地理区划研究［J］. 生态学报，22（10）：1500-1615.

康光侠，2011. 海南水鹿（*Cervus unicolor hainana*）种群生物学及栖息地研究［D］. 广州：华南师范大学.

李灿，殷梦光，徐小茜，等，2013. 放养密度和饵料种类对中国大鲵幼苗存活与生长的影响［J］. 水产学杂志，26（1）：23-26.

李峰，兰亚莉，渊锡藩，1998. 大鲵的繁殖生物学研究概况［J］. 水产养殖，4：24-25.

李贵禄，周道琼，1983. 大鲵生态初步研究［J］. 大自然探索，（1）：110-113.

李景侠，康永祥，毕永周，1999. 陕西牛背梁保护区种子植物区系的基本特征［J］. 陕西林业科技，2：10-13.

李良千，张春芳，宋书银，等，1991. 湘西北壶瓶山自然保护区植物区系［J］. 植物分类学报，29（2）：113-130.

李陆嫔，黄硕琳，2011. 我国渔业资源增殖放流管理的分析研究［J］. 江西水产科技，20（3）：1-5.

李培青，朱必才，王宇峰，等，2010. 多普勒 B 超鉴定中国大鲵性别（英文）［J］. 生物学杂志，27（1）：94-96.

廖富林，1995. 广东梅县阴那山植物区系的研究［J］. 嘉应大学学报（自然科学），1：103-109.

林思亮，2011. 广东省大鲵（*Andrias davidianus*）保护的研究［D］. 广州：华南师范大学.

林锡芝，肖汉兵，刘鉴毅，1989. 大鲵的生长观察［J］. 淡水渔业，19（6）：27-29.

刘宝和，1990. 浙江九龙山中国大鲵的生态调查及饲养观察［J］. 野生动物，4：12-14.

刘国钧，1989. 我国的稀有珍贵动物-大鲵［J］. 动物学杂志，24（3）：43-45.

刘鉴毅，林锡芝，杨焱清，等，1994. 大鲵早期胚胎发育观察［J］. 动物学杂志，29（4）：42-46.

刘鉴毅，肖汉兵，林锡芝，等，1993. 人工生态条件下提高大鲵催产率技术初报［J］. 淡水渔业，23（3）：11-12.

刘鉴毅，肖汉兵，林锡芝，1992. 大鲵饲养池水质状况分析［J］. 淡水渔业，22（2）：16-18.

刘鉴毅，杨焱清，肖汉兵，等，1995. 中国大鲵人工孵化生态初报［J］. 淡水渔业，25（2）：8-9.

刘鹏，吴晓渊，1994. 马鬃岭自然保护区与邻近地区植物区系关系的探讨［J］. 浙江师大学报（自然科学版），17（1）：75-80.

刘诗峰，杨兴中，田英孝，1991. 汉江支流湑水河流域大鲵数量统计方法的探讨及其资源［J］. 动物学杂志，（6）：35-40.

刘小召，2014. 大鲵年龄鉴定方法研究［D］. 武汉：华中农业大学.

刘洋，魏琴，马瑞章，等，2011. 黄樟油及其植物资源研究进展［J］. 宜宾学院学报，11（12）：85-88.

刘懿，2008. 不同养殖模式下大鲵的生长发育及繁殖特性研究［D］. 长沙：湖南农业大学农学院.

罗庆华，康练常，2009. 张家界国家森林公园金鞭溪河段大鲵栖息地特征［J］. 生态学杂志，28（9）：1857-1861.

罗庆华，刘清波，刘英，等，2007. 野生大鲵繁殖洞穴生态环境的初步研究［J］. 动物学杂志，42（3）：114-119.

罗亚平，2002. 人工饲养大鲵的繁殖生物学研究［D］. 桂林：广西师范大学.

梅家庆，孙凌峰，2008. 中国的黄樟素植物资源［J］. 香料香精化妆品，（5）：35-39.

穆彪，苟惠荣，周明蓉，等，2008. 贵定县岩下乡大鲵自然保护区气候生态资源研究［J］. 安徽农业科学，36（23）：10098-10100.

倪健，陈仲新，董鸣，等，1998. 中国生物多样性的生态地理区划［J］. 植物学报，40（4）：370-382.

欧东升，邓智勇，2007. 如何判断中国大鲵的性别［J］. 内陆水产，（7）：29

潘绪伟，杨林林，纪炜炜，等，2010. 增殖放流技术研究进展［J］. 江苏农业科学，（4）：236-240.

庞雄飞，卢一粦，王野岸，1980. 种群矩阵模型在昆虫生态学研究上的应用问题［J］. 华南农业大学学报（自然科学版），（3）：31-41.

祁承经，喻勋林，曹铁如，等，1994. 湖南八大公山的植物区系及其在植物地理学上的意义［J］. 云南植物研究，16（4）：321-332.

宋鸣涛，方荣盛. 1979. 陕西乾佑河上游大鲵的生态调查［J］. 淡水渔业，1：33-34.

宋鸣涛，王琦，1989. 大鲵的野外生长观察［J］. 动物学研究，（1）：64，72，80.

宋鸣涛，王琦，1990. 大鲵生殖系统发育研究［J］. 动物学杂志，25（3）：47-49.

宋鸣涛，1982. 陕西省大鲵生活习性的初步调查［J］. 动物学杂志，17（6）：11-13.

孙儒泳，李庆芬，牛翠娟，等，2002. 基础生态学［M］. 北京：高等教育出版社.

孙岩，2008. 从麋鹿回归说起——谈动物迁地保护［J］. 生命世界，（2）：20-23.

陶峰勇，王小明，章克家，2004. 大鲵栖息地环境的初步研究［J］. 四川动物，23（2）：83-87.

陶峰勇，王小明，郑合勋，2005. 中国大鲵四种群的遗传结构和地理分化［J］. 动物学研究，26（2）：162-167.

陶峰勇，王小明，郑合勋，2006. 中国大鲵五地理种群 Cytb 基因全序列及其遗传关系分析［J］. 水生生物学报，30（5）：625-528.

汪松，1998. 中国濒危动物红皮书：两栖类和爬行类［M］. 北京：科学出版社.

汪永庆，张知彬，徐来祥，2001. 中心区和边缘区大仓鼠种群的遗传多样性［J］. 科学通报，46（19）：1644-1650.

王爱云，李春华，2002. 食用香料植物的开发利用研究［J］. 食品科学，23（8）：300-302.

王海文，2002. 我国大鲵研究现状与发展前景的探讨[J]. 现代渔业信息，17(7)：5-8.

王杰，2015. 日本大鲵的现状及对中国大鲵保护的启示[J]. 应用与环境生物学报，21(04)：683-688.

王启军，赵虎，张红星，等. 2012. 人工养殖大鲵全长与体重关系的回归分析[J]. 基因组学与应用生物学，04：381-384.

王启军，2012. 陕西省太白县大鲵资源调查及其变动情况分析[D]. 杨凌：西北农林科技大学.

王文林，詹克慧，陈平，等，1999. 池养大鲵生长发育的初步研究[J]. 淡水渔业，29(4)：20-21.

魏辅文，冯祚建，王祖望，1999. 相岭山系大熊猫和小熊猫对生境的选择[J]. 动物学报，45(1)：57-73.

吴方同，苏秋霞，李文健，等. 2007. 壶瓶山大鲵栖息地水环境因子的调查分析[J]. 长沙理工大学学报(自然科学版)，4(4)：94-98.

吴峰，2009. 中国大鲵繁殖洞穴选择及繁殖行为的研究[D]. 西安：陕西师范大学.

吴能表，谈锋，肖文娟，等，2005. 光强因子对少花桂幼苗形态和生理指标及精油含量的影响[J]. 生态学报，05：1159-1164.

吴学祥，聂福顺，唐黎，等. 2014. 不同水温水质及饲养密度对大鲵脱鳃期成活率的影响[J]. 贵州农业科学，(1)：167-169.

吴永彬，张伟良，陈锡沐，2006. 广州帽峰山森林公园植物区系研究[J]. 华南农业大学学报，27(2)：83-87.

肖汉兵，刘鉴毅，林锡芝，等，1995. 养殖条件下大鲵性腺周年变化的研究[J]. 淡水渔业，(3)：9-11.

肖汉兵，刘鉴毅，杨焱清，等，2006. 池养大鲵的人工催产研究[J]. 水生生物学报，30(5)：530-534.

谢中稳，蔡永立，1994. 安徽省鹞落坪自然保护区植物区系基本特征的研究[J]. 安徽农业大学学报，21(4)：507-512.

熊天寿，张承胜，1982. 大鲵资料拾遗[J]. 四川动物，4：26-29.

徐颂军，卓正大，1994. 广东罗浮山与其邻近地区植物区系的比较分析[J]. 热带地理，14(3)：225-234.

徐文刚，王中乾，梁刚，2013. 繁殖前期中国大鲵雄性成体的冲凉行为及其意义[J]. 动物学杂志，(4)：529-533.

徐文刚，2013. 繁殖前期大鲵的冲凉与求偶行为及PAE编码[D]. 西安：陕西师范大学.

阳爱生，卞伟，刘运清，1981. 大鲵性腺发育的组织学观察[J]. 动物学报，27(3)：240-247.

阳爱生，刘国钧，1979. 大鲵人工繁殖的初步研究[J]. 淡水渔业，(2)：1-5.

杨楚彬. 2003. 大鲵生殖管道及精巢的发育组织学变化和人工繁殖技术的研究[D]. 长沙：湖南师范大学.

杨大同，1991. 云南两栖类志[M]. 北京：林业出版社.

杨焱清，肖汉兵，张云辉，2003. 雌性大鲵性腺发育活体观测[J]. 淡水渔业，33(4)：23-24.

叶心芬，邢福武，梁红，等，2014. 广东南岭国家级自然保护区非粮油脂植物资源调查[J]. 中国油脂，(5)：71-76.

于虎虎. 2012. 中国大鲵繁殖前期夜间行为及其与环境因子的关系[D]. 西安：陕西师范大学.

张红星，王开锋，权清转，等，2006. 中国大鲵的繁殖生态暨行为学观察研究[J]. 陕西师范大学学报(自然科学版)，34：70-75.

张红星，2013. 陕西省大鲵资源调查与人工放流效果评价[J]. 淡水渔业，(b07)：29-29.

张荣祖，1999. 中国动物地理[M]. 北京：科学出版社.

章克家，王小明，吴巍，等，2002. 大鲵保护生物学及其研究进展[J]. 生物多样性，10(3)：291-297.

章克家，王小明，2001. 中国大鲵[J]. 野生动物，(4)：19.

赵尔宓. 1998. 中国濒危动物红皮书：两栖类和爬行类[M]. 北京：科学出版社.

郑合勋，王才安，葛荫榕，1992. 卢氏县的大鲵资源[J]. 河南大学学报(自然版)，(4)：51-56.

郑合勋，2006. 河南省卢氏县大鲵种群生态学及生态适应特征研究[D]. 上海：华东师范大学.

郑铁钢，2003. 广东省古兜山植物区系研究[D]. 广州：华南师范大学.

周海燕，杨楚彬，肖亚梅，等. 2004. 大鲵雄性生殖系统的组织学和超微结构研究[J]. 科学技术与工程，4(3)：187-192.

周海燕，2004. 大鲵的性腺发育规律及人工繁殖[D]. 长沙：湖南师范大学.

BODINOF C M, BRIGGLER J T, JUNGE R E, et al., 2012. Survival and body condition of captive—reared Juvenile Ozark Hellbenders (*Cryptobranchus alleganiensis bishopi*) following translocation to the wild [J]. Copeia, (1)：150-159.

BROWNE R K, HONG L I, MCGINNITY D, et al., 2011. Survey techniques for giant salamanders and other aquatic Caudata [J]. Amphibian & Reptile Conservation, 5(4)：1-16.

BROWNE R K, HONG, WANG Z, et al., 2014. The giant salamanders (Cryptobranchidae): Part B. Biogeography, ecology and reproduction [J]. Amphibian & Reptile Conservation, 5(4)：35-50.

BURGMAN M A, POSSINGHAM H P, LYNCH A J J, et al., 2001. A method for setting the size of plant conservation target areas[J]. Conservation Biology, 15(3)：603-616.

BURGMEIER N G, UNGER S D, SUTTON T M, et al. 2011. Population Status of the Eastern Hellbender (*Cryptobranchus alleganiensis alleganiensis*) in Indiana [J]. Journal of Herpetology, 45(2)：195-201.

COWX I G, 1994. Stocking strategies [J]. Fisheries Management & Ecology, 1(1)：15-30.

GAO K Q, SHUBIN N H, 2003. Earliest known crown-group salamanders [J]. Nature, 422(6930)：424-8.

GREEN M, SWEM T, MORIN M, et al., 2006. Monitoring Results for Breeding American Peregrine Falcons (*Falco peregrinus anatum*), 2003. Washington DC. : U. S. Department of Interior, Fish & Wildlife Service, Biological Technical Publication FWS/BTP-R1005-2006.

HAUER F R, STANFORD J A, GIERSCH J J, et al., 2000. Distribution and abundance patterns of macroinvertebrates in a mountain stream: an analysis along multiple environmental gradients [J]. Verh. Internat. Limnol, 27: 10-14.

HECHT-KARDASZ K A, NICKERSON M A, Freake M, et al., 2012. Population structure of the hellbender (*Cryptobranchus Alleganiensis*) in a Great Smoky Mountains stream [J]. Kardasz, 51(4): 227-241.

HILLIS R E, BELLIS E D., 1971. Some Aspects of the Ecology of the Hellbender, *Cryptobranchus alleganiensis alleganiensis*, in a Pennsylvania Stream [J]. Journal of Herpetology, 5(3/4): 121-126.

HORCHLER D C, 2010. Long-term growth and monitoring of the Eastern Hellbender (*Cryptobranchus a. alleganiensis*) in Eastern West Virginia [D]. Huntington: Marshall University.

HUMPHRIES W J, PAULEY T K, 2005. Life history of the Hellbender, *Cryptobranchus alleganiensis*, in a West Virginia Stream [J]. American Midland Naturalist, 154(1): 135-142.

KAWAMICHI T, UEDA H, 1998. Spawning at nests of extra-large males in the Giant Salamander *Andrias japonicas* [J]. Journal of Herpetology, 32(1): 133-136.

KEEN W H, 1982. Habitat selection and interspecific competition in two species of plethododontid salamanders [J] Ecology. 1982: 63: 94-102.

KUWABARA K, SUZUKI N, WAKABAYASHI F, et al., 1989. Breeding the Japanese giant salamander*Andrias japonicus* at Asa Zoological Park [J]. International Zoo Yearbook, 28(1): 22-31.

LARSON K A, GALL B G, BRIGGLER J T, 2013. The use of gastric transmitters to locate nests and study movement patterns of breeding male Ozark Hellbenders (*Cryptobranchus alleganiensis bishopi*) [J]. Herpetological Review, 44(3): 434-439.

MERETSKY V J, SNYDER N, BEISSINGER S R, et al., 2000. Demography of the California Condor: implications for reestablishment [J]. Conservation Biology, 14(4): 957-967.

MORRISON M L, MACOT B G, MANNAN R W, 2006. Wildlife habitat relationship: concepts and application [M]. Third Edition. Washington, DC: Island Press, The University of Wiscons Press England, 413-434.

MURPHY R W, FU J, UPTON D E, et al., 2010. Genetic variability among endangered Chinese giant salamanders, *Andrias davidianus* [J]. Molecular Ecology, 2010, 9 (10): 1539-1547.

NICKERSON M A, TOHULKA M D, 1986. The nests and nest site selection by Ozark Hellbenders, *Cryptobranchus alleganiensis bishopi* Grobman [J]. Transactions of the Kansas Academy of Science, 89(1/2): 66-69.

OKADA S, FUKUDA Y, TAKAHASHI M K, 2015. Paternal care behaviors of Japanese giant salamander*Andrias japonicus* in natural populations [J]. Journal of Ethology, 33(1): 1−7.

OKADA S, UTSUNOMIYA T, OKADA T, et al., 2008. Characteristics of Japanese giant salamander (*Andrias japonicus*) populations in two small tributary streams in Hiroshima Prefecture, western Honshu, Japan [J]. Herpetological Conservation and Biology, 3(2): 192−202.

Peterson C L, 1987. Movement and Catchability of the Hellbender, *Cryptobranchus alleganiensis*[J]. Journal of Herpetology, 21(3): 197−204.

PUGH M W, GROVES J D, WILLIAMS L A, et al., 2013. A previously undocumented locality of Eastern Hellbenders (*Cryptobranchus alleganiensis alleganiensis*) in the Elk River, Carter County, TN [J]. Southeastern Naturalist, 2013, 12(1): 137−142.

PUGH M W, 2013. Effects of physicochemical parameters and land-use composition on the abundance and occurrence of Eastern Hellbenders (*Cryptobranchus alleganiensis alleganiensis*) [D]. Boone: Appalachian State University.

TAGUCHI Y, 2009. Seasonal movements of the Japanese giant salamander (*Andrias japonicus*): Evidence for possible breeding migration by this stream−dwelling amphibian [J]. Japanese Journal of Ecology, 59: 117−128.

TURVEY S T, CHEN S, TAPLEY B, et al., 2018. Imminent extinction in the wild of the world's largest amphibian [J]. Current Biology, 28(10): R592.

WANG X, ZHANG K, WANG Z, et al., 2004. The decline of the Chinese giant salamander*Andrias davidianus* and implications for its conservation [J]. Oryx, 38(2): 197−202.

WILSON A C, PRICE M R S, 1994. Reintroduction as a reason for captive breeding [M]. Ber Lin: Springer Netherlands, 243−264.

WWF, 2016. Living Planet Report 2016 [R]. Gland: Switzerland.

ZHANG L, JIANG W, WANG Q J, et al., 2016. Reintroduction and Post−Release Survival of a Living Fossil: The Chinese Giant Salamander [J]. Plos One, 11(6): e0156715.

ZHANG P, CHEN Y Q, LIU Y F, et al., 2003. The complete mitochondrial genome of the Chinese giant salamander, Andrias davidianus [J]. Gene, 311: 93−98.

附录 1　广东连南大鲵省级自然保护区及周边维管束植物编目

门	科中文名	属中文名	中文学名	拉丁名	生活史	生活型	FR	资源类型					濒危保护				
								TP	MP	OP	AP	其他	NP	CITES	CNRL	IUCN	其他
蕨类植物门	石杉科	石杉属	千层塔	Huperzia serrata	多年生	草本	1		+								
蕨类植物门	石松科	藤石松属	藤石松	Lycopodiastrum casuarinoides	多年生	草本	2										
蕨类植物门	石松科	灯笼草属	灯笼石松	Palhinhaea cernua	多年生	草本	1										
蕨类植物门	卷柏科	卷柏属	深绿卷柏	Selaginella doederleinii	多年生	草本											
蕨类植物门	卷柏科	卷柏属	江南卷柏	Selaginella moellendorffii	多年生	草本	7										
蕨类植物门	卷柏科	卷柏属	翠云草	Selaginella uncinata	多年生	草本	1		+			+					
蕨类植物门	木贼科	木贼属	节节草	Equisetum ramosissimum	1~2年生	草本	1		+								
蕨类植物门	紫萁科	紫萁属	华南紫萁	Osmunda vachellii	多年生	草本	1		+								
蕨类植物门	紫萁科	紫萁属	紫萁	Osmunda japonica	多年生	草本	8		+			+					
蕨类植物门	里白科	芒萁属	芒萁	Dicranopteris pedata	多年生	草本	6		+								
蕨类植物门	里白科	里白属	中华里白	Diplopterygium chinensis	多年生	草本	1										
蕨类植物门	里白科	里白属	光里白	Diplopterygium laevissimum	多年生	草本	1										
蕨类植物门	海金沙科	海金沙属	海金沙	Lygodium japonicum	多年生	草本	3		+								
蕨类植物门	海金沙科	海金沙属	小叶海金沙	Lygodium scandens	多年生	草本	3		+								
蕨类植物门	桫椤科	桫椤属	桫椤	Alsophila spinulosa	常绿	乔木	2					+	II				+
蕨类植物门	鳞始蕨科	乌蕨属	乌蕨	Sphenomeris chinensis	多年生	草本	7		+								
蕨类植物门	蕨科	蕨属	欧洲蕨	Pteridium aquilinum	多年生	草本	4		+			+					
蕨类植物门	蕨科	蕨属	食蕨	Pteridium esculentum	多年生	草本	1							II			+

（续）

门	科中文名	属中文名	中文学名	拉丁名	生活史	生活型	FR	资源类型					渐危保护				
								TP	MP	OP	AP	其他	NP	CITES	CNRL	IUCN	其他
蕨类植物门	凤尾蕨科	凤尾蕨属	剑叶凤尾蕨	*Pteris ensiformis*	多年生	草本	1		+								
蕨类植物门	凤尾蕨科	凤尾蕨属	全缘凤尾蕨	*Pteris insignis*	多年生	草本											
蕨类植物门	凤尾蕨科	凤尾蕨属	半边旗	*Pteris semipinnata*	多年生	草本	4		+								
蕨类植物门	凤尾蕨科	凤尾蕨属	蜈蚣草	*Pteris vittata*	多年生	草本	1		+			+					
蕨类植物门	凤尾蕨科	凤尾蕨属	疏裂凤尾蕨	*Pteris finotii*	多年生	草本	1										
蕨类植物门	中国蕨科	金粉蕨属	野鸡尾	*Onychium japonicum*	多年生	草本	1										
蕨类植物门	裸子蕨科	凤丫蕨属	普通凤丫蕨	*Coniogramme intermedia*	多年生	草本											
蕨类植物门	蹄盖蕨科	短肠蕨属	阔片短肠蕨	*Allantodia matthewii*	多年生	草本	2										
蕨类植物门	蹄盖蕨科	短肠蕨属	淡绿短肠蕨	*Allantodia virescens*	多年生	草本	1										
蕨类植物门	蹄盖蕨科	安蕨属	华东安蕨	*Anisocampium sheareri*	多年生	草本	1										
蕨类植物门	蹄盖蕨科	菜蕨属	菜蕨	*Callipteris esculenta*	多年生	草本	1										
蕨类植物门	蹄盖蕨科	双盖蕨属	厚叶双盖蕨	*Diplazium crassiusculum*	多年生	草本	1										
蕨类植物门	蹄盖蕨科	双盖蕨属	双盖蕨	*Diplazium donianum*	多年生	草本	1										
蕨类植物门	蹄盖蕨科	双盖蕨属	单叶双盖蕨	*Diplazium subsinuatum*	多年生	草本	2										
蕨类植物门	蹄盖蕨科	假蹄盖蕨属	假蹄盖蕨	*Athyriopsis japonica*	多年生	草本	1										
蕨类植物门	金星蕨科	毛蕨属	渐尖毛蕨	*Cyclosorus acuminatus*	多年生	草本	2										
蕨类植物门	金星蕨科	圣蕨属	戟叶圣蕨	*Dictyocline sagittifolia*	多年生	草本	1										
蕨类植物门	金星蕨科	金星蕨属	金星蕨	*Parathelypteris glanduligera*	多年生	草本	4										
蕨类植物门	金星蕨科	假毛蕨属	溪边假毛蕨	*Pseudocyclosorus ciliatus*	多年生	草本	2										
蕨类植物门	金星蕨科	假毛蕨属	普通假毛蕨	*Pseudocyclosorus subochthodes*	多年生	草本	1										
蕨类植物门	铁角蕨科	铁角蕨属	毛轴铁角蕨	*Asplenium crinicaule*	多年生	草本	1										
蕨类植物门	铁角蕨科	铁角蕨属	狭翅铁角蕨	*Asplenium wrightii*	多年生	草本	2										

（续）

门	科中文名	属中文名	中文学名	拉丁名	生活史	生活型	FR	资源类型					濒危保护				
								TP	MP	OP	AP	其他	NP	CITES	CNRL	IUCN	其他
蕨类植物门	铁角蕨科	铁角蕨属	石生铁角蕨	*Asplenium saxicola*	多年生	草本	1										
蕨类植物门	铁角蕨科	铁角蕨属	华南铁角蕨	*Asplenium austrochinense*	多年生	草本	1										
蕨类植物门	乌毛蕨科	乌毛蕨属	乌毛蕨	*Blechnum orientale*	多年生	草本	6		+			+					
蕨类植物门	乌毛蕨科	狗脊属	珠芽狗脊	*Woodwardia prolifera*	多年生	草本	1										
蕨类植物门	乌毛蕨科	狗脊属	狗脊	*Woodwardia japonica*	多年生	草本	8		+								
蕨类植物门	鳞毛蕨科	复叶耳蕨属	刺齿复叶耳蕨	*Arachniodes spino-serrulata*	多年生	草本	1										
蕨类植物门	鳞毛蕨科	贯众属	贯众	*Cyrtomium fortunei*	多年生	草本	3										
蕨类植物门	鳞毛蕨科	鳞毛蕨属	奇数鳞毛蕨	*Dryopteris sieboldii*	多年生	草本	2					+					
蕨类植物门	鳞毛蕨科	鳞毛蕨属	迷人鳞毛蕨	*Dryopteris decipiens*	多年生	草本	1										
蕨类植物门	鳞毛蕨科	鳞毛蕨属	变异鳞毛蕨	*Dryopteris varia*	多年生	草本	3										
蕨类植物门	肾蕨科	肾蕨属	肾蕨	*Nephrolepis auriculata*	多年生	草本	2		+			++					
蕨类植物门	水龙骨科	线蕨属	线蕨	*Colysis elliptica*	多年生	草本	3										
蕨类植物门	水龙骨科	骨牌蕨属	抱石莲	*Lepidogrammitis drymoglossoides*	多年生	草本	2		+								
蕨类植物门	水龙骨科	瓦韦属	瓦韦	*Lepisorus thunbergianus*	多年生	草本	2		+								
蕨类植物门	水龙骨科	星蕨属	攀援星蕨	*Microsorium buergerianum*	多年生	草本	1										
蕨类植物门	水龙骨科	星蕨属	江南星蕨	*Microsorium fortunei*	多年生	草本	5		+								
蕨类植物门	水龙骨科	水龙骨属	水龙骨	*Polypodiodes niponica*	多年生	草本	1		+								
蕨类植物门	水龙骨科	石韦属	石韦	*Pyrrosia lingua*	多年生	草本	4		+								
裸子植物门	松科	松属	马尾松	*Pinus massoniana*	常绿	乔木	8	+		+	+	++++					
裸子植物门	松科	松属	加勒比松 **	*Pinus caribaea*	常绿	乔木	1				+						
被子植物门	杉科	杉木属	杉木 *	*Cunninghamia lanceolata*	常绿	乔木	7	+	+	+	+	+++					+
裸子植物门	柏科	柏木属	柏木	*Cupressus funebris*	常绿	乔木	1	+	+	+	+	++			VU		+

（续）

门	科中文名	属中文名	中文学名	拉丁名	生活史	生活型	FR	资源类型						濒危保护			
								TP	MP	OP	AP	其他	NP	CITES	CNRL	IUCN	其他
裸子植物门	柏科	福建柏属	福建柏	*Fokienia hodginsii*	常绿	乔木	1	+			+		Ⅱ		VU		
裸子植物门	罗汉松科	罗汉松属	百日青	*Podocarpus neriifolius*	常绿	乔木	1	+			+	+					
裸子植物门	三尖杉科	三尖杉属	三尖杉	*Cephalotaxus fortunei*	常绿	乔木	7	+		+					NT		+
裸子植物门	红豆杉科	穗花杉属	穗花杉	*Amentotaxus argotaenia*	常绿	小乔大灌	1				+	+			VU		
被子植物门	木兰科	木莲属	桂南木莲	*Manglietia chingii*	常绿	乔木	1	+				+					
被子植物门	木兰科	木莲属	毛桃木莲	*Manglietia moto*	常绿	乔木	1			+	+						
被子植物门	木兰科	木莲属	木莲	*Manglietia fordiana*	常绿	乔木	14	+	+	+	+	+					
被子植物门	木兰科	木莲属	乳源木莲	*Manglietia yuyuanensis*	常绿	乔木	2										
被子植物门	木兰科	含笑属	白花含笑	*Michelia mediocris*	常绿	乔木	2	+			+	++					
被子植物门	木兰科	含笑属	金叶含笑	*Michelia foveolata*	常绿	乔木	4	+			+						
被子植物门	木兰科	含笑属	亮叶含笑	*Michelia fulgens*	常绿	乔木	3	+				++					
被子植物门	木兰科	含笑属	深山含笑	*Michelia maudiae*	常绿	乔木	1	+	+	+		+					
被子植物门	木兰科	含笑属	野含笑	*Michelia skinneriana*	常绿	乔木	8										
被子植物门	木兰科	拟单性木兰属	乐东拟单性木兰	*Parakmeria lotungensis*	常绿	乔木	3					+++	Ⅱ		VU		+
被子植物门	五味子科	南五味子属	黑老虎	*Kadsura coccinea*	常绿	小乔大灌	1		+								
被子植物门	五味子科	五味子属	五味子	*Schisandra chinensis*	落叶	藤本	2		+	+	+		Ⅱ				
被子植物门	番荔枝科	瓜馥木属	瓜馥木	*Fissistigma oldhamii*	常绿	灌木	1		+	+	+	+					
被子植物门	番荔枝科	瓜馥木属	香港瓜馥木	*Fissistigma uonicum*	常绿	灌木	1			+		+					
被子植物门	樟科	黄肉楠属	柳叶黄肉楠	*Actinodaphne lecomtei*	常绿	乔木	1	+									
被子植物门	樟科	琼楠属	广东琼楠	*Beilschmiedia fordii*	常绿	乔木	1		+								
被子植物门	樟科	樟属	粗脉桂	*Cinnamomum validinerve*	常绿	乔木	9				+						

175

（续）

门	科中文名	属中文名	中文学名	拉丁名	生活史	生活型	FR	资源类型					濒危保护				
								TP	MP	OP	AP	其他	NP	CITES	CNRL	IUCN	其他
被子植物门	樟科	樟属	樟	*Cinnamomum camphora*	常绿	乔木	4	+	+		+		II			EN	
被子植物门	樟科	樟属	沉水樟	*Cinnamomum micranthum*	常绿	乔木	6				+	+					
被子植物门	樟科	樟属	黄樟	*Cinnamomum parthenoxylon*	常绿	乔木	6	+			+	++					
被子植物门	樟科	樟属	少花桂	*Cinnamomum pauciflorum*	常绿	乔木	3		+		+						
被子植物门	樟科	樟属	香桂	*Cinnamomum subavenium*	常绿	小乔大灌	5				+	+					
被子植物门	樟科	樟属	野黄桂	*Cinnamomum jensenianum*	常绿	小乔大灌	1		+		+						
被子植物门	樟科	樟属	辣汁树	*Cinnamomum tsangii*	常绿	小乔大灌	1				+						
被子植物门	樟科	樟属	阴香	*Cinnamomum burmanni*	常绿	乔木	1	+	+	+	+	+					
被子植物门	樟科	山胡椒属	香叶树	*Lindera communis*	常绿	小乔大灌	4		+	+	+						
被子植物门	樟科	山胡椒属	山胡椒	*Lindera glauca*	落叶	小乔大灌	6		+	+	+	+					
被子植物门	樟科	山胡椒属	滇粤山胡椒	*Lindera metcalfiana*	常绿	小乔大灌											
被子植物门	樟科	山胡椒属	山橿	*Lindera reflexa*	落叶	小乔大灌	2		+	+							
被子植物门	樟科	山胡椒属	广东山胡椒	*Lindera kwangtungensis*	常绿	乔木	2				+						
被子植物门	樟科	山胡椒属	绿毛山胡椒	*Lindera nacusua*	常绿	小乔大灌	1										
被子植物门	樟科	木姜子属	山苍子	*Litsea cubeba*	落叶	小乔大灌	8		+	+	+						
被子植物门	樟科	木姜子属	毛叶木姜子	*Litsea mollis*	落叶	小乔大灌	3		+	+	+	+					
被子植物门	樟科	木姜子属	尖脉木姜子	*Litsea acutivena*	常绿	乔木	6										
被子植物门	樟科	木姜子属	华南木姜子	*Litsea greenmaniana*	常绿	乔木	1										
被子植物门	樟科	木姜子属	广东木姜子	*Litsea kwangtungensis*	常绿	乔木	5								EN		
被子植物门	樟科	木姜子属	竹叶木姜子	*Litsea pseudoelongata*	常绿	乔木	3										+
被子植物门	樟科	木姜子属	木姜子	*Litsea pungens*	落叶	乔木	2		+	+	+	+					
被子植物门	樟科	木姜子属	清香木姜子	*Litsea euosma*	落叶	小乔大灌	1		+	+	+	+					

（续）

门	科中文名	属中文名	中文学名	拉丁名	生活史	生活型	FR	资源类型					濒危保护				
								TP	MP	OP	AP	其他	NP	CITES	CNRL	IUCN	其他
被子植物门	樟科	木姜子属	少脉木姜子	*Litsea oligophlebia*	常绿	小乔大灌	3	+							CR	CR	+
被子植物门	樟科	木姜子属	黄丹木姜子	*Litsea elongata*	常绿	乔木	10			+							
被子植物门	樟科	木姜子属	轮叶木姜子	*Litsea verticillata*	常绿	小乔大灌	2		+								
被子植物门	樟科	润楠属	薄叶润楠	*Machilus leptophylla*	常绿	乔木	24			+		+					
被子植物门	樟科	润楠属	柳叶润楠	*Machilus salicina*	常绿	乔木	3			+							
被子植物门	樟科	润楠属	建润楠	*Machilus oreophila*	常绿	小乔大灌	2					+					
被子植物门	樟科	润楠属	短序润楠	*Machilus breviflora*	常绿	乔木	2										
被子植物门	樟科	润楠属	浙江润楠	*Machilus chekiangensis*	常绿	乔木	6			+							
被子植物门	樟科	润楠属	华润楠	*Machilus chinensis*	常绿	乔木	35	+									
被子植物门	樟科	润楠属	宜昌润楠	*Machilus ichangensis*	落叶	乔木	5										
被子植物门	樟科	润楠属	木姜润楠	*Machilus litseifolia*	常绿	乔木	1			+							
被子植物门	樟科	润楠属	刨花润楠	*Machilus pauhoi*	常绿	乔木	8	+		+							
被子植物门	樟科	润楠属	红楠	*Machilus thunbergii*	常绿	乔木	17		+	+	+						
被子植物门	樟科	润楠属	芳槁润楠	*Machilus suaveolens*	常绿	乔木	1										
被子植物门	樟科	新木姜子属	新木姜子	*Neolitsea aurata*	常绿	小乔大灌	1		+		+						
被子植物门	樟科	新木姜子属	广西新木姜	*Neolitsea kwangsiensis*	常绿	小乔大灌	5										
被子植物门	樟科	新木姜子属	鸭公树	*Neolitsea chuii*	常绿	乔木	4			+	+	+					
被子植物门	樟科	新木姜子属	大叶新木姜	*Neolitsea levinei*	常绿	乔木	4										
被子植物门	樟科	新木姜子属	短梗新木姜	*Neolitsea brevipes*	常绿	小乔大灌											
被子植物门	樟科	新木姜子属	美丽新木姜	*Neolitsea pulchella*	常绿	小乔大灌	2	+					II				
被子植物门	樟科	楠属	闽楠	*Phoebe bournei*	常绿	乔木	1	+					II		VU		+
被子植物门	樟科	楠属	浙江楠	*Phoebe chekiangensis*	常绿	乔木	2	+									+

177

（续）

门	科中文名	属中文名	中文学名	拉丁名	生活史	生活型	FR	资源类型					NP	濒危保护			
								TP	MP	OP	AP	其他		CITES	CNRL	IUCN	其他
被子植物门	樟科	檫木属	檫木	*Sassafras tzumu*	落叶	乔木	1	+	+	+							
被子植物门	青藤科	青藤属	红花青藤	*Illigera rhodantha*	常绿	藤木	1		+			+					
被子植物门	毛茛科	铁线莲属	威灵仙	*Clematis chinensis*	落叶	藤木	2		+		+						
被子植物门	毛茛科	铁线莲属	山木通	*Clematis finetiana*	落叶	藤木	1		+								
被子植物门	毛茛科	铁线莲属	锈毛铁线莲	*Clematis lechenaultiana*	落叶	藤木	1		+								
被子植物门	毛茛科	铁线莲属	曲柄铁线莲	*Clematis repens*	落叶	藤木	1										
被子植物门	毛茛科	铁线莲属	女萎	*Clematis apiifolia*	落叶	藤木	1					+					
被子植物门	毛茛科	铁线莲属	小蓑衣藤	*Clematis gouriana*	落叶	藤木	1		+								
被子植物门	毛茛科	芍药属	野牡丹	*Paeonia delavayi*	落叶	亚灌木	1		+			+				VU	+
被子植物门	小檗科	小檗属	南岭小檗	*Berberis impedita*	常绿	藤木	1		+								
被子植物门	木通科	木通属	三叶木通	*Akebia trifoliata*	落叶	藤木	16		+								
被子植物门	木通科	野木瓜属	那藤	*Stauntonia hexaphylla*	常绿	灌木	5										
被子植物门	木通科	野木瓜属	野木瓜	*Stauntonia chinensis*	常绿	藤木	3		+								
被子植物门	木通科	野木瓜属	斑叶野木瓜	*Stauntonia maculata*	常绿	藤木	3										
被子植物门	大血藤科	大血藤属	大血藤	*Sargentodoxa cuneata*	落叶	藤木	1		+		+	+					+
被子植物门	防己科	秤钩风属	秤钩风	*Diploclisia affinis*	落叶	藤木	1		+								
被子植物门	防己科	千金藤属	粉防己	*Stephania tetrandra*	落叶	藤木	1		+		+	+					
被子植物门	防己科	千金藤属	金线吊乌龟	*Stephania cepharantha*	落叶	藤木	1		+								
被子植物门	马兜铃科	细辛属	尾花细辛	*Asarum caudigerum*	多年生	草本	1		+		+						
被子植物门	马兜铃科	细辛属	山慈菇	*Asarum sagittarioides*	多年生	草本	1		+		+						
被子植物门	马兜铃科	细辛属	金耳环	*Asarum insigne*	多年生	草本	1		+		+						
被子植物门	胡椒科	胡椒属	山蒟	*Piper hancei*	常绿	藤木	1		+								

（续）

门	科中文名	属中文名	中文学名	拉丁名	生活史	生活型	FR	资源类型						濒危保护			
								TP	MP	OP	AP	其他	NP	CITES	CNRL	IUCN	其他
被子植物门	三白草科	蕺菜属	蕺菜	*Houttuynia cordata*	多年生	草本	7		+								
被子植物门	金粟兰科	金粟兰属	及已	*Chloranthus serratus*	多年生	草本	1		+								
被子植物门	金粟兰科	金粟兰属	四川金粟兰	*Chloranthus sessilifolius*	多年生	草本	1		+								
被子植物门	金粟兰科	草珊瑚属	草珊瑚	*Sarcandra glabra*	常绿	亚灌木	8		+		+						
被子植物门	罂粟科	博落回属	博落回	*Macleaya cordata*	常绿	亚灌木	1		+	+							
被子植物门	堇菜科	堇菜属	蔓茎堇菜	*Viola diffusa*	1~2年生	草本	2		+								
被子植物门	堇菜科	堇菜属	长萼堇菜	*Viola inconspicua*	多年生	草本	1		+								
被子植物门	堇菜科	堇菜属	江西堇菜	*Viola kiangsiensis*	多年生	草本	2										
被子植物门	堇菜科	堇菜属	柔毛堇菜	*Viola principis*	多年生	草本											
被子植物门	堇菜科	堇菜属	堇菜	*Viola verecunda*	多年生	草本	1		+	+		+					
被子植物门	远志科	远志属	小花远志	*Polygala arvensis*	1~2年生	草本	1		+								
被子植物门	远志科	远志属	黄花倒水莲	*Polygala fallax*	1~2年生	草本	1		+								
被子植物门	景天科	景天属	东南景天	*Sedum alfredi*	多年生	草本	1					+					
被子植物门	景天科	景天属	禾叶景天	*Sedum grammophyllum*	多年生	草本				+							
被子植物门	虎耳草科	虎耳草属	蒙自虎耳草	*Saxifraga mengtzeana*	多年生	草本											
被子植物门	石竹科	荷莲豆属	荷莲豆	*Drymaria diandra*	1~2年生	草本	2										
被子植物门	蓼科	金线草属	金线草	*Antenoron filiforme*	多年生	草本			+			+					
被子植物门	蓼科	荞麦属	金荞麦	*Fagopyrum dibotrys*	多年生	草本	2		+				II				
被子植物门	蓼科	蓼属	头花蓼	*Polygonum capitatum*	多年生	草本	2		+			+					
被子植物门	蓼科	蓼属	火炭母	*Polygonum chinense*	多年生	草本	3		+			+					
被子植物门	蓼科	蓼属	水蓼	*Polygonum hydropiper*	1~2年生	草本	1		+		+						
被子植物门	蓼科	蓼属	酸模叶蓼	*Polygonum lapathifolium*	1~2年生	草本											

（续）

门	科中文名	属中文名	中文学名	拉丁名	生活史	生活型	FR	资源类型					渐危保护				
								TP	MP	OP	AP	其他	NP	CITES	CNRL	IUCN	其他
被子植物门	蓼科	蓼属	小蓼	Polygonum minus	多年生	草本	5										
被子植物门	蓼科	蓼属	尼泊尔蓼	Polygonum nepalense	1~2年生	草本	8				+						
被子植物门	蓼科	蓼属	伏毛蓼	Polygonum pubescens	1~2年生	草本	2		+	+							
被子植物门	蓼科	虎杖属	虎杖	Reynoutria japonica	多年生	草本	3		+								
被子植物门	蓼科	酸模属	羊蹄	Rumex japonicus	多年生	草本	1		+	+	+	++					
被子植物门	商陆科	商陆属	垂序商陆*+	Phytolacca americana	多年生	草本	2		+	+							
被子植物门	苋科	牛膝属	牛膝	Achyranthes bidentata	多年生	草本	1		+			+					
被子植物门	凤仙花科	凤仙花属	睫毛萼凤仙	Impatiens blepharosepala	1~2年生	草本	1										
被子植物门	凤仙花科	凤仙花属	绿萼凤仙花	Impatiens chlorosepala	1~2年生	草本	1		+								
被子植物门	凤仙花科	凤仙花属	鸭跖草凤仙	Impatiens commelinoides	1~2年生	草本	6					+					
被子植物门	凤仙花科	凤仙花属	管茎凤仙花	Impatiens tubulosa	1~2年生	草本	1										
被子植物门	凤仙花科	凤仙花属	水凤仙花	Impatiens aquatilis	1~2年生	草本	1										
被子植物门	瑞香科	荛花属	丁哥王	Wikstroemia indica	落叶	灌木	1		+	+							
被子植物门	瑞香科	荛花属	细轴荛花	Wikstroemia nutans	落叶	灌木	2		+			+					
被子植物门	山龙眼科	山龙眼属	小果山龙眼	Helicia cochinchinensis	常绿	小乔大灌	1			+		+					
被子植物门	山龙眼科	山龙眼属	网脉山龙眼	Helicia reticulata	常绿	小乔大灌	17	+	+	+		+					
被子植物门	大风子科	山桐子属	山桐子	Idesia polycarpa	落叶	乔木	1	+									
被子植物门	天料木科	嘉赐树属	膜叶脚骨脆	Casearia membranacea	常绿	小乔大灌	1	+									
被子植物门	葫芦科	金瓜属	金瓜	Gymnopetalum chinense	1~2年生	藤本	3			+		+					
被子植物门	葫芦科	绞股蓝属	绞股蓝	Gynostemma pentaphyllum	多年生	草本	1		+								
被子植物门	葫芦科	苦瓜属	凹萼木鳖	Momordica subangulata	多年生	草本	3										
被子植物门	葫芦科	罗汉果属	无鳞罗汉果	Siraitia borneensis	多年生	草本	1										

（续）

门	科中文名	属中文名	中文学名	拉丁名	生活史	生活型	FR	资源类型					渐危保护				
								TP	MP	OP	AP	其他	NP	CITES	CNRL	IUCN	其他
被子植物门	葫芦科	茅瓜属	茅瓜	*Solena amplexicaulis*	多年生	草本	1		+								
被子植物门	葫芦科	赤瓟属	赤瓟	*Thladiantha dubia*	落叶	藤本	1		+								
被子植物门	葫芦科	赤瓟属	南赤瓟	*Thladiantha nudiflora*	落叶	藤本	2		+	+							
被子植物门	葫芦科	栝楼属	全缘栝楼	*Trichosanthes ovigera*	多年生	草本	3		+								
被子植物门	葫芦科	栝楼属	中华栝楼	*Trichosanthes rosthornii*	落叶	藤本	2		+								
被子植物门	葫芦科	马胶儿属	马胶儿	*Zehneria indica*	多年生	草本	2										
被子植物门	秋海棠科	秋海棠属	紫背天葵	*Begonia fimbristipula*	多年生	草本	2					+					
被子植物门	秋海棠科	秋海棠属	葡萄叶秋海棠	*Begonia edulis*	多年生	草本	2										
被子植物门	山茶科	杨桐属	川杨桐	*Adinandra bockiana*	常绿	小乔大灌	2										
被子植物门	山茶科	杨桐属	两广杨桐	*Adinandra glischroloma*	常绿	小乔大灌	12			+							
被子植物门	山茶科	杨桐属	杨桐	*Adinandra millettii*	常绿	小乔大灌	7										
被子植物门	山茶科	杨桐属	亮叶杨桐	*Adinandra nitida*	常绿	小乔大灌	8			+							
被子植物门	山茶科	山茶属	窄叶短柱茶	*Camellia fluviatilis*	常绿	灌木	1			+							
被子植物门	山茶科	山茶属	尖连蕊茶	*Camellia cuspidata*	常绿	灌木											
被子植物门	山茶科	山茶属	披针叶连蕊茶	*Camellia lancilimba*	常绿	灌木	1		+								
被子植物门	山茶科	山茶属	细尖连蕊茶	*Camellia parvicuspidata*	常绿	灌木	1					+					
被子植物门	山茶科	山茶属	短柱茶	*Camellia brevistyla*	常绿	小乔大灌	4										
被子植物门	山茶科	山茶属	杯萼毛蕊茶	*Camellia cratera*	常绿	小乔大灌	7										
被子植物门	山茶科	山茶属	茶	*Camellia sinensis*	常绿	小乔大灌	6		+				II				
被子植物门	山茶科	山茶属	油茶	*Camellia oleifera*	常绿	小乔大灌	6		+		+						
被子植物门	山茶科	山茶属	糙果茶	*Camellia furfuracea*	常绿	小乔大灌	5			+		+					
被子植物门	山茶科	山茶属	长尾毛蕊茶	*Camellia caudata*	常绿	小乔大灌	3	+									

（续）

门	科中文名	属中文名	中文学名	拉丁名	生活史	生活型	FR	资源类型					濒危保护				
								TP	MP	OP	AP	其他	NP	CITES	CNRL	IUCN	其他
被子植物门	山茶科	山茶属	枚叶连蕊茶	*Camellia euryoides*	常绿	小乔大灌	1		+	+							
被子植物门	山茶科	山茶属	落瓣短柱茶	*Camellia kissi*	常绿	小乔大灌	2								CR		
被子植物门	山茶科	山茶属	柳叶毛蕊茶	*Camellia salicifolia*	常绿	小乔大灌	5										
被子植物门	山茶科	山茶属	广宁油茶	*Camellia semiserrata*	常绿	小乔大灌	2										
被子植物门	山茶科	红淡比属	凹脉红淡比	*Cleyera incornuta*	常绿	小乔大灌	5										
被子植物门	山茶科	红淡比属	红淡比	*Cleyera japonica*	常绿	小乔大灌	5								VU		
被子植物门	山茶科	红淡比属	厚叶红淡比	*Cleyera pachyphylla*	常绿	小乔大灌	1										
被子植物门	山茶科	柃木属	凹脉柃	*Eurya impressinervis*	常绿	小乔大灌	2					+					
被子植物门	山茶科	柃木属	红褐柃	*Eurya rubiginosa*	常绿	灌木	1										
被子植物门	山茶科	柃木属	尾尖叶柃	*Eurya acuminata*	常绿	小乔大灌	2										
被子植物门	山茶科	柃木属	尖叶毛柃	*Eurya acuminatissima*	常绿	小乔大灌	8										
被子植物门	山茶科	柃木属	尖萼毛柃	*Eurya acutisepala*	常绿	小乔大灌	12		+								
被子植物门	山茶科	柃木属	短柱柃	*Eurya brevistyla*	常绿	小乔大灌	1			+		+					
被子植物门	山茶科	柃木属	华南毛柃	*Eurya ciliata*	常绿	小乔大灌	5										
被子植物门	山茶科	柃木属	二列叶柃	*Eurya distichophylla*	常绿	小乔大灌	19					+					
被子植物门	山茶科	柃木属	岗柃	*Eurya groffi*	常绿	小乔大灌	2		+								
被子植物门	山茶科	柃木属	微毛柃	*Eurya hebeclados*	常绿	小乔大灌	2					+					
被子植物门	山茶科	柃木属	细枝柃	*Eurya loquaiana*	常绿	小乔大灌	6										
被子植物门	山茶科	柃木属	黑柃	*Eurya macartneyi*	常绿	小乔大灌	2			+							
被子植物门	山茶科	柃木属	格药柃	*Eurya muricata*	常绿	小乔大灌	7					++					
被子植物门	山茶科	柃木属	细齿叶柃	*Eurya nitida*	常绿	小乔大灌	18					+					
被子植物门	山茶科	柃木属	四角柃	*Eurya tetragonoclada*	常绿	小乔大灌	1										

（续）

门	科中文名	属中文名	中文学名	拉丁名	生活史	生活型	FR	资源类型						濒危保护			
								TP	MP	OP	AP	其他	NP	CITES	CNRL	IUCN	其他
被子植物门	山茶科	柃木属	毛果柃	*Eurya trichocarpa*	常绿	小乔大灌	12										
被子植物门	山茶科	柃木属	米碎花	*Eurya chinensis*	常绿	小乔大灌	2		+			+					
被子植物门	山茶科	木荷属	木荷	*Schima superba*	常绿	乔木	11			+							
被子植物门	山茶科	木荷属	短柄木荷	*Schima brevipedicellata*	常绿	乔木	23	+									
被子植物门	山茶科	紫茎属	红皮紫茎	*Stewartia rubiginosa*	多年生	草本				+		+					
被子植物门	山茶科	厚皮香属	厚皮香	*Ternstroemia gymnanthera*	常绿	小乔大灌	1	+	+	+		+					
被子植物门	山茶科	厚皮香属	尖萼厚皮香	*Ternstroemia luteoflora*	常绿	小乔大灌	1			+							
被子植物门	山茶科	厚皮香属	亮叶厚皮香	*Ternstroemia nitida*	常绿	小乔大灌	5										
被子植物门	山茶科	石笔木属	石笔木	*Tutcheria championi*	常绿	乔木	4					+					
被子植物门	山茶科	石笔木属	褐楔木	*Tutcheria spectabilis*	常绿	乔木											
被子植物门	五列木科	五列木属	五列木	*Pentaphylax euryoides*	常绿	灌木	1	+									
被子植物门	猕猴桃科	猕猴桃属	阔叶猕猴桃	*Actinidia latifolia*	落叶	灌木	3					++	II				
被子植物门	猕猴桃科	猕猴桃属	硬齿猕猴桃	*Actinidia callosa*	落叶	藤本	3					+	II				
被子植物门	猕猴桃科	猕猴桃属	蒙自猕猴桃	*Actinidia carnosifolia*	落叶	藤本	2										
被子植物门	猕猴桃科	猕猴桃属	毛花猕猴桃	*Actinidia eriantha*	落叶	藤本	1					++	II				+
被子植物门	猕猴桃科	猕猴桃属	黄毛猕猴桃	*Actinidia fulvicoma*	常绿	藤本	1										
被子植物门	猕猴桃科	猕猴桃属	华南猕猴桃	*Actinidia glaucophylla*	落叶	藤本	4						II				+
被子植物门	猕猴桃科	猕猴桃属	小叶猕猴桃	*Actinidia lanceolata*	落叶	藤本	1						II				+
被子植物门	猕猴桃科	猕猴桃属	两广猕猴桃	*Actinidia liangguangensis*	常绿	藤本	2						II				+
被子植物门	猕猴桃科	猕猴桃属	美丽猕猴桃	*Actinidia melliana*	常绿	藤本	2					++	II				+
被子植物门	桃金娘科	岗松属	岗松	*Baeckea frutescens*	常绿	灌木			+		+						
被子植物门	桃金娘科	桃金娘属	桃金娘	*Rhodomyrtus tomentosa*	常绿	乔木	1		+			+					

（续）

门	科中文名	属中文名	中文学名	拉丁名	生活史	生活型	FR	资源类型						濒危保护			
								TP	MP	OP	AP	其他	NP	CITES	CNRL	IUCN	其他
被子植物门	桃金娘科	蒲桃属	轮叶蒲桃	Syzygium grijsii	常绿	灌木	1					+					
被子植物门	桃金娘科	蒲桃属	赤楠	Syzygium buxifolium	常绿	小乔大灌	6					++					
被子植物门	桃金娘科	蒲桃属	华南蒲桃	Syzygium austrosinense	常绿	小乔大灌	1					+					
被子植物门	野牡丹科	柏拉木属	线萼金花树	Blastus apricus	落叶	灌木	3										
被子植物门	野牡丹科	柏拉木属	匙萼柏拉木	Blastus cavaleriei	落叶	灌木	1		+								
被子植物门	野牡丹科	柏拉木属	南亚柏拉木	Blastus cogniauxii	落叶	灌木	12										
被子植物门	野牡丹科	柏拉木属	金花树	Blastus dunnianus	落叶	灌木	2		+								
被子植物门	野牡丹科	柏拉木属	柏拉木	Blastus cochinchinensis	落叶	亚灌木	1		+			+					
被子植物门	野牡丹科	异药花属	肥肉草	Fordiophyton fordii	常绿	亚灌木	1										+
被子植物门	野牡丹科	野牡丹属	多花野牡丹	Melastoma affine	常绿	灌木	1		+								
被子植物门	野牡丹科	野牡丹属	地菍	Melastoma dodecandrum	常绿	灌木	7		+								
被子植物门	野牡丹科	锦香草属	毛柄锦香草	Phyllagathis anisophylla	常绿	亚灌木	1										
被子植物门	野牡丹科	锦香草属	锦香草	Phyllagathis cavaleriei	常绿	亚灌木	2										
被子植物门	使君子科	诃子属	海南榄仁	Terminalia hainanensis	常绿	小乔大灌	1	+									
被子植物门	金丝桃科	金丝桃属	赶山鞭	Hypericum attenuatum	多年生	草本	4		+								
被子植物门	金丝桃科	金丝桃属	地耳草	Hypericum japonicum	多年生	草本	1		+								
被子植物门	藤黄科	藤黄属	岭南山竹子	Garcinia oblongifolia	常绿	乔木	3	+		+							
被子植物门	杜英科	杜英属	杜英	Elaeocarpus decipiens	常绿	乔木	4				+						
被子植物门	杜英科	杜英属	显脉杜英	Elaeocarpus dubius	常绿	乔木	5										
被子植物门	杜英科	杜英属	秃瓣杜英	Elaeocarpus glabripetalus	常绿	乔木	4										
被子植物门	杜英科	杜英属	日本杜英	Elaeocarpus japonicus	常绿	乔木	14	+									
被子植物门	杜英科	杜英属	绢毛杜英	Elaeocarpus nitentifolius	常绿	乔木	1										

（续）

门	科中文名	属中文名	中文学名	拉丁名	生活史	生活型	FR	资源类型						濒危保护			
								TP	MP	OP	AP	其他	NP	CITES	CNRL	IUCN	其他
被子植物门	杜英科	杜英属	中华杜英	Elaeocarpus chinensis	常绿	小乔大灌	4					+					
被子植物门	杜英科	杜英属	山杜英	Elaeocarpus sylvestris	常绿	小乔大灌	1	+				+					
被子植物门	杜英科	猴欢喜属	猴欢喜	Sloanea sinensis	常绿	乔木	3			+							
被子植物门	梧桐科	梭罗树属	长柄梭罗	Reevesia longipetiolata	落叶	乔木	1	+							VU		+
被子植物门	锦葵科	木槿属	木槿*	Hibiscus syriacus	落叶	灌木			+		+	+++					
被子植物门	锦葵科	梵天花属	梵天花	Urena procumbens	常绿	灌木	4					+					
被子植物门	锦葵科	梵天花属	地桃花	Urena lobata	常绿	亚灌木	6										
被子植物门	古柯科	古柯属	东方古柯	Erythroxylum sinense	落叶	小乔大灌	15				+						
被子植物门	大戟科	山麻杆属	红背山麻杆	Alchornea trewioides	落叶	灌木	2		+			+					
被子植物门	大戟科	五月茶属	五月茶	Antidesma bunius	常绿	乔木	1	+				++++					
被子植物门	大戟科	五月茶属	酸味子	Antidesma japonicum	落叶	小乔大灌	6		+	+							
被子植物门	大戟科	巴豆属	毛果巴豆	Croton lachnocarpus	落叶	灌木	1			+							
被子植物门	大戟科	算盘子属	毛果算盘子	Glochidion eriocarpum	常绿	灌木	2		+	+							
被子植物门	大戟科	算盘子属	算盘子	Glochidion puberum	落叶	灌木	3		+	+							
被子植物门	大戟科	野桐属	白背叶	Mallotus apelta	落叶	小乔大灌	6		+	+		+					
被子植物门	大戟科	野桐属	山苦茶	Mallotus oblongifolius	落叶	小乔大灌	1				+						
被子植物门	大戟科	野桐属	白楸	Mallotus paniculatus	落叶	小乔大灌	15	+		+		+					
被子植物门	大戟科	野桐属	野梧桐	Mallotus japonicus	落叶	小乔大灌	3			+		+					
被子植物门	大戟科	野桐属	东南野桐	Mallotus lianus	常绿	小乔大灌	1										
被子植物门	大戟科	野桐属	粗糠柴	Mallotus philippensis	落叶	小乔大灌	3		+								
被子植物门	大戟科	叶下珠属	青灰叶下珠	Phyllanthus glaucus	落叶	灌木	5		+								
被子植物门	大戟科	叶下珠属	小果叶下珠	Phyllanthus reticulatus	落叶	灌木	4		+								

（续）

门	科中文名	属中文名	中文学名	拉丁名	生活史	生活型	FR	资源类型					NP	濒危保护			
								TP	MP	OP	AP	其他		CITES	CNRL	IUCN	其他
被子植物门	大戟科	乌桕属	山乌桕	Sapium discolor	落叶	小乔大灌	9	+	+	+		+					
被子植物门	大戟科	油桐属	油桐	Vernicia fordii	落叶	乔木	2		+	+	+						
被子植物门	大戟科	油桐属	木油桐	Vernicia montana	落叶	乔木	10			+		++					+
被子植物门	交让木科	交让木属	牛耳枫	Daphniphyllum calycinum	落叶	灌木	4		+	+							
被子植物门	交让木科	交让木属	假轮叶虎皮楠	Daphniphyllum subverticillatum	落叶	灌木	5								VU		
被子植物门	交让木科	交让木属	虎皮楠	Daphniphyllum oldhamii	落叶	乔木	14		+	+							
被子植物门	鼠刺科	鼠刺属	鼠刺	Itea chinensis	常绿	小乔大灌	8		+								
被子植物门	鼠刺科	鼠刺属	矩叶鼠刺	Itea oblonga	常绿	小乔大灌	6										
被子植物门	绣球花科	常山属	常山	Dichroa febrifuga	落叶	灌木	13		+								
被子植物门	绣球花科	常山属	罗蒙常山	Dichroa yaoshanensis	常绿	灌木	1					+					
被子植物门	绣球花科	绣球属	酥醪绣球	Hydrangea coenobialis	落叶	灌木	2										
被子植物门	绣球花科	绣球属	柳叶绣球	Hydrangea stenophylla	落叶	灌木	2										
被子植物门	绣球花科	绣球属	圆锥绣球	Hydrangea paniculata	落叶	小乔大灌	9				+	+					
被子植物门	绣球花科	绣球属	粤西绣球	Hydrangea kwangsiensis	常绿	灌木	2										
被子植物门	绣球花科	冠盖藤属	冠盖藤	Pileostegia viburnoides	常绿	灌木	4		+								
被子植物门	蔷薇科	龙芽草属	日本龙芽草	Agrimonia nipponica	多年生	草本	2										
被子植物门	蔷薇科	龙芽草属	龙芽草	Agrimonia pilosa	多年生	草本	2										
被子植物门	蔷薇科	樱属	钟花樱桃	Cerasus campanulata	落叶	小乔大灌	4					+					
被子植物门	蔷薇科	樱属	尾叶樱桃	Cerasus dielsiana	落叶	小乔大灌	1										
被子植物门	蔷薇科	蛇莓属	蛇莓	Duchesnea indica	多年生	草本			+								
被子植物门	蔷薇科	枇杷属	香花枇杷	Eriobotrya fragrans	常绿	亚灌木	2			+							
被子植物门	蔷薇科	路边青属	柔毛路边青	Geum japonicum	多年生	草本	1										

（续）

门	科中文名	属中文名	中文学名	拉丁名	生活史	生活型	FR	资源类型						濒危保护			其他
								TP	MP	OP	AP	其他	NP	CITES	CNRL	IUCN	
被子植物门	蔷薇科	桂樱属	腺叶桂樱	*Laurocerasus phaeosticta*	常绿	小乔大灌	5		+								
被子植物门	蔷薇科	桂樱属	钝齿尖叶桂樱	*Laurocerasus undulata*	常绿	小乔大灌	1										
被子植物门	蔷薇科	桂樱属	刺叶桂樱	*Laurocerasus spinulosa*	常绿	乔木	3										
被子植物门	蔷薇科	苹果属	尖嘴林檎	*Malus melliana*	常绿	小乔大灌	1		+								+
被子植物门	蔷薇科	石楠属	中华石楠	*Photinia beauverdiana*	落叶	小乔大灌	26										
被子植物门	蔷薇科	石楠属	桃叶石楠	*Photinia prunifolia*	常绿	乔木	2			+							
被子植物门	蔷薇科	梨属	豆梨	*Pyrus calleryana*	落叶	乔木	4	+	+								
被子植物门	蔷薇科	梨属	沙梨	*Pyrus pyrifolia*	落叶	乔木	1		+								
被子植物门	蔷薇科	石斑木属	石斑木	*Raphiolepis indica*	常绿	亚灌木	1	+				++					
被子植物门	蔷薇科	蔷薇属	金樱子	*Rosa laevigata*	常绿	灌木	1		+		+	+					
被子植物门	蔷薇科	悬钩子属	周毛悬钩子	*Rubus amphidasys*	落叶	灌木	1		+								
被子植物门	蔷薇科	悬钩子属	茅莓	*Rubus parvifolius*	常绿	灌木	1		+			+					
被子植物门	蔷薇科	悬钩子属	腺毛莓	*Rubus adenophorus*	落叶	灌木											
被子植物门	蔷薇科	悬钩子属	粗叶悬钩子	*Rubus alceaefolius*	落叶	灌木	11		+								
被子植物门	蔷薇科	悬钩子属	蒲桃叶悬钩子	*Rubus jambosoides*	落叶	灌木	6										
被子植物门	蔷薇科	悬钩子属	白花悬钩子	*Rubus leucanthus*	落叶	灌木	2		+								
被子植物门	蔷薇科	悬钩子属	角裂悬钩子	*Rubus lobophyllus*	落叶	灌木	1										
被子植物门	蔷薇科	悬钩子属	梨叶悬钩子	*Rubus pyrifolius*	落叶	灌木	2		+								
被子植物门	蔷薇科	悬钩子属	饶平悬钩子	*Rubus raopingensis*	落叶	灌木	2										
被子植物门	蔷薇科	悬钩子属	锈毛莓	*Rubus reflexus*	落叶	灌木	5		+	+		+					
被子植物门	蔷薇科	悬钩子属	光滑悬钩子	*Rubus tsangii*	落叶	灌木	2										
被子植物门	蔷薇科	悬钩子属	灰毛泡	*Rubus irenaeus*	多年生	草本	2		+			++					

（续）

门	科中文名	属中文名	中文学名	拉丁名	生活史	生活型	FR	资源类型					濒危保护				
								TP	MP	OP	AP	其他	NP	CITES	CNRL	IUCN	其他
被子植物门	蔷薇科	悬钩子属	高粱泡	*Rubus lambertianus*	常绿	灌木	3										
被子植物门	蔷薇科	悬钩子属	东南悬钩子	*Rubus tsangorum*	落叶	亚灌木	3										
被子植物门	蔷薇科	悬钩子属	湖南悬钩子	*Rubus hunanensis*	落叶	灌木											
被子植物门	蔷薇科	悬钩子属	大乌泡	*Rubus pluribracteatus*	常绿	小乔大灌	1		+								
被子植物门	蔷薇科	悬钩子属	山莓	*Rubus corchorifolius*	落叶	灌木	8		+								
被子植物门	蔷薇科	悬钩子属	空心泡	*Rubus rosaefolius*	落叶	灌木	10		+								
被子植物门	蔷薇科	悬钩子属	红腺悬钩子	*Rubus sumatranus*	落叶	灌木	2		+								
被子植物门	蔷薇科	花楸属	石灰花楸	*Sorbus folgneri*	落叶	乔木	1										
被子植物门	蔷薇科	花楸属	美脉花楸	*Sorbus caloneura*	落叶	小乔大灌	1										
被子植物门	蔷薇科	绣线菊属	中华绣线菊	*Spiraea chinensis*	落叶	灌木	1										
被子植物门	含羞草科	金合欢属	藤金合欢	*Acacia sinuata*	落叶	藤本	1		+		+						
被子植物门	含羞草科	合欢属	山槐	*Albizia kalkora*	落叶	小乔大灌	23	+				++					
被子植物门	含羞草科	合欢属	南洋楹*+	*Albizia falcataria*	常绿	乔木		+									
被子植物门	含羞草科	银合欢属	银合欢+	*Leucaena leucocephala*	落叶	小乔大灌	2	+		+		+					
被子植物门	含羞草科	含羞草属	光荚含羞草+	*Mimosa bimucronata*	落叶	灌木	2			+							
被子植物门	含羞草科	含羞草属	含羞草+	*Mimosa pudica*	多年生	草本	1		+								
被子植物门	苏木科	羊蹄甲属	龙须藤	*Bauhinia championii*	落叶	藤本	7		+			+++					
被子植物门	苏木科	羊蹄甲属	粉叶羊蹄甲	*Bauhinia glauca*	1~2年生	草本	2										
被子植物门	苏木科	决明属	决明+	*Cassia tora*	落叶	小乔大灌	1		+			+					
被子植物门	苏木科	盾柱木属	银珠	*Peltophorum tonkinense*	落叶	乔木	1										
被子植物门	苏木科	任豆属	任豆	*Zenia insignis*	落叶	乔木	1	+					II				
被子植物门	蝶形花科	香槐属	翅荚香槐	*Cladrastis platycarpa*	落叶	乔木	7	+				+					

（续）

门	科中文名	属中文名	中文学名	拉丁名	生活史	生活型	FR	资源类型						濒危保护			
								TP	MP	OP	AP	其他	NP	CITES	CNRL	IUCN	其他
被子植物门	蝶形花科	黄檀属	南岭黄檀	Dalbergia balansae	落叶	乔木	1	+									
被子植物门	蝶形花科	黄檀属	黄檀	Dalbergia hupeana	落叶	乔木	20		+								
被子植物门	蝶形花科	黄檀属	藤黄檀	Dalbergia hancei	落叶	藤本	3		+			+					
被子植物门	蝶形花科	黄檀属	香港黄檀	Dalbergia millettii	落叶	藤本	2										
被子植物门	蝶形花科	鱼藤属	白花鱼藤	Derris alborubra	常绿	藤本	1									CR	
被子植物门	蝶形花科	山蚂蝗属	假地豆	Desmodium heterocarpon	落叶	亚灌木	1		+								
被子植物门	蝶形花科	山蚂蝗属	小槐花	Desmodium caudatum	落叶	亚灌木	2		+								
被子植物门	蝶形花科	山黑豆属	山黑豆	Dumasia truncata	多年生	草本	2			+							
被子植物门	蝶形花科	千斤拔属	千斤拔	Flemingia prostrata	常绿	亚灌木	1		+								
被子植物门	蝶形花科	木蓝属	庭藤	Indigofera decora	落叶	灌木	2		+								
被子植物门	蝶形花科	胡枝子属	铁马鞭	Lespedeza pilosa	多年生	草本	1		+								
被子植物门	蝶形花科	胡枝子属	美丽胡枝子	Lespedeza formosa	落叶	灌木	1					+					
被子植物门	蝶形花科	崖豆藤属	厚果崖豆藤	Millettia pachycarpa	常绿	藤本	1										
被子植物门	蝶形花科	崖豆藤属	香花崖豆藤	Millettia dielsiana	常绿	灌木	2										
被子植物门	蝶形花科	崖豆藤属	亮叶崖豆藤	Millettia nitida	常绿	灌木	1		+								
被子植物门	蝶形花科	崖豆藤属	昆明鸡血藤	Millettia reticulata	常绿	藤本	5										
被子植物门	蝶形花科	黧豆属	白花油麻藤	Mucuna birdwoodiana	常绿	藤本	1		+								
被子植物门	蝶形花科	排钱树属	排钱树	Phyllodium pulchellum	常绿	灌木	1		+								
被子植物门	蝶形花科	葛属	三裂叶野葛	Pueraria phaseoloides	落叶	藤本	8			+		+					
被子植物门	蝶形花科	葛属	葛	Pueraria lobata	落叶	藤本	8		+								
被子植物门	旌节花科	旌节花属	西域旌节花（喜马拉雅旌节花）	Stachyurus himalaicus	落叶	灌木	1		+								

（续）

门	科中文名	属中文名	中文学名	拉丁名	生活史	生活型	FR	资源类型					濒危保护				
								TP	MP	OP	AP	其他	NP	CITES	CNRL	IUCN	其他
被子植物门	金缕梅科	马蹄荷属	大果马蹄荷	*Exbucklandia tonkinensis*	常绿	乔木	3	+			+						
被子植物门	金缕梅科	枫香树属	枫香树	*Liquidambar formosana*	落叶	乔木	20	+		+	+	+					
被子植物门	金缕梅科	檵木属	檵木	*Loropetalum chinense*	常绿	灌木	1		+	+	+	+					
被子植物门	金缕梅科	半枫荷属	半枫荷	*Semiliquidambar cathayensis*	常绿	灌木	5	+	+				II				+
被子植物门	黄杨科	板凳果属	板凳果	*Pachysandra axillaris*	常绿	灌木	6										
被子植物门	杨梅科	杨梅属	杨梅	*Myrica rubra*	常绿	乔木	4		+		+	+++					
被子植物门	榛科	鹅耳枥属	川鄂鹅耳枥	*Carpinus henryana*	常绿	乔木	2										
被子植物门	榛科	鹅耳枥属	雷公鹅耳枥	*Carpinus viminea*	常绿	小乔大灌						+					
被子植物门	壳斗科	栗属	栗*	*Castanea mollissima*	落叶	乔木	2		+		+						
被子植物门	壳斗科	锥属	米槠	*Castanopsis carlesii*	常绿	乔木	6					++					
被子植物门	壳斗科	锥属	厚皮锥	*Castanopsis chunii*	常绿	乔木	2										
被子植物门	壳斗科	锥属	甜槠	*Castanopsis eyrei*	常绿	乔木	6	+									
被子植物门	壳斗科	锥属	罗浮锥	*Castanopsis fabri*	常绿	乔木	16	+									
被子植物门	壳斗科	锥属	栲	*Castanopsis fargesii*	常绿	乔木	5	+				++					
被子植物门	壳斗科	锥属	红锥	*Castanopsis hystrix*	常绿	乔木	1	+		+		++					
被子植物门	壳斗科	锥属	吊皮锥	*Castanopsis kawakamii*	常绿	乔木	1	+							VU		+
被子植物门	壳斗科	锥属	鹿角锥	*Castanopsis lamontii*	常绿	乔木	5	+									
被子植物门	壳斗科	锥属	苦槠	*Castanopsis sclerophylla*	常绿	乔木	4	+				+					
被子植物门	壳斗科	锥属	钩锥	*Castanopsis tibetana*	常绿	乔木	4	+				+					
被子植物门	壳斗科	锥属	黧蒴锥	*Castanopsis fissa*	常绿	乔木	1		+								
被子植物门	壳斗科	青冈属	小叶青冈	*Cyclobalanopsis myrsinaefolia*	常绿	乔木	2	+									
被子植物门	壳斗科	青冈属	槟榔青冈	*Cyclobalanopsis bella*	常绿	乔木	2	+									

（续）

门	科中文名	属中文名	中文学名	拉丁名	生活史	生活型	FR	TP	MP	OP	AP	其他	NP	CITES	CNRL	IUCN	其他
被子植物门	壳斗科	青冈属	枥子青冈	*Cyclobalanopsis blakei*	常绿	乔木	1										
被子植物门	壳斗科	青冈属	青冈	*Cyclobalanopsis glauca*	常绿	乔木	7	+				++					
被子植物门	壳斗科	青冈属	多脉青冈	*Cyclobalanopsis multinervis*	常绿	乔木	5					+					
被子植物门	壳斗科	青冈属	褐叶青冈	*Cyclobalanopsis stewardiana*	常绿	乔木	1										
被子植物门	壳斗科	水青冈属	水青冈	*Fagus longipetiolata*	常绿	乔木	4	+									
被子植物门	壳斗科	水青冈属	光叶水青冈	*Fagus lucida*	常绿	乔木	7										
被子植物门	壳斗科	柯属	短尾柯	*Lithocarpus brevicaudatus*	常绿	乔木	1										
被子植物门	壳斗科	柯属	茸果柯	*Lithocarpus fenestratus*	常绿	乔木	1					+					
被子植物门	壳斗科	柯属	柯	*Lithocarpus glabra*	常绿	乔木	4	+									
被子植物门	壳斗科	柯属	硬壳柯	*Lithocarpus hancei*	常绿	乔木	4	+									
被子植物门	壳斗科	柯属	港柯	*Lithocarpus harlandii*	常绿	乔木	4					+					
被子植物门	壳斗科	柯属	木姜叶柯	*Lithocarpus litseifolius*	常绿	乔木	3										
被子植物门	壳斗科	柯属	犁耙柯	*Lithocarpus silvicolarum*	常绿	乔木	1	+				+					
被子植物门	壳斗科	柯属	薄叶柯	*Lithocarpus tenuilimbus*	常绿	乔木	6										
被子植物门	壳斗科	柯属	柄果柯	*Lithocarpus longipedicellatus*	常绿	乔木	1	+									
被子植物门	榆科	朴属	珊瑚朴	*Celtis julianae*	落叶	灌木	1			+		+					
被子植物门	榆科	山黄麻属	光叶山黄麻	*Trema cannabina*	落叶	乔木	1			+		+					
被子植物门	榆科	榉属	光叶榉	*Zelkova serrata*	落叶	乔木	1		+	+		+					
被子植物门	桑科	波罗蜜属	白桂木	*Artocarpus hypargyreus*	落叶	乔木	2	+	+			+					
被子植物门	桑科	波罗蜜属	胭脂	*Artocarpus tonkinensis*	落叶	乔木	1	+				+					
被子植物门	桑科	构属	葡蟠	*Broussonetia kaempferi*	落叶	亚灌木	5					+					
被子植物门	桑科	葨芝属	柘树	*Cudrania tricuspidata*	落叶	小乔大灌	1	+				+					

（续）

门	科中文名	属中文名	中文学名	拉丁名	生活史	生活型	FR	资源类型						濒危保护			
								TP	MP	OP	AP	其他	NP	CITES	CNRL	IUCN	其他
被子植物门	桑科	榕属	对叶榕	Ficus hispida	常绿	乔木	2		+			+					
被子植物门	桑科	榕属	矮小天仙果	Ficus erecta	落叶	小乔大灌	8		+			++					
被子植物门	桑科	榕属	纸叶榕	Ficus chartacea	常绿	灌木	10										
被子植物门	桑科	榕属	台湾榕	Ficus formosana	常绿	灌木	4		+			+					
被子植物门	桑科	榕属	舶梨榕	Ficus pyriformis	常绿	灌木	1										
被子植物门	桑科	榕属	粗叶榕	Ficus hirta	落叶	小乔大灌	4		+			+					
被子植物门	桑科	榕属	薜荔	Ficus pumila	常绿	灌木	1					++++					
被子植物门	桑科	榕属	匍茎榕	Ficus sarmentosa	常绿	灌木	5		+								
被子植物门	桑科	榕属	琴叶榕	Ficus pandurata	常绿	灌木	4		+			+					
被子植物门	桑科	榕属	竹叶榕	Ficus stenophylla	常绿	灌木	1		+								
被子植物门	桑科	柘属	构棘	Maclura cochinchinensis	常绿	灌木			+								
被子植物门	桑科	桑属	桑*	Morus alba	落叶	小乔大灌	1	+	+			++++					
被子植物门	桑科	桑属	鸡桑	Morus australis	落叶	小乔大灌	1					++					
被子植物门	荨麻科	苎麻属	白面苎麻	Boehmeria clidemioides	多年生	草本	3										
被子植物门	荨麻科	苎麻属	密球苎麻	Boehmeria densiglomerata	多年生	草本	1		+			+					
被子植物门	荨麻科	苎麻属	大叶苎麻	Boehmeria longispica	落叶	亚灌木	3		+		+	+					
被子植物门	荨麻科	苎麻属	悬铃叶苎麻	Boehmeria tricuspis	落叶	亚灌木	3		+	+		+					
被子植物门	荨麻科	苎麻属	苎麻*	Boehmeria nivea	落叶	亚灌木	12		+			++					
被子植物门	荨麻科	糯米团属	糯米团	Gonostegia hirta	多年生	草本	11		+								
被子植物门	荨麻科	紫麻属	紫麻	Oreocnide frutescens	落叶	小乔大灌	14		+			+					
被子植物门	荨麻科	赤车属	华南赤车	Pellionia grijsii	多年生	草本	5										
被子植物门	荨麻科	赤车属	赤车	Pellionia radicans	多年生	草本	4		+								

（续）

门	科中文名	属中文名	中文学名	拉丁名	生活史	生活型	FR	资源类型						濒危保护			
---	---	---	---	---	---	---	---	TP	MP	OP	AP	其他	NP	CITES	CNRL	IUCN	其他
被子植物门	荨麻科	冷水花属	冷水花	*Pilea notata*	多年生	草本	2		+								
被子植物门	荨麻科	冷水花属	紫背冷水花	*Pilea purpurella*	多年生	草本	1										
被子植物门	荨麻科	冷水花属	粗齿冷水花	*Pilea sinofasciata*	多年生	草本	1										
被子植物门	冬青科	冬青属	亮叶冬青	*Ilex nitidissima*	常绿	小乔大灌			+								
被子植物门	冬青科	冬青属	满树星	*Ilex aculeolata*	落叶	灌木	4		+								
被子植物门	冬青科	冬青属	疏齿冬青	*Ilex oligodonta*	常绿	灌木											
被子植物门	冬青科	冬青属	台湾冬青	*Ilex formosana*	常绿	小乔大灌	5										
被子植物门	冬青科	冬青属	青茶冬青	*Ilex hanceana*	常绿	小乔大灌	1										
被子植物门	冬青科	冬青属	广东冬青	*Ilex kwangtungensis*	常绿	小乔大灌	2					+					
被子植物门	冬青科	冬青属	毛冬青	*Ilex pubescens*	常绿	小乔大灌	2		+								
被子植物门	冬青科	冬青属	铁冬青	*Ilex rotunda*	常绿	小乔大灌	6		+			+++					
被子植物门	冬青科	冬青属	四川冬青	*Ilex szechwanensis*	常绿	小乔大灌	2			+							
被子植物门	冬青科	冬青属	紫果冬青	*Ilex tsoii*	落叶	小乔大灌	2										
被子植物门	冬青科	冬青属	黄毛冬青	*Ilex dasyphylla*	常绿	乔木											
被子植物门	冬青科	冬青属	榕叶冬青	*Ilex ficoidea*	常绿	乔木	3			+							
被子植物门	冬青科	冬青属	皱柄冬青	*Ilex kengii*	常绿	乔木	1										
被子植物门	卫矛科	南蛇藤属	独子藤	*Celastrus monospermus*	常绿	藤本	1										
被子植物门	卫矛科	南蛇藤属	南蛇藤	*Celastrus orbiculatus*	常绿	藤本			+	+		++					
被子植物门	卫矛科	南蛇藤属	短梗南蛇藤	*Celastrus rosthornianus*	常绿	藤本	1		+			+					
被子植物门	卫矛科	卫矛属	大果卫矛	*Euonymus myrianthus*	常绿	灌木	4			+		+					
被子植物门	卫矛科	卫矛属	中华卫矛	*Euonymus nitidus*	常绿	小乔大灌	5		+	+							
被子植物门	卫矛科	卫矛属	扶芳藤	*Euonymus fortunei*	常绿	灌木	7		+	+		+					

193

（续）

门	科中文名	属中文名	中文学名	拉丁名	生活史	生活型	FR	资源类型					濒危保护				
								TP	MP	OP	AP	其他	NP	CITES	CNRL	IUCN	其他
被子植物门	茶茱萸科	定心藤属	定心藤	*Mappianthus iodoides*	落叶	藤本	1		+			++					
被子植物门	铁青树科	青皮木属	华南青皮木	*Schoepfia chinensis*	落叶	小乔大灌	2										
被子植物门	铁青树科	青皮木属	青皮木	*Schoepfia jasminodora*	落叶	小乔大灌	2					+					
被子植物门	桑寄生科	鞘花属	鞘花	*Macrosolen cochinchinensis*	常绿	灌木	1		+								
被子植物门	鼠李科	枳椇属	北枳椇	*Hovenia dulcis*	落叶	乔木	1	+	+			+					
被子植物门	鼠李科	鼠李属	山绿柴	*Rhamnus brachypoda*	落叶	灌木	1										
被子植物门	鼠李科	鼠李属	山鼠李	*Rhamnus wilsonii*	落叶	灌木	1										
被子植物门	鼠李科	鼠李属	薄叶鼠李	*Rhamnus leptophylla*	落叶	小乔大灌	1		+			+					
被子植物门	鼠李科	鼠李属	黄药	*Rhamnus crenata*	落叶	乔木	2										
被子植物门	鼠李科	雀梅藤属	雀梅藤	*Sageretia thea*	落叶	灌木	1		+								
被子植物门	鼠李科	枣属	枣	*Ziziphus jujuba*	落叶	灌木	1		+			++					
被子植物门	胡颓子科	胡颓子属	蔓胡颓子	*Elaeagnus glabra*	常绿	灌木	1		+			+					
被子植物门	胡颓子科	胡颓子属	角花胡颓子	*Elaeagnus gonyanthes*	常绿	灌木	3		+								
被子植物门	胡颓子科	胡颓子属	胡颓子	*Elaeagnus pungens*	常绿	灌木	3		+		+	++					
被子植物门	葡萄科	蛇葡萄属	广东蛇葡萄	*Ampelopsis cantoniensis*	落叶	藤本	3		+								
被子植物门	葡萄科	蛇葡萄属	羽叶蛇葡萄	*Ampelopsis chaffanjoni*	落叶	藤本	2										
被子植物门	葡萄科	蛇葡萄属	显齿蛇葡萄	*Ampelopsis grossedentata*	落叶	藤本	4										
被子植物门	葡萄科	乌蔹莓属	乌蔹莓	*Cayratia japonica*	落叶	藤本	6		+	+							
被子植物门	葡萄科	乌蔹莓属	角花乌蔹莓	*Cayratia corniculata*	常绿	藤本	1		+								
被子植物门	葡萄科	地锦属	地锦	*Parthenocissus tricuspidata*	1~2年生	草本	1		+			+					
被子植物门	葡萄科	地锦属	异叶地锦	*Parthenocissus dalzielii*	常绿	藤本	1					+					
被子植物门	葡萄科	地锦属	长柄地锦	*Parthenocissus feddei*	常绿	藤本	1					+					

（续）

门	科中文名	属中文名	中文学名	拉丁名	生活史	生活型	FR	资源类型						濒危保护			
								TP	MP	OP	AP	其他	NP	CITES	CNRL	IUCN	其他
被子植物门	葡萄科	崖爬藤属	三叶崖爬藤	*Tetrastigma hemsleyanum*	落叶	藤本	3		+								
被子植物门	葡萄科	葡萄属	小果爬藤葡萄	*Vitis balansaeana*	落叶	藤本	3		+								
被子植物门	葡萄科	葡萄属	东南葡萄	*Vitis chunganensis*	落叶	藤本	2				+	+					
被子植物门	葡萄科	葡萄属	华东葡萄	*Vitis pseudoreticulata*	落叶	藤本	4					+					
被子植物门	芸香科	石香草属	臭节草	*Boenninghausenia albiflora*	多年生	草本	6		+								
被子植物门	芸香科	吴茱萸属	吴茱萸	*Evodia rutaecarpa*	落叶	小乔大灌			+	+	+						
被子植物门	芸香科	吴茱萸属	华南吴萸	*Evodia austro-sinensis*	落叶	乔木	2		+	+	+						
被子植物门	芸香科	吴茱萸属	楝叶吴茱萸	*Evodia glabrifolia*	落叶	乔木	2		+	+	+						
被子植物门	芸香科	吴茱萸属	三桠苦	*Evodia lepta*	落叶	乔木	1		+	+							
被子植物门	芸香科	花椒属	花椒筋	*Zanthoxylum scandens*	落叶	藤木	4			+							
被子植物门	芸香科	花椒属	簕欓花椒	*Zanthoxylum avicennae*	落叶	乔木			+								
被子植物门	芸香科	花椒属	椿叶花椒	*Zanthoxylum ailanthoides*	落叶	乔木	3		+								
被子植物门	芸香科	花椒属	岭南花椒	*Zanthoxylum austro-sinense*	落叶	小乔大灌	1		+								
被子植物门	楝科	香椿属	红椿	*Toona ciliata*	落叶	乔木	1	+					II		VU		+
被子植物门	楝科	香椿属	香椿	*Toona sinensis*	落叶	乔木	6	+		+		+					
被子植物门	无患子科	伞花木属	伞花木	*Eurycorymbus cavaleriei*	落叶	乔木	1	+		+			II		VU		+
被子植物门	无患子科	无患子属	无患子	*Sapindus saponaria*	落叶	乔木	2				+						
被子植物门	槭树科	槭树属	三角枫	*Acer buergerianum*	落叶	乔木	1				+					CR	*
被子植物门	槭树科	槭树属	青榨槭	*Acer davidii*	落叶	乔木	6					+++					+
被子植物门	槭树科	槭树属	罗浮槭	*Acer fabri*	常绿	乔木	6										+
被子植物门	槭树科	槭树属	南岭槭	*Acer metialfii*	落叶	乔木	28								VU		+
被子植物门	槭树科	槭树属	毛脉槭	*Acer pubinerve*	落叶	乔木	2										

（续）

门	科中文名	属中文名	中文学名	拉丁名	生活史	生活型	FR	资源类型						濒危保护			
								TP	MP	OP	AP	其他	NP	CITES	CNRL	IUCN	其他
被子植物门	槭树科	槭树属	中华槭	*Acer sinense*	落叶	乔木	2					+					+
被子植物门	槭树科	槭树属	岭南槭	*Acer tutcheri*	落叶	乔木	14					+			VU		+
被子植物门	槭树科	槭树属	三峡槭	*Acer wilsonii*	落叶	乔木	5								NT		+
被子植物门	槭树科	槭树属	五裂槭	*Acer oliverianum*	落叶	小乔大灌	9										+
被子植物门	清风藤科	泡花树属	腺毛泡花树	*Meliosma glandulosa*	常绿	乔木	8	+									
被子植物门	清风藤科	泡花树属	红柴枝	*Meliosma oldhamii*	落叶	乔木	1			+							
被子植物门	清风藤科	泡花树属	笔罗子	*Meliosma rigida*	落叶	乔木	1		+			+					
被子植物门	清风藤科	泡花树属	山楝叶泡花树	*Meliosma thorelii*	常绿	乔木	1	+									
被子植物门	清风藤科	泡花树属	樟叶泡花树	*Meliosma squamulata*	常绿	小乔大灌	2	+									
被子植物门	清风藤科	泡花树属	狭序泡花树	*Meliosma paupera*	常绿	乔木	3		+			+					
被子植物门	清风藤科	清风藤属	清风藤	*Sabia japonica*	落叶	藤本	1										
被子植物门	清风藤科	清风藤属	白背清风藤	*Sabia discolor*	常绿	藤本	1										
被子植物门	省沽油科	野鸦椿属	野鸦椿	*Euscaphis japonica*	落叶	小乔大灌	2	+				++					
被子植物门	省沽油科	银鹊树属	银鹊树	*Tapiscia sinensis*	落叶	乔木	9					+					+
被子植物门	省沽油科	山香圆属	锐尖山香圆	*Turpinia arguta*	落叶	乔木	8										
被子植物门	漆树科	南酸枣属	南酸枣	*Choerospondias axillaris*	落叶	乔木	4	+	+	+		+					
被子植物门	漆树科	盐肤木属	白背麸杨	*Rhus hypoleuca*	落叶	小乔大灌	4			+							
被子植物门	漆树科	盐肤木属	盐肤木	*Rhus chinensis*	落叶	小乔大灌	8		+	+		+++					
被子植物门	漆树科	盐肤木属	青麸杨	*Rhus potaninii*	落叶	乔木	1										
被子植物门	漆树科	漆属	木蜡树	*Toxicodendron succedaneum*	落叶	乔木	5					+					
被子植物门	漆树科	漆属	野漆树	*Toxicodendron sylvestris*	落叶	乔木	4		+								
被子植物门	胡桃科	青钱柳属	青钱柳	*Cyclocarya paliurus*	落叶	乔木	1	+	+			++					+

（续）

门	科中文名	属中文名	中文学名	拉丁名	生活史	生活型	FR	资源类型						濒危保护			
								TP	MP	OP	AP	其他	NP	CITES	CNRL	IUCN	其他
被子植物门	胡桃科	黄杞属	黄杞	Engelhardia roxburghiana	常绿	乔木	1	+	+	+		++					
被子植物门	胡桃科	黄杞属	少叶黄杞	Engelhardia fenzelii	常绿	小乔大灌	1	+				++					
被子植物门	胡桃科	化香树属	圆果化香树	Platycarya longipes	落叶	小乔大灌	3	+			+	+					
被子植物门	胡桃科	枫杨属	枫杨	Pterocarya stenoptera	落叶	乔木	2	+	+	+	+	+++					
被子植物门	山茱萸科	桃叶珊瑚属	细齿桃叶珊瑚	Aucuba chlorascens	常绿	小乔大灌	2										
被子植物门	山茱萸科	桃叶珊瑚属	桃叶珊瑚	Aucuba chinensis	常绿	小乔大灌	3										
被子植物门	山茱萸科	四照花属	尖叶四照花	Dendrobenthamia angustata	常绿	小乔大灌	4					++					
被子植物门	山茱萸科	四照花属	香港四照花	Dendrobenthamia hongkongensis	常绿	小乔大灌	27	+				+					
被子植物门	山茱萸科	梾木属	华南梾木	Swida austrosinensis	常绿	小乔大灌	4		+								
被子植物门	山茱萸科	梾木属	梾木	Swida macrophylla	常绿	乔木	5										
被子植物门	八角枫科	八角枫属	八角枫	Alangium chinense	落叶	小乔大灌	25	+		+		+			VU		
被子植物门	八角枫科	八角枫属	毛八角枫	Alangium kurzii	落叶	乔木	2	+		+							
被子植物门	蓝果树科	紫树属	紫树	Nyssa sinensis	落叶	乔木	4										
被子植物门	五加科	楤木属	楤木	Aralia chinensis	常绿	灌木	3		+	+							
被子植物门	五加科	楤木属	波缘楤木	Aralia undulata	常绿	小乔大灌	3			+							
被子植物门	五加科	楤木属	秀丽楤木	Aralia edulis	常绿	灌木	4								VU		+
被子植物门	五加科	楤木属	虎刺楤木	Aralia armata	常绿	灌木	3		+								
被子植物门	五加科	罗伞属	锈毛掌叶树	Brassaiopsis ferruginea	落叶	乔木	1										
被子植物门	五加科	罗伞属	罗伞	Brassaiopsis glomerulata	落叶	小乔大灌	1										
被子植物门	五加科	树参属	树参	Dendropanax dentigerus	常绿	小乔大灌	4		+								
被子植物门	五加科	树参属	变叶树参	Dendropanax proteus	常绿	灌木	12		+		+						

（续）

门	科中文名	属中文名	中文学名	拉丁名	生活史	生活型	FR	资源类型						濒危保护			
								TP	MP	OP	AP	其他	NP	CITES	CNRL	IUCN	其他
被子植物门	五加科	常春藤属	常春藤	*Hedera nepalensis*	常绿	藤本	12		+			++					
被子植物门	五加科	鹅掌柴属	粉背鹅掌柴	*Schefflera insignis*	常绿	灌木	2								EN		+
被子植物门	五加科	鹅掌柴属	星毛鹅脚木	*Schefflera minutistellata*	常绿	小乔大灌	4					+					
被子植物门	五加科	鹅掌柴属	糖胶树*	*Schefflera heptaphylla*	常绿	乔木	7		+			+					
被子植物门	五加科	鹅掌柴属	穗序鹅掌柴	*Schefflera delavayi*	常绿	小乔大灌	3		+								
被子植物门	五加科	鹅掌柴属	鹅掌柴	*Schefflera octophylla*	常绿	小乔大灌	1	+	+			++					
被子植物门	伞形科	积雪草属	积雪草	*Centella asiatica*	多年生	草本	2		+			+					
被子植物门	伞形科	蛇床子属	蛇床子	*Cnidium monnieri*	多年生	草本	1		+			+					
被子植物门	伞形科	鸭儿芹属	鸭儿芹	*Cryptotaenia japonica*	多年生	草本	4		+		+						
被子植物门	伞形科	天胡荽属	红马蹄草	*Hydrocotyle nepalensis*	多年生	草本	3		+								
被子植物门	伞形科	白苞芹属	白苞芹	*Nothosmyrnium japonicum*	多年生	草本	1		+		+						
被子植物门	伞形科	前胡属	华中前胡	*Peucedanum medicum*	多年生	草本	1		+								
被子植物门	伞形科	前胡属	前胡	*Peucedanum praeruptorum*	多年生	草本	2		+								
被子植物门	伞形科	变叶菜属	直刺变豆菜	*Sanicula orthacantha*	多年生	草本	1		+								
被子植物门	伞形科	变叶菜属	变豆菜	*Sanicula chinensis*	多年生	草本	1										
被子植物门	山柳科	桤叶树属	单毛桤叶树	*Clethra bodinieri*	常绿	小乔大灌	1										
被子植物门	山柳科	桤叶树属	云南桤叶树	*Clethra delavayi*	落叶	小乔大灌	1										
被子植物门	山柳科	桤叶树属	贵州桤叶树	*Clethra kaipoensis*	落叶	小乔大灌	1										
被子植物门	杜鹃花科	吊钟花属	吊钟花	*Enkianthus quinqueflorus*	常绿	小乔大灌	1					+					
被子植物门	杜鹃花科	吊钟花属	齿缘吊钟花	*Enkianthus serrulatus*	落叶	小乔大灌	1										
被子植物门	杜鹃花科	白珠树属	滇白珠树	*Gaultheria yunnanensis*	常绿	小乔大灌					+						
被子植物门	杜鹃花科	南烛属	南烛	*Lyonia ovalifolia*	常绿	小乔大灌	3		+								

（续）

门	科中文名	属中文名	中文学名	拉丁名	生活史	生活型	FR	资源类型						濒危保护			
								TP	MP	OP	AP	其他	NP	CITES	CNRL	IUCN	其他
被子植物门	杜鹃花科	杜鹃花属	乳源杜鹃	*Rhododendron rhuyuenense*	常绿	灌木											
被子植物门	杜鹃花科	杜鹃花属	羊角杜鹃	*Rhododendron cavaleriei*	常绿	灌木	1										
被子植物门	杜鹃花科	杜鹃花属	鹿角杜鹃	*Rhododendron latoucheae*	常绿	小乔大灌	3										
被子植物门	杜鹃花科	杜鹃花属	石壁杜鹃	*Rhododendron ovatum*	常绿	灌木	9										
被子植物门	杜鹃花科	杜鹃花属	腺萼马银花	*Rhododendron bachii*	常绿	灌木	1					+					+
被子植物门	杜鹃花科	杜鹃花属	刺毛杜鹃	*Rhododendron championae*	常绿	灌木	2										
被子植物门	杜鹃花科	杜鹃花属	丁香杜鹃	*Rhododendron farrerae*	落叶	灌木	1										
被子植物门	杜鹃花科	杜鹃花属	白马银花	*Rhododendron hongkongense*	常绿	灌木	1										
被子植物门	杜鹃花科	杜鹃花属	广西杜鹃	*Rhododendron kwangsiense*	落叶	灌木	1										
被子植物门	杜鹃花科	杜鹃花属	广东杜鹃	*Rhododendron kwangtungense*	落叶	灌木	4										
被子植物门	杜鹃花科	杜鹃花属	岭南杜鹃	*Rhododendron mariae*	落叶	灌木	4		+								
被子植物门	杜鹃花科	杜鹃花属	满山红	*Rhododendron mariesii*	落叶	灌木	2										
被子植物门	杜鹃花科	杜鹃花属	云锦杜鹃	*Rhododendron fortunei*	常绿	小乔大灌	1		+		+						+
被子植物门	杜鹃花科	杜鹃花属	毛棉杜鹃	*Rhododendron moulmainense*	常绿	小乔大灌	2										
被子植物门	杜鹃花科	杜鹃花属	映山红	*Rhododendron simsii*	常绿	小乔大灌	1		+		+	+					
被子植物门	杜鹃花科	杜鹃花属	丝线吊芙蓉（六角杜鹃）	*Rhododendron westlandii*	常绿	小乔大灌	1					+					
被子植物门	越橘科	乌饭树属	小叶南烛	*Vaccinium bracteatum*	常绿	小乔大灌	1			+							
被子植物门	柿科	柿属	柿*	*Diospyros kaki*	落叶	乔木	9	+	+		+	+					
被子植物门	柿科	柿属	延平柿	*Diospyros tsangii*	落叶	小乔大灌	13	+	+		+	+		II			
被子植物门	柿科	柿属	粉叶柿	*Diospyros glaucifolia*	落叶	乔木	4	+	+					II			
被子植物门	柿科	柿属	君迁子	*Diospyros lotus*	落叶	乔木	4	+	+		+	+		II			
被子植物门	柿科	柿属	罗浮柿	*Diospyros morrisiana*	落叶	乔木	18	+	+					II			

（续）

门	科中文名	属中文名	中文学名	拉丁名	生活史	生活型	FR	资源类型					濒危保护				
								TP	MP	OP	AP	其他	NP	CITES	CNRL	IUCN	其他
被子植物门	柿科	柿属	乌材	Diospyros eriantha	常绿	小乔大灌	1	+									
被子植物门	紫金牛科	紫金牛属	朱砂根	Ardisia crenata	常绿	灌木	1		+								
被子植物门	紫金牛科	紫金牛属	美丽紫金牛	Ardisia elegans	常绿	灌木	2										
被子植物门	紫金牛科	紫金牛属	罗伞树	Ardisia quinquegona	常绿	小乔大灌	1		+								
被子植物门	紫金牛科	紫金牛属	小紫金牛	Ardisia cymosa	常绿	亚灌木	1		+								
被子植物门	紫金牛科	酸藤子属	网脉酸藤子	Embelia rudis	常绿	灌木	7		+								
被子植物门	紫金牛科	酸藤子属	瘤皮孔酸藤子	Embelia scandens	常绿	灌木	1										
被子植物门	紫金牛科	酸藤子属	酸藤子	Embelia laeta	常绿	灌木	2		+								
被子植物门	紫金牛科	杜茎山属	杜茎山	Maesa japonica	常绿	灌木	9		+								
被子植物门	紫金牛科	杜茎山属	金珠柳	Maesa montana	常绿	小乔大灌	7					++					
被子植物门	紫金牛科	杜茎山属	鲫鱼胆	Maesa perlarius	常绿	灌木	1		+								
被子植物门	紫金牛科	铁仔属	针齿铁仔	Myrsine semiserrata	常绿	灌木	2										
被子植物门	紫金牛科	密花树属	密花树	Rapanea neriifolia	常绿	小乔大灌	1	+	+			+					
被子植物门	安息香科	赤杨叶属	赤杨叶	Alniphyllum fortunei	落叶	乔木	20	+		+		+					
被子植物门	安息香科	山茉莉属	双齿山茉莉	Huodendron biaristatum	常绿	小乔大灌	1										
被子植物门	安息香科	陀螺果属	陀螺果	Melliodendron xylocarpum	落叶	乔木	8	+		+		+					+
被子植物门	安息香科	木瓜红属	木瓜红	Rehderodendron macrocarpum	落叶	小乔大灌	2	+									
被子植物门	安息香科	安息香属	白花龙	Styrax faberi	落叶	灌木	12				+						
被子植物门	安息香科	安息香属	垂珠花	Styrax dasyanthus	落叶	乔木	1		+	+							
被子植物门	安息香科	安息香属	芬芳安息香	Styrax odoratissimus	落叶	乔木	1	+		+							
被子植物门	安息香科	安息香属	栓叶安息香	Styrax suberifolius	落叶	乔木	1	+	+								
被子植物门	安息香科	安息香属	赛山梅	Styrax confusus	落叶	小乔大灌	9			+							

（续）

门	科中文名	属中文名	中文学名	拉丁名	生活史	生活型	FR	TP	MP	OP	AP	其他	NP	CITES	CNRL	IUCN	其他
被子植物门	安息香科	安息香属	齿叶安息香	Styrax serrulatus	落叶	小乔大灌	4										
被子植物门	安息香科	安息香属	越南安息香	Styrax tonkinensis	落叶	小乔大灌	1	+	+	+	+						
被子植物门	安息香科	安息香属	裂叶安息香	Styrax supaii	落叶	小乔大灌	6			+					EN		+
被子植物门	山矾科	山矾属	微毛山矾	Symplocos wikstroemiifolia	常绿	小乔大灌	2	+		+							
被子植物门	山矾科	山矾属	华山矾	Symplocos chinensis	落叶	灌木	1	+	+	+		+					
被子植物门	山矾科	山矾属	枝穗山矾	Symplocos multipes	常绿	灌木	1										
被子植物门	山矾科	山矾属	白檀	Symplocos paniculata	常绿	小乔大灌	1		+	+	+	++					
被子植物门	山矾科	山矾属	羊舌树	Symplocos glauca	常绿	乔木	2	+	+								
被子植物门	山矾科	山矾属	黄牛奶树	Symplocos laurina	常绿	乔木	5	+	+	+							
被子植物门	山矾科	山矾属	铁山矾	Symplocos pseudobarberina	常绿	乔木	2		+								
被子植物门	山矾科	山矾属	山矾	Symplocos sumuntia	常绿	乔木	7		+								
被子植物门	山矾科	山矾属	光叶山矾	Symplocos lancifolia	常绿	小乔大灌	7		+			+					
被子植物门	山矾科	山矾属	四川山矾	Symplocos setchuensis	常绿	小乔大灌	6		+								
被子植物门	山矾科	山矾属	银色山矾	Symplocos subconnata	常绿	小乔大灌	4										
被子植物门	山矾科	山矾属	光亮山矾	Symplocos lucida	常绿	小乔大灌	1										
被子植物门	山矾科	山矾属	毛山矾	Symplocos groffii	常绿	乔木	1										
被子植物门	马钱科	醉鱼草属	醉鱼草	Buddleja lindleyana	落叶	灌木	3		+		+						
被子植物门	马钱科	醉鱼草属	驳骨丹	Buddleja asiatica	落叶	小乔大灌	2		+								
被子植物门	木犀科	梣属	苦枥木	Fraxinus insularis	落叶	乔木	2										
被子植物门	木犀科	梣属	小蜡树	Fraxinus mariesii	落叶	小乔大灌	10		+			+					
被子植物门	木犀科	素馨属	清香藤	Jasminum lanceolarium	落叶	小乔大灌	2				+						
被子植物门	木犀科	女贞属	日本女贞*＋	Ligustrum amamianum	常绿	小乔大灌	1				+						

（续）

门	科中文名	属中文名	中文学名	拉丁名	生活史	生活型	FR	资源类型					濒危保护				
								TP	MP	OP	AP	其他	NP	CITES	CNRL	IUCN	其他
被子植物门	木犀科	女贞属	华女贞	Ligustrum lianum	常绿	小乔大灌	10										
被子植物门	木犀科	女贞属	小蜡	Ligustrum sinense	落叶	小乔大灌	3		+	+		+					
被子植物门	木犀科	木犀属	牛矢果	Osmanthus matsumuranus	常绿	乔木	1										
被子植物门	夹竹桃科	羊角拗属	羊角拗	Strophanthus divaricatus	常绿	灌木	3		+								
被子植物门	夹竹桃科	络石属	亚洲络石	Trachelospermum asiaticum	常绿	藤本	2		+								
被子植物门	夹竹桃科	络石属	紫花络石	Trachelospermum axillare	常绿	藤本	1										
被子植物门	夹竹桃科	络石属	络石	Trachelospermum jasminoides	常绿	藤本	4		+		+	+					
被子植物门	萝摩科	牛奶菜属	蓝叶藤	Marsdenia tinctoria	常绿	灌木	2		+								
被子植物门	萝摩科	弓果藤属	弓果藤	Toxocarpus wightianus	常绿	灌木	1		+			+					
被子植物门	萝摩科	娃儿藤属	娃儿藤	Tylophora ovata	常绿	藤本	1		+			+					
被子植物门	茜草科	茜树属	香楠	Aidia canthioides	常绿	小乔大灌	2		+		+						
被子植物门	茜草科	鱼骨木属	猪肚木	Canthium horridum	落叶	灌木	1		+								
被子植物门	茜草科	山石榴属	山石榴	Catunaregam spinosa	常绿	小乔大灌	7	+	+								
被子植物门	茜草科	流苏子属	流苏子	Coptosapelta diffusa	常绿	藤本	1		+								
被子植物门	茜草科	栀子属	栀子	Gardenia jasminoides	常绿	灌木	2		+		+	+++					
被子植物门	茜草科	耳草属	拟金草	Hedyotis consanguinea	1～2年生	草本	5										
被子植物门	茜草科	粗叶木属	西南粗叶木	Lasianthus henryi	常绿	灌木	2										
被子植物门	茜草科	粗叶木属	日本粗叶木	Lasianthus japonicus	常绿	灌木	7					+					
被子植物门	茜草科	粗叶木属	云广粗叶木	Lasianthus longicaudus	常绿	灌木	2										
被子植物门	茜草科	巴戟天属	巴戟天	Morinda officinalis	常绿	藤本	2		+		+		II				
被子植物门	茜草科	巴戟天属	印度羊角藤	Morinda umbellata	常绿	藤本	3		+						VU		
被子植物门	茜草科	玉叶金花属	贵州玉叶金花	Mussaenda esquirolii	常绿	灌木	3					++					+

（续）

门	科中文名	属中文名	中文学名	拉丁名	生活史	生活型	FR	资源类型						濒危保护			
								TP	MP	OP	AP	其他	NP	CITES	CNRL	IUCN	其他
被子植物门	茜草科	玉叶金花属	广东玉叶金花	*Mussaenda kwangtungensis*	常绿	小乔大灌	1					+					
被子植物门	茜草科	玉叶金花属	玉叶金花	*Mussaenda pubescens*	常绿	灌木	4		+			+					
被子植物门	茜草科	腺萼木属	华腺萼木	*Mycetia sinensis*	常绿	亚灌木	1										
被子植物门	茜草科	新耳草属	广东新耳草	*Neanotis kwangtungensis*	多年生	草本	1										
被子植物门	茜草科	蛇根草属	日本蛇根草	*Ophiorrhiza japonica*	多年生	草本	2										
被子植物门	茜草科	蛇根草属	蛇根草	*Ophiorrhiza mungos*	多年生	草本	1		+								
被子植物门	茜草科	蛇根草属	广州蛇根草	*Ophiorrhiza cantoniensis*	常绿	亚灌木	1										
被子植物门	茜草科	鸡矢藤属	鸡矢藤	*Paederia scandens*	常绿	藤本	7		+		+	+					
被子植物门	茜草科	大沙叶属	香港大沙叶	*Pavetta hongkongensis*	常绿	小乔大灌	1		+	+							
被子植物门	茜草科	山黄皮属	山黄皮	*Randia cochinchinensis*	常绿	小乔大灌	1										
被子植物门	茜草科	茜草属	茜草	*Rubia cordifolia*	常绿	藤本	1					+					
被子植物门	茜草科	茜草属	东南茜草	*Rubia argyi*	常绿	藤本	1										
被子植物门	茜草科	白马骨属	白马骨	*Serissa serissoides*	常绿	灌木	1					+					
被子植物门	茜草科	丰花草属	阔叶丰花草*+	*Borreria latifolia*	多年生	草本	1										
被子植物门	忍冬科	接骨木属	接骨草	*Sambucus chinensis*	多年生	草本	1		+								
被子植物门	忍冬科	荚蒾属	拔针叶荚蒾	*Viburnum lancifolium*	常绿	灌木	1			+							
被子植物门	忍冬科	荚蒾属	淡黄荚蒾	*Viburnum lutescens*	常绿	灌木	1										
被子植物门	忍冬科	荚蒾属	吕宋荚蒾	*Viburnum luzonicum*	常绿	灌木	1										
被子植物门	忍冬科	荚蒾属	水红木	*Viburnum cylindricum*	常绿	小乔大灌	4		+	+							
被子植物门	忍冬科	荚蒾属	南方荚蒾	*Viburnum fordiae*	常绿	小乔大灌	1		+								
被子植物门	忍冬科	荚蒾属	珊瑚树*	*Viburnum odoratissimum*	常绿	小乔大灌	7	+	+			+					
被子植物门	败酱科	败酱属	白花败酱	*Patrinia villosa*	多年生	草本	4		+		+						

（续）

门	科中文名	属中文名	中文学名	拉丁名	生活史	生活型	FR	资源类型					濒危保护				
								TP	MP	OP	AP	其他	NP	CITES	CNRL	IUCN	其他
被子植物门	菊科	下田菊属	下田菊	Adenostemma lavenia	1~2年生	草本	1		+								
被子植物门	菊科	藿香蓟属	胜红蓟*+	Ageratum conyzoides	1~2年生	草本	3		+		+						
被子植物门	菊科	兔耳风属	杏香兔儿风	Ainsliaea fragrans	多年生	草本	1		+								
被子植物门	菊科	蒿属	奇蒿	Artemisia anomala	多年生	草本	3		+		+						
被子植物门	菊科	蒿属	五月艾	Artemisia indica	多年生	草本	3		+	+							
被子植物门	菊科	紫菀属	三褶脉紫菀	Aster ageratoides	多年生	草本	8			+							
被子植物门	菊科	紫菀属	三基脉紫菀	Aster trinervius	多年生	草本	2		+	+							
被子植物门	菊科	鬼针草属	鬼针草	Bidens pilosa	1~2年生	草本	5		+	+	+						
被子植物门	菊科	艾纳香属	艾纳香	Blumea balsamifera	多年生	草本	3		+	+							
被子植物门	菊科	艾纳香属	假东风草	Blumea riparia	常绿	藤本	3		+								
被子植物门	菊科	艾纳香属	东风草	Blumea megacephala	常绿	藤本	2					+					
被子植物门	菊科	天名精属	烟管头草	Carpesium cernuum	多年生	草本	2		+			+					
被子植物门	菊科	野茼蒿属	野茼蒿+	Crassocephalum crepidioides	1~2年生	草本	8		+		+	+					
被子植物门	菊科	菊属	野菊	Dendranthema indicum	多年生	草本	6		+		+	+					
被子植物门	菊科	地胆草属	白花地胆草	Elephantopus tomentosus	多年生	草本	1		+								
被子植物门	菊科	一点红属	一点红	Emilia sonchifolia	1~2年生	草本	1		+			+					
被子植物门	菊科	菊芹属	梁子菜*+	Erechtites valerianaefolia	1~2年生	草本	1										
被子植物门	菊科	飞蓬属	一年蓬	Erigeron annuus	1~2年生	草本	2		+		+	+					
被子植物门	菊科	白酒草属	小蓬草+	Conyza canadensis	1~2年生	草本	1		+		+						
被子植物门	菊科	白酒草属	白酒草	Conyza japonica	1~2年生	草本	2		+								
被子植物门	菊科	泽兰属	佩兰	Eupatorium fortunei	多年生	草本	1		+		+						
被子植物门	菊科	鼠麹草属	宽叶鼠麹草	Gnaphalium adnatum	1~2年生	草本	1					+					

（续）

门	科中文名	属中文名	中文学名	拉丁名	生活史	生活型	FR	资源类型						濒危保护			
								TP	MP	OP	AP	其他	NP	CITES	CNRL	IUCN	其他
被子植物门	菊科	鼠麹草属	秋鼠麹草	*Gnaphalium hypoleucum*	1~2年生	草本	1										
被子植物门	菊科	旋覆花属	羊耳菊	*Inula cappa*	落叶	亚灌木	1		+			+					
被子植物门	菊科	马兰属	马兰	*Kalimeris indica*	多年生	草本	5		+		+	+					
被子植物门	菊科	紫菊属	多裂紫菊	*Notoseris henryi*	多年生	草本	1					+					
被子植物门	菊科	假福王草属	假福王草	*Paraprenanthes sororia*	1~2年生	草本											
被子植物门	菊科	翅果菊属	高大翅果菊	*Pterocypsela elata*	多年生	草本	1					+					
被子植物门	菊科	风毛菊属	心叶风毛菊	*Saussurea cordifolia*	多年生	草本	1										
被子植物门	菊科	风毛菊属	三角叶风毛菊	*Saussurea deltoidea*	1~2年生	草本	2		+								
被子植物门	菊科	千里光属	千里光	*Senecio scandens*	多年生	草本	4				+	+					
被子植物门	菊科	苦苣菜属	苦苣菜	*Sonchus arvensis*	多年生	草本	1		+								
被子植物门	菊科	蟛蜞菊属	山蟛蜞菊	*Wedelia wallichii*	多年生	草本	1										
被子植物门	菊科	蟛蜞菊属	麻叶蟛蜞菊	*Wedelia urticifolia*	多年生	草本	2					+					
被子植物门	菊科	金纽扣属	金纽扣	*Spilanthes paniculata*	1~2年生	草本	1		+								
被子植物门	菊科	斑鸠菊属	毒根斑鸠菊	*Vernonia cumingiana*	1~2年生	藤本	1		+			+					
被子植物门	菊科	苍耳属	苍耳	*Xanthium sibiricum*	1~2年生	草本	1		+	+							
被子植物门	龙胆科	双蝴蝶属	香港双蝴蝶	*Tripterospermum nienkui*	多年生	草本	1										
被子植物门	报春花科	珍珠菜属	星宿菜	*Lysimachia fortunei*	1~2年生	草本	3				+						
被子植物门	车前草科	车前草属	车前	*Plantago asiatica*	多年生	草本	5					+					
被子植物门	桔梗科	金钱豹属	大花金钱豹	*Campanumoea javanica*	落叶	藤本	1			+							
被子植物门	桔梗科	党参属	羊乳	*Codonopsis lanceolata*	多年生	草本	3					+					
被子植物门	桔梗科	半边莲属	半边莲	*Lobelia chinensis*	多年生	草本	1		+								
被子植物门	桔梗科	桔梗属	桔梗	*Platycodon grandiflorus*	多年生	草本	1		+		+	++					

（续）

门	科中文名	属中文名	中文学名	拉丁名	生活史	生活型	FR	资源类型						濒危保护			
								TP	MP	OP	AP	其他	NP	CITES	CNRL	IUCN	其他
被子植物门	桔梗科	铜锤玉带属	铜锤玉带草	*Pratia nummularia*	多年生	草本	4		+			+					
被子植物门	紫草科	厚壳树属	长花厚壳树	*Ehretia longiflora*	落叶	乔木	4					+					
被子植物门	茄科	颠茄属	颠茄*+	*Atropa belladonna*	多年生	草本	1		+		+	+					
被子植物门	红丝线属	十萼茄	*Lycianthes biflora*	落叶	灌木	1		+		+						
被子植物门	茄科	茄属	牛茄子+	*Solanum capsicoides*	1~2年生	草本	3					+					
被子植物门	茄科	茄属	少花龙葵	*Solanum americanum*	1~2年生	草本	3		+								
被子植物门	茄科	茄属	假烟叶树+	*Solanum verbascifolium*	落叶	小乔大灌	1		+								
被子植物门	茄科	龙珠属	龙珠	*Tubocapsicum anomalum*	多年生	草本	3	+									
被子植物门	玄参科	泡桐属	白花泡桐	*Paulownia fortunei*	落叶	乔木	3										
被子植物门	玄参科	野甘草属	野甘草	*Scoparia dulcis*	多年生	草本	1		+								
被子植物门	玄参科	蝴蝶草属	光叶蝴蝶草	*Torenia asiatica*	多年生	草本	2										
被子植物门	玄参科	蝴蝶草属	单色蝴蝶草	*Torenia concolor*	多年生	草本	1			+							
被子植物门	玄参科	婆婆纳属	婆婆纳+	*Veronica polita*	1~2年生	草本			+								
被子植物门	苦苣苔科	四数苣苔属	四数苣苔	*Bournea sinensis*	多年生	草本	2								EN		+
被子植物门	苦苣苔科	唇柱苣苔属	光萼唇柱苣苔	*Chirita anachoreta*	1~2年生	草本											
被子植物门	苦苣苔科	唇柱苣苔属	蚂蝗七	*Chirita fimbrisepala*	多年生	草本	1		+			+					
被子植物门	苦苣苔科	唇柱苣苔属	羽裂唇柱苣苔	*Chirita pinnatifida*	多年生	草本	1		+			+					
被子植物门	苦苣苔科	吊石苣苔属	吊石苣苔	*Lysionotus pauciflorus*	常绿	灌木	1		+								
被子植物门	苦苣苔科	马铃苣苔属	长瓣马铃苣苔	*Oreocharis auricula*	多年生	草本	2		+								
被子植物门	爵床科	白接骨属	白接骨	*Asystasiella chinensis*	多年生	草本	1		+								
被子植物门	爵床科	杜根藤属	杜根藤	*Calophanoides quadrifaria*	多年生	草本	1		+			+					
被子植物门	爵床科	黄猄草属	黄猄草	*Championella tetrasperma*	多年生	草本	2		+								

（续）

门	科中文名	属中文名	中文学名	拉丁名	生活史	生活型	FR	资源类型						濒危保护			
---	---	---	---	---	---	---	---	TP	MP	OP	AP	其他	NP	CITES	CNRL	IUCN	其他
被子植物门	爵床科	狗肝菜属	狗肝菜	Dicliptera chinensis	多年生	草本	4		+								
被子植物门	爵床科	爵床属	鸭嘴花*+	Justicia adhatoda	多年生	草本	1		+								
被子植物门	爵床科	野靛棵属	华南野靛棵	Mananthes austrosinensis	多年生	草本	2										
被子植物门	爵床科	野靛棵属	南岭野靛棵	Mananthes leptostachya	多年生	草本	1					+					
被子植物门	爵床科	山蓝属	九头狮子草	Peristrophe japonica	多年生	草本	1		+			+					
被子植物门	马鞭草科	紫珠属	紫珠	Callicarpa bodinieri	落叶	灌木			+		+						
被子植物门	马鞭草科	紫珠属	短柄紫珠	Callicarpa brevipes	落叶	灌木	2				+						
被子植物门	马鞭草科	紫珠属	杜虹花	Callicarpa formosana	落叶	灌木	1		+		+						
被子植物门	马鞭草科	紫珠属	枇杷叶紫珠	Callicarpa kochiana	落叶	灌木	2		+		+	+					
被子植物门	马鞭草科	紫珠属	红紫珠	Callicarpa rubella	落叶	灌木	4		+			+					
被子植物门	马鞭草科	紫珠属	拟红紫珠	Callicarpa pseudorubella	落叶	亚灌木	1										
被子植物门	马鞭草科	大青属	大青	Clerodendrum cyrtophyllum	落叶	小乔大灌	4		+	+							
被子植物门	马鞭草科	大青属	尖齿臭茉莉	Clerodendrum lindleyi	落叶	小乔大灌	1		+								
被子植物门	马鞭草科	豆腐柴属	豆腐柴	Premna microphylla	落叶	灌木	1		+			+					
被子植物门	马鞭草科	牡荆属	黄荆	Vitex negundo	落叶	灌木	3		+	+		+					
被子植物门	唇形科	风轮菜属	风轮菜	Clinopodium chinense	多年生	草本	1		+								
被子植物门	唇形科	香薷属	穗状香薷	Elsholtzia stachyodes	多年生	草本	1				+						
被子植物门	唇形科	香薷属	香薷	Elsholtzia ciliata	多年生	草本	1		+		+						
被子植物门	唇形科	锥花属	中华锥花	Gomphostemma chinense	多年生	草本	2										
被子植物门	唇形科	香茶菜属	线纹香茶菜	Isodon lophanthoides	多年生	草本	1		+								
被子植物门	唇形科	香茶菜属	香茶菜	Isodon amethystoides	多年生	草本	2		+			+					
被子植物门	唇形科	香简草属	南方香简草	Keiskea australis	多年生	草本	1										
被子植物门	唇形科	石荠宁属	石荠宁	Mosla scabra	1~2年生	草本	3		+								
被子植物门	唇形科	假糙苏属	白毛假糙苏	Paraphlomis albida	多年生	草本	2										

（续）

门	科中文名	属中文名	中文学名	拉丁名	生活史	生活型	FR	资源类型						濒危保护			
								TP	MP	OP	AP	其他	NP	CITES	CNRL	IUCN	其他
被子植物门	唇形科	假糙苏属	假糙苏	*Paraphlomis javanica*	多年生	草本	4										
被子植物门	唇形科	紫苏属	紫苏*+	*Perilla frutescens*	1~2年生	草本	1		+	+	+	+					
被子植物门	唇形科	刺蕊草属	北刺蕊草	*Pogostemon septentrionalis*	1~2年生	草本	1										
被子植物门	唇形科	鼠尾草属	南丹参	*Salvia bowleyana*	多年生	草本	1		+								
被子植物门	唇形科	鼠尾草属	贵州鼠尾草	*Salvia cavaleriei*	1~2年生	草本	1										
被子植物门	唇形科	鼠尾草属	华鼠尾草	*Salvia chinensis*	1~2年生	草本	1		+								
被子植物门	唇形科	鼠尾草属	鼠尾草	*Salvia japonica*	1~2年生	草本	2				+	+					
被子植物门	唇形科	香科科属	铁轴草	*Teucrium quadrifarium*	落叶	亚灌木	1		+								
被子植物门	鸭跖草科	鸭跖草属	鸭跖草	*Commelina communis*	多年生	草本	1		+								
被子植物门	鸭跖草科	鸭跖草属	竹节菜*	*Commelina diffusa*	1~2年生	草本	2		+			+					
被子植物门	鸭跖草科	聚花草属	聚花草	*Floscopa scandens*	多年生	草本	2		+								
被子植物门	鸭跖草科	杜若属	杜若	*Pollia japonica*	多年生	草本	6		+								
被子植物门	芭蕉科	芭蕉属	野蕉	*Musa itinerans*	常绿	乔木	1				+	++					
被子植物门	芭蕉科	芭蕉属	香蕉	*Musa acuminata*	常绿	乔木	3		+			+					
被子植物门	姜科	山姜属	山姜	*Alpinia japonica*	多年生	草本	2		+		+						
被子植物门	姜科	山姜属	箭秆风	*Alpinia jianganfeng*	多年生	草本	3		+								
被子植物门	姜科	山姜属	益智	*Alpinia oxyphylla*	多年生	草本	2		+		+	+					
被子植物门	姜科	山姜属	华山姜	*Alpinia oblongifolia*	多年生	草本	2		+			+					
被子植物门	姜科	舞花姜属	舞花姜	*Globba racemosa*	多年生	草本	4										
被子植物门	百合科	天门冬属	天门冬	*Asparagus cochinchinensis*	多年生	草本	1		+		++	++					
被子植物门	百合科	山菅属	山菅	*Dianella ensifolia*	多年生	草本	1										
被子植物门	百合科	竹根七属	散斑竹根七	*Disporopsis aspera*	多年生	草本	2										
被子植物门	百合科	万寿竹属	宝铎草	*Disporum nantouense*	多年生	草本	1					++					
被子植物门	百合科	万寿竹属	万寿竹	*Disporum cantoniense*	多年生	草本	6		+								

（续）

门	科中文名	属中文名	中文学名	拉丁名	生活史	生活型	FR	资源类型					濒危保护				
								TP	MP	OP	AP	其他	NP	CITES	CNRL	IUCN	其他
被子植物门	百合科	萱草属	黄花菜	*Hemerocallis citrina*	多年生	草本	1			+	+						
被子植物门	百合科	萱草属	萱草	*Hemerocallis fulva*	多年生	草本	3		+			++					
被子植物门	百合科	玉簪属	紫萼	*Hosta ventricosa*	多年生	草本	1					+					
被子植物门	百合科	山麦冬属	山麦冬	*Liriope spicata*	多年生	草本						+					
被子植物门	百合科	山麦冬属	禾叶山麦冬	*Liriope graminifolia*	多年生	草本	1										
被子植物门	百合科	沿阶草属	麦冬	*Ophiopogon japonicus*	多年生	草本	2		+								
被子植物门	百合科	沿阶草属	广东沿阶草	*Ophiopogon reversus*	多年生	草本	2										
被子植物门	百合科	黄精属	多花黄精	*Polygonatum cyrtonema*	多年生	草本	4										
被子植物门	百合科	油点草属	油点草	*Tricyrtis macropoda*	多年生	草本	2										
被子植物门	延龄草科	重楼属	七叶一枝花	*Paris polyphylla*	多年生	草本	1		+				Ⅱ				
被子植物门	菝葜科	肖菝葜属	肖菝葜	*Heterosmilax japonica*	常绿	灌木	1		+			+					
被子植物门	菝葜科	菝葜属	牛尾菜	*Smilax riparia*	常绿	藤本	1		+								
被子植物门	菝葜科	菝葜属	灰叶菝葜	*Smilax astrosperma*	常绿	灌木	2										
被子植物门	菝葜科	菝葜属	菝葜	*Smilax china*	常绿	灌木	6		+			++					
被子植物门	菝葜科	菝葜属	土茯苓	*Smilax glabra*	常绿	藤本	6		+			++					
被子植物门	菝葜科	菝葜属	马甲菝葜	*Smilax lanceifolia*	常绿	灌木	4										
被子植物门	菝葜科	菝葜属	筐条菝葜	*Smilax corbularia*	常绿	灌木	1										
被子植物门	天南星科	菖蒲属	石菖蒲	*Acorus tatarinowii*	多年生	草本	14				+	+					
被子植物门	天南星科	海芋属	海芋	*Alocasia macrorrhiza*	多年生	草本	1		+			++					
被子植物门	天南星科	魔芋属	南蛇棒	*Amorphophallus dunnii*	多年生	草本	4										
被子植物门	天南星科	魔芋属	蛇头草	*Amorphophallus mellii*	多年生	草本	2										
被子植物门	天南星科	天南星属	一把伞南星	*Arisaema erubescens*	多年生	草本	1		+								
被子植物门	天南星科	天南星属	全缘灯台莲	*Arisaema sikokianum*	多年生	草本	1										
被子植物门	天南星科	芋属	野芋	*Colocasia antiquorum*	多年生	草本	3		+			+					

（续）

门	科中文名	属中文名	中文学名	拉丁名	生活史	生活型	FR	资源类型					濒危保护				
								TP	MP	OP	AP	其他	NP	CITES	CNRL	IUCN	其他
被子植物门	天南星科	半夏属	半夏	*Pinellia ternata*	多年生	草本			+								
被子植物门	天南星科	崖角藤属	狮子尾	*Rhaphidophora hongkongensis*	常绿	藤本	1		+			+					
被子植物门	薯蓣科	薯蓣属	褐苞薯蓣	*Dioscorea persimilis*	落叶	藤本	1										
被子植物门	薯蓣科	薯蓣属	黄独	*Dioscorea bulbifera*	落叶	藤本	2		+			+					
被子植物门	薯蓣科	薯蓣属	山薯	*Dioscorea fordii*	落叶	藤本	1										
被子植物门	薯蓣科	薯蓣属	日本薯蓣	*Dioscorea japonica*	落叶	藤本	8		+								
被子植物门	兰科	开唇兰属	金线兰	*Anoectochilus roxburghii*	多年生	草本			+			+		II	NT		
被子植物门	兰科	兰属	建兰	*Cymbidium ensifolium*	多年生	草本	1				+	+	II	II	VU		
被子植物门	兰科	石斛属	细茎石斛	*Dendrobium moniliforme*	多年生	草本				+		+	I	II	EN	EN	
被子植物门	兰科	毛兰属	半柱毛兰	*Eria corneri*	多年生	草本	1					+	I	II	NT		
被子植物门	兰科	斑叶兰属	小斑叶兰	*Goodyera repens*	多年生	草本						+	II	II	NT		
被子植物门	兰科	玉凤花属	橙黄玉凤花	*Habenaria rhodocheila*	多年生	草本	2					+	II	II	VU		
被子植物门	莎草科	苔草属	浆果苔草	*Carex baccans*	多年生	草本	3										
被子植物门	莎草科	苔草属	中华苔草	*Carex chinensis*	多年生	草本	3					+					
被子植物门	莎草科	苔草属	隐穗薹草	*Carex cryptostachys*	多年生	草本	1										
被子植物门	莎草科	苔草属	蕨状苔草	*Carex filicina*	多年生	草本	2										
被子植物门	莎草科	苔草属	花葶苔草	*Carex scaposa*	多年生	草本	2										
被子植物门	莎草科	苔草属	大叶苔草	*Carex adrienii*	多年生	草本	1										
被子植物门	莎草科	荸荠属	龙师草	*Eleocharis tetraquetra*	多年生	草本	2		+								
被子植物门	莎草科	珍珠茅属	珍珠茅	*Scleria levis*	多年生	草本	1		+								
被子植物门	禾本科	簕竹属	鱼肚腩竹	*Bambusa gibboides*	常绿	乔木	1										
被子植物门	禾本科	箬竹属	箬叶竹	*Indocalamus longiaurius*	多年生	草本	2										
被子植物门	禾本科	箬竹属	箬竹	*Indocalamus tessellatus*	多年生	草本	11					+			EN		
被子植物门	禾本科	单竹属	单竹	*Lingnania cerosissima*	常绿	乔木	5					+					

（续）

门	科中文名	属中文名	中文学名	拉丁名	生活史	生活型	FR	资源类型					NP	濒危保护			
								TP	MP	OP	AP	其他		CITES	CNRL	IUCN	其他
被子植物门	禾本科	篲竿竹属	篲竿竹	*Pseudosasa amabilis*	常绿	乔木	5										
被子植物门	禾本科	三芒草属	黄草毛	*Aristida cumingiana*	多年生	草本	1					+					
被子植物门	禾本科	细柄草属	细柄草	*Capillipedium parviflorum*	多年生	草本	1					+					
被子植物门	禾本科	假淡竹叶属	假淡竹叶	*Centotheca lappacea*	多年生	草本	3				+						
被子植物门	禾本科	金须茅属	竹节草	*Chrysopogon aciculatus*	多年生	草本	3					+++					
被子植物门	禾本科	䅟属	牛筋草	*Eleusine indica*	1~2年生	草本	1		+								
被子植物门	禾本科	鸭嘴草属	毛鸭嘴草	*Ischaemum antephoroides*	多年生	草本	1					+					
被子植物门	禾本科	淡竹叶属	淡竹叶	*Lophatherum gracile*	多年生	草本	4		+								
被子植物门	禾本科	莠竹属	刚莠竹	*Microstegium ciliatum*	多年生	草本	1										
被子植物门	禾本科	莠竹属	蔓生莠竹	*Microstegium vagans*	多年生	草本	2										
被子植物门	禾本科	芒属	五节芒	*Miscanthus floridulus*	多年生	草本	8					++					
被子植物门	禾本科	芒属	芒	*Miscanthus sinensis*	多年生	草本	4		+			++					
被子植物门	禾本科	求米草属	竹叶草	*Oplismenus compositus*	多年生	草本	3					+					
被子植物门	禾本科	求米草属	求米草	*Oplismenus undulatifolius*	多年生	草本	1										
被子植物门	禾本科	黍属	短叶黍	*Panicum brevifolium*	1~2年生	草本	4										
被子植物门	禾本科	黍属	藤叶黍	*Panicum incomtum*	多年生	草本	1										
被子植物门	禾本科	雀稗属	雀稗	*Paspalum thunbergii*	多年生	草本	1					+					
被子植物门	禾本科	狗尾草属	棕叶狗尾草	*Setaria palmifolia*	多年生	草本	4		+			+++					
被子植物门	禾本科	狗尾草属	皱叶狗尾草	*Setaria plicata*	多年生	草本	3		+	+		+					
被子植物门	禾本科	棕叶芦属	棕叶芦	*Thysanolaena maxima*	多年生	草本	5		+			++					

说明：1. 标题栏：FR=记录频度；TP=材用植物，"*"表示外来物种，"＊"表示栽培物种；MP=药用植物；OP=油脂植物；AP=芳香植物；NP=国家保护植物；CITES=CITES附录；CNRL=《中国物种红色名录》；IUCN=IUCN2007。

2. 内容：中文学名中"+"表示外来物种，NP下的Ⅰ、Ⅱ分别表示国家一级保护和二级保护，CITES中的Ⅱ表示附录Ⅱ，CNRL和IUCN中，资源类型中，TP、MP、OP、AP以下的"+"表示属于上述资源类型，"其他"中的每个"+"为一种其他资源；濒危保护等级，CNRL和IUCN中，CR表示极危，EN表示濒危，VU表示易危，NT表示近危，在"其他"中，"＊"表示中国特有种，"+"表示中国极小种群。

附录 II　广东连南大鲵省级自然保护区及周边陆栖脊椎动物编目

序号	纲	目	科	科学名	中文名	学名	国家保护级别 II	CITES 附录 I
1	两栖纲	有尾目	隐鳃鲵科	Cryptobranchidae	大鲵	*Andrias davidianus*		I
2		有尾目	蝾螈科	Salamandridae	无斑肥螈	*Pachytriton labiatus*		
3		无尾目	角蟾科	Megophryidae	宽头短腿蟾	*Brachytarsophrys carinensis*		
4		无尾目	角蟾科	Megophryidae	挂墩角蟾	*Megophrys kuatunensis*		
5		无尾目	角蟾科	Megophryidae	白颌大角蟾	*Megophrys lateralis*		
6		无尾目	角蟾科	Megophryidae	大角蟾	*Megophrys major*		
7		无尾目	角蟾科	Megophryidae	莽山角蟾	*Megophrys mangshanensis*		
8		无尾目	角蟾科	Megophryidae	福建掌突蟾	*Paramegophrys liui*		
9		无尾目	角蟾科	Megophryidae	崇安髭蟾	*Vibrissaphora liui*		
10		无尾目	蟾蜍科	Bufonidae	黑眶蟾蜍	*Bufo melanostictus*		
11		无尾目	蟾蜍科	Bufonidae	中华蟾蜍	*Bufo gargarizans*		
12		无尾目	树蛙科	Rhacophoridae	布氏树蛙	*Polypedates braueri*		
13		无尾目	树蛙科	Rhacophoridae	大泛树蛙	*Polypedates dennysi*		
14		无尾目	树蛙科	Rhacophoridae	大树蛙	*Rhacophorus dennysi*		
15		无尾目	树蛙科	Rhacophoridae	斑腿泛树蛙	*Polypedates megacephalus*		
16		无尾目	姬蛙科	Microhylidae	粗皮姬蛙	*Microhyla butleri*		
17		无尾目	姬蛙科	Microhylidae	小弧斑姬蛙	*Microhyla heymonsi*		
18		无尾目	姬蛙科	Microhylidae	饰纹姬蛙	*Microhyla ornata*		
19		无尾目	蛙科	Ranidae	华南湍蛙	*Amolops ricketti*		
20		无尾目	蛙科	Ranidae	泽陆蛙	*Fejervarya multistriata*		

（续）

序号	纲	目	科	科学名	中文名	学名	国家保护级别	CITES 附录
21	两栖纲	无尾目	蛙科	Ranidae	虎纹蛙	*Hoplobatrachus rugulosus*	Ⅱ	Ⅱ
22		无尾目	蛙科	Ranidae	福建大头蛙	*Limnonectes fujianensis*		
23		无尾目	蛙科	Ranidae	沼蛙	*Rana guentheri*		
24		无尾目	蛙科	Ranidae	泽蛙	*Rana limnocharis*		
25		无尾目	蛙科	Ranidae	镇海林蛙	*Rana zhenhaiensis*		
26		无尾目	蛙科	Ranidae	大绿臭蛙	*Odorrana graminea*		
27		无尾目	蛙科	Ranidae	绿臭蛙	*Odorrana margaretae*		
28		无尾目	蛙科	Ranidae	花臭蛙	*Odorrana schmackeri*		
29		无尾目	蛙科	Ranidae	竹叶臭蛙	*Rana versabilis*		
30		无尾目	蛙科	Ranidae	竹叶蛙	*Odorrana versabilis*		
31		无尾目	蛙科	Ranidae	桑植趾沟蛙	*Pseudorana sangzhiensis*		
32		无尾目	蛙科	Ranidae	台湾趾沟蛙	*Pseudorana sauteri*		
33		无尾目	蛙科	Ranidae	小棘蛙	*Paa exilispinosa*		
34		无尾目	蛙科	Ranidae	棘胸蛙	*Paa spinosa*		
35	爬行纲	龟鳖目	平胸龟科	Platysternidae	鹰嘴龟	*Platysternon megacephalum*	Ⅱ	Ⅰ
36		有鳞目	蜥蜴科	Lacertidae	北草蜥	*Takydromus septentrionalis*		
37		有鳞目	石龙子科	Scincidae	中国石龙子	*Eumeces chinensis*		
38		有鳞目	石龙子科	Scincidae	蓝尾石龙子	*Eumeces elegans*		
39		有鳞目	石龙子科	Scincidae	蝘蜓	*Lygosoma indicum*		
40		有鳞目	石龙子科	Scincidae	南滑蜥	*Scincella reevesii*		
41		有鳞目	石龙子科	Scincidae	铜蜓蜥	*Sphenomorphus indicus*		
42		有鳞目	游蛇科	Colubridae	草腹链蛇	*Amphiesma stotata*		
43		有鳞目	游蛇科	Colubridae	翠青蛇	*Cyclophiops major*		
44		有鳞目	游蛇科	Colubridae	黄链蛇	*Dinodon flavozonatum*		

（续）

序号	纲	目	科	科学名	中文名	学名	国家保护级别	CITES 附录
45		有鳞目	游蛇科	Colubridae	铅色水蛇	Enhydris plumbea		
46		有鳞目	游蛇科	Colubridae	颈棱蛇	Macropisthodon rudis		
47		有鳞目	游蛇科	Colubridae	中国小头蛇	Oligodon chinensis		
48		有鳞目	游蛇科	Colubridae	台湾小头蛇	Oligodon formosanus		
49		有鳞目	游蛇科	Colubridae	广西后棱蛇	Opisthotropis guangxiensis		
50		有鳞目	游蛇科	Colubridae	山溪后棱蛇	Opisthotropis latouchii		
51		有鳞目	游蛇科	Colubridae	紫沙蛇	Psammodynastes pulverulentus		
52		有鳞目	游蛇科	Colubridae	崇安斜鳞蛇	Pseudoxenodon karlschmidti		
53		有鳞目	游蛇科	Colubridae	黑头剑蛇	Sibynophis chinensis		
54	爬行纲	有鳞目	游蛇科	Colubridae	环纹华游蛇	Sinonatrix aequifasciata		
55		有鳞目	游蛇科	Colubridae	赤链华游蛇	Sinonatrix annularis		
56		有鳞目	游蛇科	Colubridae	红脖颈槽蛇	Rhabdophis subminiatus		
57		有鳞目	游蛇科	Colubridae	华游蛇	Sinonatrix percarinata		
58		有鳞目	游蛇科	Colubridae	渔游蛇	Xenochrophis piscator		
59		有鳞目	游蛇科	Colubridae	乌梢蛇	Zaocys dhumnades		
60		有鳞目	眼镜蛇科	Elapidae	银环蛇	Bungarus multicinctus		
61		有鳞目	眼镜蛇科	Elapidae	福建丽纹蛇	Calliophis kelloggi		
62		有鳞目	蝰科	Viperidae	白头蝰	Azemiops feae		
63		有鳞目	蝰科	Viperidae	原矛头蝮	Protobothrops mucrosquamatus		
64		有鳞目	蝰科	Viperidae	白唇竹叶青	Trimeresurus albolabris		
65		有鳞目	蝰科	Viperidae	烙铁头	Trimeresurus mucrosquamatus		
66		有鳞目	蝰科	Viperidae	竹叶青	Trimeresurus stejnegeri		

（续）

序号	纲	目	科	科学名	中文名	学名	国家保护级别	CITES 附录
67		鹳形目	鹭科	Ardeidae	池鹭	*Ardeola bacchus*		
68		鹳形目	鹭科	Ardeidae	紫背苇鳽	*Ixobrychus eurhythmus*		Ⅱ
69		隼形目	鹰科	Accipitridae	松雀鹰	*Accipiter virgatus*	Ⅱ	Ⅱ
70		隼形目	鹰科	Accipitridae	赤腹鹰	*Accipiter soloensis*	Ⅱ	Ⅱ
71		隼形目	鹰科	Accipitridae	黑冠鹃隼	*Aviceda leuphotes*	Ⅱ	Ⅱ
72		隼形目	鹰科	Accipitridae	白尾鹞	*Circus cyaneus*	Ⅱ	Ⅱ
73		隼形目	鹰科	Accipitridae	蛇雕	*Spilornis cheela*	Ⅱ	Ⅱ
74		隼形目	隼科	Falconidae	红隼	*Falco tinnunculus*	Ⅱ	Ⅱ
75		鸡形目	雉科	Phasianidae	中华鹧鸪	*Francolinus pintadeanus*		
76	鸟纲	鸡形目	雉科	Phasianidae	白鹇	*Lophura nycthemera*	Ⅱ	
77		鸡形目	雉科	Phasianidae	雉鸡	*Phasianus colchicus*		
78		鹤形目	秧鸡科	Rallidae	灰胸秧鸡	*Gallirallus striatus*		
79		鹤形目	秧鸡科	Rallidae	白喉斑秧鸡	*Rallina eurizonoides*		
80		鸽形目	鸠鸽科	Columbidae	山斑鸠	*Streptopelia orientalis*		
81		鹃形目	杜鹃科	Cuculidae	褐翅鸦鹃	*Centropus sinensis*	Ⅱ	
82		鹃形目	杜鹃科	Cuculidae	小鸦鹃	*Centropus bengalensis*	Ⅱ	
83		鹃形目	杜鹃科	Cuculidae	红翅凤头鹃	*Clamator coromandus*		
84		鹃形目	杜鹃科	Cuculidae	乌鹃	*Surniculus dicruroides*		
85		鸮形目	鸱鸮科	Strigidae	领角鸮	*Otus lettia*	Ⅱ	Ⅱ
86		鸮形目	鸱鸮科	Strigidae	黄嘴角鸮	*Otus spilocephalus*	Ⅱ	Ⅱ
87		鸮形目	鸱鸮科	Strigidae	红角鸮	*Otus sunia*		
88		雨燕目	雨燕科	Apodidae	小白腰雨燕	*Apus affinis*		

（续）

序号	纲	目	科	科学名	中文名	学名	国家保护级别	CITES 附录
89	鸟纲	佛法僧目	翠鸟科	Alcedinidae	普通翠鸟	*Alcedo atthis*		
90		佛法僧目	翠鸟科	Alcedinidae	白胸翡翠	*Halcyon smyrnensis*		
91		佛法僧目	蜂虎科	Meropidae	蓝喉蜂虎	*Merops viridis*		
92		佛法僧目	佛法僧科	Coraciidae	三宝鸟	*Eurystomus orientalis*		
93		佛法僧目	戴胜科	Upupidae	戴胜	*Upupa epops*		
94		䴕形目	拟䴕科	Capitonidae	黑眉拟啄木鸟	*Megalaima oorti*		
95		䴕形目	拟䴕科	Capitonidae	大拟啄木鸟	*Megalaima virens*		
96		䴕形目	啄木鸟科	Picidae	黄嘴栗啄木鸟	*Blythipicus pyrrhotis*		
97		䴕形目	啄木鸟科	Picidae	大斑啄木鸟	*Dendrocopos major*		
98		䴕形目	啄木鸟科	Picidae	灰头绿啄木鸟	*Picus canus*		
99		雀形目	百灵科	Alaudidae	小云雀	*Alauda gulgula*		
100		雀形目	燕科	Hirundinidae	家燕	*Hirundo rustica*		
101		雀形目	燕科	Hirundinidae	金腰燕	*Hirundo daurica*		
102		雀形目	鹡鸰科	Motacillidae	白鹡鸰	*Motacilla alba*		
103		雀形目	鹡鸰科	Motacillidae	灰鹡鸰	*Motacilla cinerea*		
104		雀形目	鹡鸰科	Motacillidae	黄鹡鸰	*Motacilla flava*		
105		雀形目	山椒鸟科	Campephagidae	大鹃鵙	*Coracina macei*		
106		雀形目	山椒鸟科	Campephagidae	赤红山椒鸟	*Pericrocotus flammeus*		
107		雀形目	山椒鸟科	Campephagidae	灰喉山椒鸟	*Pericrocotus solaris*		
108		雀形目	鹎科	Pycnonotidae	白喉冠鹎	*Criniger pallidus*		
109		雀形目	鹎科	Pycnonotidae	栗背短脚鹎	*Hypsipetes castanonotus*		
110		雀形目	鹎科	Pycnonotidae	黑短脚鹎	*Hypsipetes leucocephalus*		

（续）

序号	纲	目	科	科学名	中文名	学名	国家保护级别	CITES 附录
111	鸟纲	雀形目	鹎科	Pycnonotidae	绿翅短脚鹎	*Hypsipetes mcclellandii*		
112		雀形目	鹎科	Pycnonotidae	红耳鹎	*Pycnonotus jocosus*		
113		雀形目	鹎科	Pycnonotidae	白头鹎	*Pycnonotus sinensis*		
114		雀形目	鹎科	Pycnonotidae	领雀嘴鹎	*Spizixos semitorques*		
115		雀形目	伯劳科	Laniidae	棕背伯劳	*Lanius schach*		
116		雀形目	卷尾科	Dicruridae	古铜色卷尾	*Dicrurus aeneus*		
117		雀形目	卷尾科	Dicruridae	黑卷尾	*Dicrurus macrocercus*		
118		雀形目	椋鸟科	Sturnidae	八哥	*Acridotheres cristatellus*		
119		雀形目	鸦科	Corvidae	红嘴蓝鹊	*Urocissa erythrorhyncha*		
120		雀形目	鸦科	Corvidae	灰树鹊	*Dendrocitta formosae*		
121		雀形目	鸦科	Corvidae	松鸦	*Garrulus glandarius*		
122		雀形目	鸦科	Corvidae	大嘴乌鸦	*Corvus macrorhynchos*		
123		雀形目	鸫科	Turdidae	鹊鸲	*Copsychus saularis*		
124		雀形目	鸫科	Turdidae	黑背燕尾	*Enicurus immaculatus*		
125		雀形目	鸫科	Turdidae	白额燕尾	*Enicurus leschenaulti*		
126		雀形目	鸫科	Turdidae	斑背燕尾	*Enicurus maculatus*		
127		雀形目	鸫科	Turdidae	灰背燕尾	*Enicurus schistaceus*		
128		雀形目	鸫科	Turdidae	小燕尾	*Enicurus scouleri*		
129		雀形目	鸫科	Turdidae	红尾歌鸲	*Luscinia sibilans*		
130		雀形目	鸫科	Turdidae	紫啸鸫	*Myophonus caeruleus*		
131		雀形目	鸫科	Turdidae	红尾水鸲	*Rhyacornis fuliginosus*		
132		雀形目	鸫科	Turdidae	橙头地鸫	*Zoothera citrina*		

（续）

序号	纲	目	科	科学名	中文名	学名	国家保护级别	CITES 附录
133	鸟纲	雀形目	鸫科	Turdidae	乌灰鸫	Turdus cardis		
134		雀形目	鹟科	Muscicapidae	海南蓝仙鹟	Cyornis hainanus		
135		雀形目	鹟科	Muscicapidae	小仙鹟	Niltava macgrigoriae		
136		雀形目	画眉科	Timaliidae	灰眶雀鹛	Alcippe morrisonia		
137		雀形目	画眉科	Timaliidae	白腹凤鹛	Erpornis zantholeuca		
138		雀形目	画眉科	Timaliidae	画眉	Garrulax canorus		II
139		雀形目	画眉科	Timaliidae	黑领噪鹛	Garrulax pectoralis		
140		雀形目	画眉科	Timaliidae	黑脸噪鹛	Garrulax perspicillatus		
141		雀形目	画眉科	Timaliidae	白颊噪鹛	Garrulax sannio		
142		雀形目	画眉科	Timaliidae	红嘴相思鸟	Leiothrix lutea		II
143		雀形目	画眉科	Timaliidae	斑胸钩嘴鹛	Pomatorhinus erythrocnemis		
144		雀形目	画眉科	Timaliidae	长嘴钩嘴鹛	Pomatorhinus hypoleucos		
145		雀形目	画眉科	Timaliidae	棕颈钩嘴鹛	Pomatorhinus ruficollis		
146		雀形目	画眉科	Timaliidae	红头穗鹛	Stachyris ruficeps		
147		雀形目	画眉科	Timaliidae	栗耳凤鹛	Yuhina castaniceps		
148		雀形目	鸦雀科	Paradoxornithidae	褐翅鸦雀	Paradoxornis brunneus		
149		雀形目	鸦雀科	Paradoxornithidae	棕头鸦雀	Paradoxornis webbianus		
150		雀形目	扇尾莺科	Cisticolidae	棕扇尾莺	Cisticola juncidis		
151		雀形目	扇尾莺科	Cisticolidae	黑喉山鹪莺	Prinia atrogularis		
152		雀形目	扇尾莺科	Cisticolidae	黄腹山鹪莺	Prinia flaviventris		
153		雀形目	扇尾莺科	Cisticolidae	纯色山鹪莺	Prinia inornata		
154		雀形目	莺科	Sylviidae	远东树莺	Cettia canturians		

（续）

序号	纲	目	科	科学名	中文名	学名	国家保护级别	CITES 附录
155	鸟纲	雀形目	莺科	Sylviidae	长尾缝叶莺	*Orthotomus sutorius*		
156		雀形目	莺科	Sylviidae	白斑尾柳莺	*Phylloscopus davisoni*		
157		雀形目	莺科	Sylviidae	黄眉柳莺	*Phylloscopus inornatus*		
158		雀形目	绣眼鸟科	Zosteropidae	暗绿绣眼鸟	*Zosterops japonicus*		
159		雀形目	长尾山雀科	Aegithalidae	红头长尾山雀	*Aegithalos concinnus*		
160		雀形目	山雀科	Paridae	大山雀	*Parus major*		
161		雀形目	山雀科	Paridae	黄颊山雀	*Parus spilonotus*		
162		雀形目	山雀科	Paridae	黄腹山雀	*Parus venustulus*		
163		雀形目	啄花鸟科	Dicaeidae	红胸啄花鸟	*Dicaeum ignipectus*		
164		雀形目	花蜜鸟科	Nectariniidae	叉尾太阳鸟	*Aethopyga christinae*		
165		雀形目	花蜜鸟科	Nectariniidae	黄腹花蜜鸟	*Nectarinia jugularis*		
166		雀形目	雀科	Passeridae	麻雀	*Passer montanus*		
167		雀形目	梅花雀科	Estrildidae	白腰文鸟	*Lonchura striata*		
168		雀形目	鹀科	Emberizidae	凤头鹀	*Melophus lathami*		
169	哺乳纲	食虫目	鼹科	Talpidae	华南缺齿鼹	*Mogera insularis*		
170		食虫目	鼩鼱科	Soricidae	喜马拉雅水鼩	*Chimmarogale himalayicus*		
171		食虫目	鼩鼱科	Soricidae	大臭鼩	*Suncus murinus*		
172		翼手目	菊头蝠科	Rhinolophidae	中菊头蝠	*Rhinolophus affinis*		
173		翼手目	菊头蝠科	Rhinolophidae	小菊头蝠	*Rhinolophus pusillus*		
174		翼手目	菊头蝠科	Rhinolophidae	中华菊头蝠	*Rhinolophus sinicus*		
175		翼手目	蹄蝠科	Hipposideridae	大蹄蝠	*Hipposideros armiger*		
176		翼手目	蹄蝠科	Hipposideridae	中蹄蝠	*Hipposideros larvatus*		

（续）

序号	纲	目	科	科学名	中文名	学名	国家保护级别	CITES 附录
177	哺乳纲	翼手目	蹄蝠科	Hipposideridae	普氏蹄蝠	*Hipposideros pratti*		
178		翼手目	蝙蝠科	Vespertilionidae	棕果蝠	*Rousettus leschenaulti*		
179		食肉目	鼬科	Mustelidae	黄腹鼬	*Mustela kathiah*		
180		食肉目	鼬科	Mustelidae	鼬獾	*Melogale moschata*		
181		食肉目	猫科	Felidae	豹猫	*Prionailurus bengalensis*	II	II
182		偶蹄目	猪科	Suidae	野猪	*Sus scrofa*		
183		偶蹄目	鹿科	Cervidae	獐	*Hydropotes inermis*	II	
184		啮齿目	松鼠科	Sciuridae	红腿长吻松鼠	*Dremomys pyrrhomerus*		
185		啮齿目	鼠科	Muridae	白腹巨鼠	*Leopoldamys edwardsi*		
186		啮齿目	鼠科	Muridae	针毛鼠	*Niviventer fulvescens*		
187		啮齿目	鼠科	Muridae	黄胸鼠	*Rattus tanezumi*		
188		啮齿目	竹鼠科	Rhizomyidae	中华竹鼠	*Rhizomys sinensis*		

附录Ⅲ 广东连南大鲵省级自然保护区及周边鱼类编目

序号	物种名	纲	纲学名	目	目学名	科	科学名	属	拉丁名
1	美丽小条鳅	硬骨鱼纲	Osteichthyes	鲤形目	Cypriniformes	鳅科	Cobitidae	条鳅亚科小条鳅属	*Micronemacheilus pulcher*
2	横纹南鳅	硬骨鱼纲	Osteichthyes	鲤形目	Cypriniformes	鳅科	Cobitidae	条鳅亚科南鳅属	*Schistura fasciolatus*
3	泥鳅	硬骨鱼纲	Osteichthyes	鲤形目	Cypriniformes	鳅科	Cobitidae	鳅亚科泥鳅属	*Misgurnus anguillicaudatus*
4	马口鱼	硬骨鱼纲	Osteichthyes	鲤形目	Cypriniformes	鲤科	Cyprinidae	丹亚科马口鱼属	*Opsariichthys bidens*
5	翘嘴鲌	硬骨鱼纲	Osteichthyes	鲤形目	Cypriniformes	鲤科	Cyprinidae	鲌亚科鲌属	*Culter alburnus*
6	麦穗鱼	硬骨鱼纲	Osteichthyes	鲤形目	Cypriniformes	鲤科	Cyprinidae	鮈亚科麦穗鱼属	*Pseudorasbora parva*
7	银鮈	硬骨鱼纲	Osteichthyes	鲤形目	Cypriniformes	鲤科	Cyprinidae	鮈亚科银鮈属	*Squalidus argentatus*
8	高体鳑鲏	硬骨鱼纲	Osteichthyes	鲤形目	Cypriniformes	鲤科	Cyprinidae	鳑鲏亚科鳑鲏属	*Rhodeus ocellatus*
9	条纹小鲃	硬骨鱼纲	Osteichthyes	鲤形目	Cypriniformes	鲤科	Cyprinidae	鲃亚科小鲃属	*Puntius semifasciolatus*
10	侧条光唇鱼	硬骨鱼纲	Osteichthyes	鲤形目	Cypriniformes	鲤科	Cyprinidae	鲃亚科光唇鱼属	*Acrossocheilus parallens*
11	宽鳍鱲	硬骨鱼纲	Osteichthyes	鲤形目	Cypriniformes	鲤科	Cyprinidae	鱲属	*Zacco platypus*
12	鲫鱼	硬骨鱼纲	Osteichthyes	鲤形目	Cypriniformes	鲤科	Cyprinidae	鲫属	*Carassius auratus*
13	拟平鳅	硬骨鱼纲	Osteichthyes	鲤形目	Cypriniformes	平鳍鳅科	Homalopteridae	腹吸鳅亚科拟平鳅属	*Liniparhomaloptera disparis*
14	平舟原缨口鳅	硬骨鱼纲	Osteichthyes	鲤形目	Cypriniformes	平鳍鳅科	Homalopteridae	腹吸鳅亚科原缨口鳅属	*Vanmanenia pingchouensis*
15	东坡长汀品唇鳅	硬骨鱼纲	Osteichthyes	鲤形目	Cypriniformes	平鳍鳅科	Homalopteridae	腹吸鳅亚科拟腹吸鳅属	*Labigastromyzon changfngensis tung-peiensis*
16	方氏品唇鳅	硬骨鱼纲	Osteichthyes	鲤形目	Cypriniformes	平鳍鳅科	Homalopteridae	腹吸鳅亚科拟腹吸鳅属	*Labigastromyzon fangi*

（续）

序号	物种名	纲	纲学名	目	目学名	科	科学名	属	拉丁名
17	长鳍犁头鳅	硬骨鱼纲	Osteichthyes	鲤形目	Cypriniformes	平鳍鳅科	Homalopteridae	平鳍鳅亚科犁头鳅属	*Lepturichthys dolichopterus*
18	平头平鳅	硬骨鱼纲	Osteichthyes	鲤形目	Cypriniformes	平鳍鳅科	Homalopteridae	平鳅属	*Oreonectes platycephalus*
19	越南鲇	硬骨鱼纲	Osteichthyes	鲇形目	Siluriformes	鲇科	Siluridae	鲇属	*Silurus cochinchinensis*
20	胡子鲇	硬骨鱼纲	Osteichthyes	鲇形目	Siluriformes	胡子鲇科	Clariidae	胡子鲇属	*Clarias fuscus*
21	黄颡鱼	硬骨鱼纲	Osteichthyes	鲇形目	Siluriformes	鲿科	Bagridae	黄颡鱼属	*Pelteobagrus fulvidraco*
22	福建纹胸鮡	硬骨鱼纲	Osteichthyes	鲇形目	Siluriformes	鮡科	Sisoridae	纹胸鮡属	*Glyptothorax fukiensis*
23	斑鳜	硬骨鱼纲	Osteichthyes	鲈形目	Perciformes	鮨科	Serranidae	鳜属	*Siniperca scherzeri* Steindachner
24	石斑鱼（俗名）	硬骨鱼纲	Osteichthyes	鲈形目	Perciformes	鮨科	Serranidae	石斑鱼亚科石斑鱼属	为一大类鱼
25	溪吻虾虎鱼	硬骨鱼纲	Osteichthyes	鲈形目	Perciformes	虾虎鱼科	Gobiidae	吻虾虎鱼属	*Rhinogobius duospilus*
26	叉尾斗鱼	硬骨鱼纲	Osteichthyes	鲈形目	Perciformes	斗鱼科	Belontiidae	叉尾斗鱼属	*Macropodus opercularis*
27	斑鳢	硬骨鱼纲	Osteichthyes	鲈形目	Perciformes	鳢科	Channidae	鳢属	*Channa maculata*
28	大刺鳅	硬骨鱼纲	Osteichthyes	鲈形目	Perciformes	刺鳅科	Mastacembelidae	刺鳅属	*Mastacembelus armatus*

彩 图

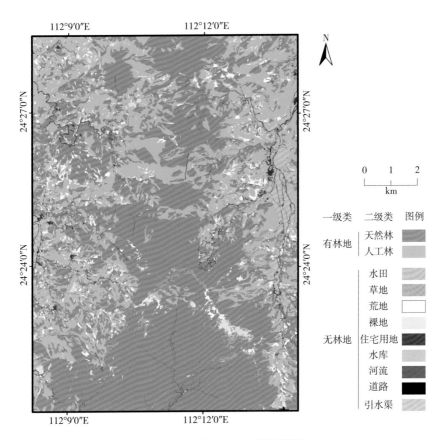

一级类	二级类	图例
有林地	天然林	
	人工林	
无林地	水田	
	草地	
	荒地	
	裸地	
	住宅用地	
	水库	
	河流	
	道路	
	引水渠	

图 6-1 研究区土地利用类型

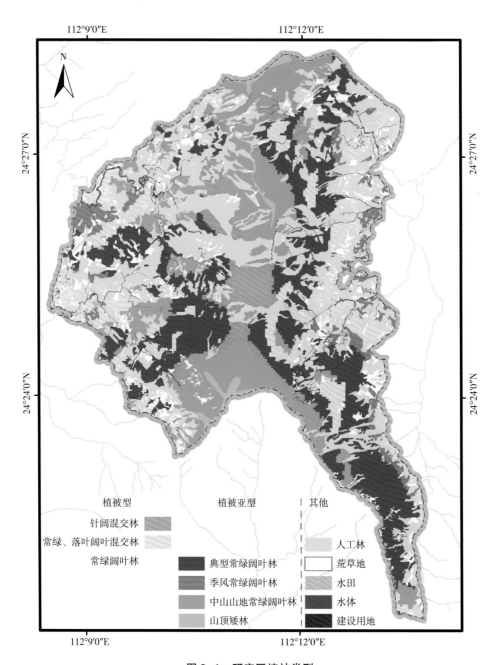

图8-1 研究区植被类型

图 11-5　仿生态养殖池中大鲵产卵及孵化幼体（拍摄人：黄畅生）

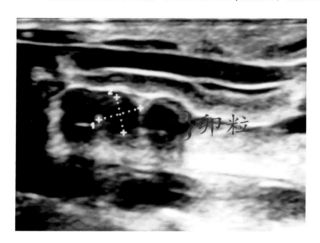

图 11-6　卵子 B 超图

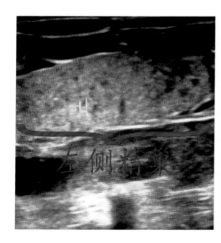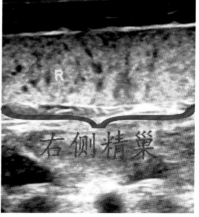

图 11-7　精巢 B 超图

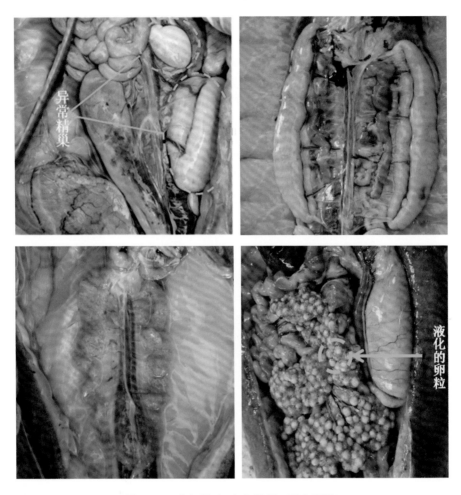

图 11-8 大鲵性腺(上为精巢，下为卵巢)

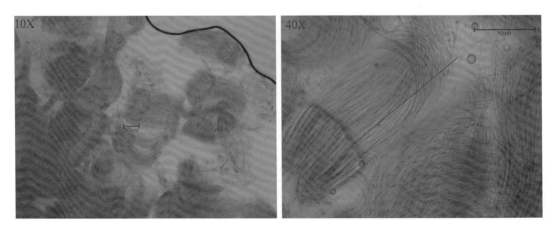

图 11-9 精子的显微成像